农药制剂加工技术

（第二版）

骆焱平　主编

化学工业出版社

·北京·

内容简介

本书在第一版的基础上，补充了农药制剂加工领域的新技术和新进展，详细介绍了载体、润湿剂、分散剂、乳化剂、消泡剂、增稠剂等主要农药助剂，粉剂、可湿性粉剂、可溶粉剂、颗粒剂、水分散粒剂5种固体制剂，可溶液剂、乳油、水乳剂、微乳剂、悬浮剂5种液体制剂，重点介绍了种衣剂、纳米制剂、飞防制剂和微生物制剂等当前关注度高的制剂。同时，还简要介绍了气雾剂、烟剂、饵剂、泡腾片、热雾剂和熏蒸剂等剂型，并附上农药剂型名称、代码及部分制剂的国家标准检测方法，目的是让植物保护专业的学生、相关科研人员，特别是农药制剂加工企业的研发部门人员学习参考。

该书适合农业大中专院校师生、广大农业技术人员、农药制剂加工企业员工参考使用，也可作为科技下乡的专用图书和培训教材。

图书在版编目（CIP）数据

农药制剂加工技术 / 骆焱平主编. -- 2版. -- 北京：化学工业出版社，2025. 5. -- ISBN 978-7-122-47670-8

Ⅰ. TQ450. 6

中国国家版本馆 CIP 数据核字第 2025VV8766 号

责任编辑：刘　军　孙高洁　　　文字编辑：李娇娇
责任校对：宋　夏　　　　　　　　装帧设计：关　飞

出版发行：化学工业出版社
　　　　　（北京市东城区青年湖南街 13 号　邮政编码 100011）
印　　装：河北延风印务有限公司
710mm×1000mm　1/16　印张 17　字数 325 千字
2025 年 7 月北京第 2 版第 1 次印刷

购书咨询：010-64518888　　　　售后服务：010-64518899
网　　址：http://www.cip.com.cn
凡购买本书，如有缺损质量问题，本社销售中心负责调换。

定　　价：78.00 元　　　　　　　版权所有　违者必究

本书编写人员名单

主编:

骆焱平

副主编:

马　悦　何　顺　曾志刚

编写人员（按姓名汉语拼音排列）:

董存柱　何　顺　胡安龙　林　江　骆焱平

马　悦　梅双双　钱　坤　宋薇薇　王兰英

王玉健　邬国良　杨育红　姚永生　曾志刚

张云飞

前言 ▪▪▪

　　随着科技不断发展，农药制剂加工技术的热点和焦点也在不断变化。农药剂型由最早的以固体制剂为主的阶段发展到以液体制剂为主的阶段，至今发展成以绿色农药剂型为主的阶段。每一个时期，农药的发展都伴随着科学技术的变革，每一次科学技术的革新，都推动了农药制剂的发展，尤其是纳米制剂、飞防制剂。为此本书在第一版的基础上，将关注度高的种衣剂、纳米制剂、飞防制剂和微生物制剂等独立成章，详细描述，同时绘制各制剂的加工流程示意图，目的是方便读者查阅。

　　全书编排上，列举了粉剂、可湿性粉剂、可溶粉剂、颗粒剂、水分散粒剂5种固体制剂；可溶液剂、乳油、水乳剂、微乳剂、悬浮剂5种液体制剂；同时，简要介绍了气雾剂、烟剂、饵剂、泡腾片、热雾剂和熏蒸剂等。对每种剂型的特点、组成、加工、性能等分别进行了详细介绍，对农药助剂如载体、润湿剂、分散剂、乳化剂、消泡剂、增稠剂等进行举例分析，并附上了部分参数的国家标准检测方法，可以给农药专业的学生、相关科研人员，特别是农药制剂加工企业的研发部门人员学习参考。

　　本书绪论、附录由骆焱平编写；助剂部分由张云飞、宋薇薇编写；粉剂、可湿性粉剂、可溶粉剂、颗粒剂部分由董存柱、王玉健编写；水分散粒剂部分由胡安龙编写；可溶液剂、悬浮剂、烟剂部分由曾志刚编写；乳油、飞防制剂部分由马悦编写；水乳剂、微乳剂部分由何顺编写；种衣剂部分由姚永生编写；纳米制剂部分由钱坤编写；微生物制剂部分由梅双双编写；气雾剂、熏蒸剂部分由王兰英编写；饵剂、泡腾片部分由林江编写；热雾剂部分由邬国良编写；最后由骆焱平统稿，马悦绘制全书加工流程图。其他参编人员参与了本书资料收集、相关内容整理、文字编辑与校对工作，在此表示衷心的感谢。

本书的出版得到了国家自然科学基金（32260685）、海南省自然科学基金（324RC454）和海南省教育厅项目（Hnjg2024-35）的资助。本书收集、整理、参考和引用了国内外大量相关资料，在此对相关作者表示衷心的感谢。由于编者水平有限，不足之处在所难免，敬请读者批评指正。

编者

2024 年 11 月

第一版前言 ■■■

　　农药在保护作物免受病、虫、草、鼠等的危害方面
发挥了重要作用。最初，农药有效成分的每公顷用量达
到千克级，随着高效农药的开发，农药的使用量不断减
少，目前，高效农药的每公顷用量仅为几克到几十克。
要将如此少量的农药有效成分均匀地撒施到农作物上，
不借助现代农药制剂加工技术，几乎很难达到。因此，
农药制剂加工技术在将农药由工厂搬到田间过程中发挥
着重要作用。

　　目前，全世界有 150 余种农药剂型，我国已经应用
的农药剂型有 70 多种，常见的农药剂型有 20 余种。本
书列举了粉剂、可湿性粉剂、可溶性粉剂、粒剂、水分
散粒剂、泡腾片、烟剂、除草地膜、饵剂 9 种固体制
剂；乳油、微乳剂、水乳剂、可溶液剂、悬浮剂、超低
容量喷雾剂、热雾剂 7 种液体制剂；种衣剂、熏蒸剂、
气雾剂等其他剂型；同时单列了情况特殊的微生物制
剂。对每种剂型的特点、组成、加工、性能等分别进行
了详细介绍，对农药助剂如载体、润湿剂、分散剂、乳
化剂、消泡剂、增稠剂等进行了举例分析，并在书后附
上了部分参数的国家标准检测方法等附录，目的是让农
药专业的学生、相关科研人员，特别是农药制剂加工企
业的研发部门人员学习和参考。

　　本书绪论、微乳剂、水乳剂由骆焱平编写；农药助
剂由宋薇薇编写；粉剂、可湿性粉剂、可溶性粉剂由王

玉健编写；粒剂、烟剂、除草地膜、可溶液剂由曾志刚编写；水分散粒剂由胡安龙编写；泡腾片、饵剂由林江编写；乳油、悬浮剂、种衣剂由董存柱编写；超低容量喷雾剂、热雾剂由邬国良编写；微生物制剂由梅双双编写；熏蒸剂、气雾剂由王兰英编写；最后由骆焱平统稿。其他参编人员参与了本书资料收集、整理、文字编辑与校对工作，在此表示衷心的感谢。

本书出版得到了国家自然科学基金（21162007，31160373）、中西部高校综合实力提升项目、热带作物种质资源保护与开发利用教育部重点实验室项目资助，在此表示衷心的感谢。由于编者水平有限，不足之处在所难免，敬请读者批评指正。

编者
2015 年 5 月

目录 ▪ ▪ ▪

附录 247

第一章

绪　论

第一节

农药剂型加工基础知识

一、农药剂型加工的概念

由专门的工厂生产合成或分离获得的农药统称为原药（technical material，TC），它含有高含量的农药有效成分（active ingredient，AI）及少量相关杂质。原药通常为结晶、块状固体、片状固体或黏性油状液体等，其中除少数挥发性大或水中溶解度大的可直接使用外，绝大多数因难溶于水或不溶于水，不能直接使用；在大田应用中，由于在单位面积上仅需极少量的原药（几克至几百克每公顷）就足以控制靶标有害生物，直接使用原药难以获得理想的分散和防治效果。因此，原药需加工后，才能发挥最佳效果。

在农药中加入适当的辅助剂，制成便于使用的形态，这一过程叫农药加工。加工后的农药，具有一定的形态、组成及规格，称作农药剂型（pesticide formulations）。一种剂型可以制成多种不同含量和不同用途的产品，这些产品统称为制剂（pesticide preparation）。农药剂型和农药制剂是两个既有联系又有区别的概念。农药制剂是各种农药加工品的总称，它比农药剂型有更广泛、更丰富的内涵，并发展迅速，品种和数量增长较快，如美国有 4 万多种，我国有近万种。农药剂型发展缓慢，品种不多，且相对稳定，常见的有 50 余种。

农药制剂的名称，我国国家标准（HG/T 3308—2001）规定应由三部分组成，其顺序为有效成分的质量百分数、有效成分的通用名称及剂型，例如 20％氯虫苯甲酰胺悬浮剂。混合制剂的通用名称可由各有效成分通用名的词头（头几个字）或可代表有效成分的关键词组成。词头（头几个字）或关键词之间，插以间隔号以反映几元复配制剂。有效成分的排序一般应按有效成分中文通用名称汉语拼音顺序进行，如1.8%阿维·吡虫啉乳油。

通常在剂型加工中会应用以下成分：原药（活性成分）、溶剂、载体、表面活性剂及特殊的添加剂。原药是剂型中最重要的组分，其理化性质对其他成分的选择有重要的影响。溶剂主要起溶解原药的作用，液体农药剂型选择溶剂应考虑以下因素：原药的溶解度、溶剂对植物的毒性、溶剂的毒理学性质、易燃性、挥发性及成本。根据溶剂与水的混合性（mixing），可将溶剂分成两大类：一类是与水不可混合的溶剂，如加工乳油时通常使用二甲苯作为溶剂，但二甲苯会污染环境，因此以水为基质的剂型将逐步取代乳油。另一类是与水可混溶的溶剂，可在加工水溶液或水剂中使用。这些溶剂如异丙醇、乙二醇醚等。载体（或填充剂）本身无生物活性，主要起稀释原药的作用，通常在加工固体剂型如粉剂和可湿性粉剂、水分散粉剂及颗粒剂中使用，如黏土、陶土、滑石粉及叶蜡石等，为惰性黏土，其pH等会影响原药的稳定性。表面活性剂是农药剂型中重要的成分，它包括乳化剂、分散剂、起泡剂及展着剂等。农药加工应用的表面活性剂在分子结构上具有亲水基和亲油基，其主要作用是降低水溶液的表面张力，增加溶液的润湿展布能力及分散性能。特殊的添加剂包括增效剂、稳定剂等（如抗氧剂、抗紫外光分解剂等）。

二、农药剂型加工的作用

农药剂型加工除了满足农药使用的基本要求外，还具有以下重要的作用：

1. 稀释作用

原药通过某种工艺技术加工成特定的剂型和制剂。通常在剂型加工过程中，分别加入溶剂、填充剂及载体等成分，使高浓度原药（有时需要先经粉碎）经溶解、混合或吸附等而达到稀释作用。不同剂型的粒径范围（即分散度）不同，而且在使用过程中，通过兑水或加工等混合后的再分散体系中的粒径范围和不同使用方法的粒径范围也都不同，从而使得少量的高浓度原药在应用中能达到理想的分散和防治效果，而对农作物、动物及环境是安全的。

2. 优化生物活性

在加工过程中分别加入乳化剂、润湿剂、分散剂及其他助剂等，并通过相应的加工工艺，能使原药获得特定的物理性能和质量标准，如粉剂的粒度、可湿性粉剂的悬浮率、液剂的润湿展着性等指标，使得农药喷洒到作物与靶标上，能够均匀分布，具有较高的黏着能力、沉积率和渗透性，达到理想的防治效果。例如，随硫黄粉加工粒径变细，核盘菌属分生孢子的萌发率呈明显下降趋势。

3. 提高原药储存期的稳定性

通过加工可以获得良好的"货架寿命"。特别是水剂（如杀虫双）加工成水溶液剂，贮存期间易分解；而加工成粒剂或可溶粉剂，可明显改善原药在贮存期间的稳定性。有些剂型中还可加入防分解的稳定剂，可提高原药在制剂中的稳定性。

4. 扩大使用方式和防治对象

同种原药可加工成不同剂型及制剂，以扩大使用方式和防治对象。如马拉硫磷可加工成乳油，供大田喷雾；也可加工成超低容量液剂，用无人机喷雾防治蝗虫及草地螟；还可加工成油雾剂供防治温室及仓库害虫等。

5. 控制原药释放速度

加工成缓释剂或纳米制剂，可控制原药缓慢释放，提高对施药者和天敌的安全性，减少对环境的污染，并能延长持效期，减少用药量及用药次数。

6. 具有增效、兼治、延缓抗性的作用

将两种以上作用机制或抗性机理（无交互抗性）的原药加工成混剂，可起到增效作用，可减少用药量，降低选择压力，延缓抗性发展；或可以 1 次用药兼治多种有害生物，能减少用药次数，节省成本。

三、农药剂型加工的原理

为了有效、经济、安全地使用农药，必须将原药加工成剂型和制剂。在农药加工过程中，任何剂型和制剂都是在原药的基础上添加各种助剂加工而成的。农药助剂种类繁多，但最重要的是表面活性剂或以表面活性剂为基础的复合物。本节简述在农药加工和应用过程中与农药助剂（特别是表面活性剂）有关的润湿、分散、乳化、增溶、控制释放、起泡及消泡等物理化学过程的基本原理。

1. 润湿原理

当固体表面原来的气体被液体所取代，形成覆盖的过程称为润湿。在农药加工、固体农药制剂兑水和农药稀释液喷洒到靶标生物的过程中，表面活性剂的润湿作用是一种极为重要和普遍的物理化学现象。如悬浮剂在加工过程中加入润湿剂，使水溶性很小的固体原药先润湿，以便在水相中研磨，并形成微细粒径的固体原药均匀分散和悬浮于液体的悬浮剂；可湿性粉剂在兑水喷雾的使用过程中也涉及润湿现象。

药液的这种润湿作用通常是通过药液中表面活性剂类助剂的润湿作用来实现的。按照润湿理论，农用表面活性剂的润湿包括黏着（或附着）润湿、浸透（或浸渍）润湿及展着（或铺展）润湿 3 种类型。

（1）黏着润湿。黏着润湿是指当液体与固体接触时，将原先液体的液-气界面和固体的固-气界面转变为液-固界面的过程。

（2）浸透润湿。浸透润湿是指固体浸入液体的过程，即将原先为固-气界面变为固-液界面的过程。

（3）展着润湿。展着润湿是指固-液界面代替固-气界面的同时，液体在固体表面也同时扩展的过程。

多数农药制剂中都含有表面活性剂，因此农药兑水后，其表面活性剂分子在水表面层形成单分子定向排列，即亲水基团插入水一侧，而亲油基团插入空气一侧，可降低水的表面张力和水的表面能。同时，其表面活性剂分子在水与固体农药微粒的界面上形成定向排列的吸附层，即亲油基团吸附在农药微粒一侧，而亲水基团插入水一侧，可降低固-液界面张力和界面自由能，从而起到对农药微粒的润湿作用，使其形成均匀的悬浊液供喷洒使用。

2. 分散原理

把一种或几种固体或液体微粒均匀地分散在一种液体中组成了固-液或液-液分散体系。被分散成许多微粒的物质叫分散相，而微粒周围的液体叫连续相或分散介质。某些农药制剂加工中和农药制剂兑水后常会形成含有农药有效成分的分散体系。制备这些分散体系都必须用分散剂。分散剂是能降低分散体系中固体或液体微粒聚集的物质。农药表面活性剂类分散剂是最常用和最重要的农药助剂。

3. 乳化原理

两种互不相溶的液体，如大多数难溶或不溶于水的农药原油或原药的有机溶液与水经充分搅拌，其中原油或原药的有机溶液以 $0.1\sim5\mu m$ 粒径的微粒（油珠）分散在水中，这种现象称为乳化。这样得到的油-水分散体系称为乳状液。其中分散的原油或原药的有机溶液微粒称为分散相。而另一种液体水称为连续相。两种互不相溶的液体形成液-液（如油-水）分散体系（乳状液）称为乳化作用。

4. 增溶原理

增溶是指某些物质在表面活性剂的作用下，其在溶剂中的溶解度显著增加的现象。增溶剂是具有增溶作用的表面活性剂及其复合物。被增溶物是农药有效成分及其他惰性组分。表面活性剂的增溶现象不同于一般溶解作用。溶解作用形成的是分子溶液，而增溶作用是形成胶体溶液。物质溶解后，溶剂的沸点、冰点、渗透压等性质将发生较大变化，而增溶后溶剂的这些性质很少受影响。

5. 控制释放技术

控制释放技术是根据有害生物的发生规律、为害特点，考虑到农药的传统加工剂型、使用方法及环境条件对农药的利用率、防治效果、安全性及环境的影响，从而提出了通过加工技术，使农药有效成分按必需的剂量和在特定的时间内，持续稳定地释放，以达到经济、有效、安全地控制有害生物的目的。其加工制剂称为控制释放制剂。该制剂按释放特征可分为缓慢释放、持续释放及定时释放 3 种。通常采用的主要是控制农药缓慢释放，故称为农药缓释剂。

缓释剂主要是利用高分子化合物与农药间的包埋、掩蔽、吸附作用（物理型）或化学反应（化学型）等方式，将农药贮存或结合在高分子化合物中，在施用后相当长的时间内，农药能不断缓慢地释放出来。

6. 起泡和消泡原理

当含有表面活性剂的农药乳状液、悬浮液等液体被搅拌、摇震或受冲击时，很容易产生泡沫。泡沫是空气被包围在表面活性剂液膜中的一种现象。由于气泡比水轻，可很快浮到液面上，又吸附液面的一层表面活性剂分子，形成双层表面活性剂分子膜包围的气泡，其疏水基都指向空气。起泡性是表面活性剂具去污和洗涤作用的关键因素之一。在农药加工和应用中，除极少数特殊情况如农药发泡喷雾技术和田间喷雾用泡沫标志剂，需要考虑起泡性外，绝大多数场合是不希望农药用表面活性剂产生泡沫的，特别是在农药加工、包装、大田稀释及使用时，起泡是不利的。在上述情况下通常要求低泡性，必要时还需加入消泡剂或抗泡剂。

农药泡沫喷雾技术是一项新的应用技术，要求制剂能获得充分的泡沫，并具一定的稳定性。其起泡性是通过起泡剂和泡沫稳定剂的联合作用来实现的。泡沫实质上是作为农药有效成分的载体，控制喷雾方向，防止药液飞散和飘移，以减少流失和对环境的污染，同时尽可能增加药液在靶标生物表面的附着、展布，以提高效果。农药制剂的加工和应用中常有消泡的要求，可加入消泡剂和抗泡剂来达到。抗泡剂是在未起泡前加入，起到抑制系统发泡和泡沫的积累作用。消泡剂是使产生的泡沫迅速破灭，不产生积累。在某些农药的加工和包装过程中，由于其农药助剂会产生泡沫，甚至有的比较稳定，因此时常需要加抗泡剂。在农药的喷雾应用技术中，因助剂与机械作用会产生泡沫，影响计量及喷雾质量，常需加抗泡剂和消泡剂。表面活性剂的消泡作用与起泡作用是一个问题的两个方面。从分子结构组成来看，其亲水亲油平衡（HLB）值为1～3时常具有消泡性能，当HLB值达12～16时，常具起泡性能。

第二节
世界农药剂型加工的发展概况

以科学技术为支撑，以服务农业为宗旨，农药在人类的不断发展和变革中得到进步。这期间，农药的发展大体上可分为三个历史时期，即经验主义时期（19世纪60年代以前）、无机合成农药时期（1860～1945年）、有机合成农药时期（1945年至今）。农药剂型加工是农药工业的重要组成部分，伴随农药的发展，大体上也分为三个发展阶段，分别为原始阶段（20世纪以前）、发展阶段（至20世纪中）、农药制剂学形成阶段（20世纪中至今）。

一、原始阶段

人类为了增产丰收，在与农业有害生物斗争时，根据直观经验，利用一些植物性、矿物性或动物性药物来防治有害生物。公元前 1200 年古代人用盐和灰来除草；公元前 1000 年古希腊诗人荷马曾提到用硫黄熏蒸驱虫；公元前 100 年罗马人使用一种植物性藜芦治虫；1300 年马可波罗记载利用矿物油治骆驼疥癣；1649 年南美居民利用鱼藤粉毒鱼；而东南亚居民早已用鱼藤作箭毒或者毒鱼；1669 年西方利用砷化物来杀虫；1690 年法国居民利用烟草的水浸液防治梨树网蝽；1705 年记载了用氯化汞作木材防腐剂；1800 年前高加索人用除虫菊花粉防治虱蚤；1824 年美国人吉姆蒂科夫之子根据高加索人的经验，将除虫菊花加工成防治病媒害虫的杀虫粉出售。1845 年普鲁士人将有毒的磷化物用作官方杀鼠剂；1848 年奥克斯利开始制造鱼藤粉等。

这一时期，人类利用有限的知识和经验，获取身边现成的材料，制作简单的农药来杀灭有害生物。这些经验的积累，为后人研发生物农药，或从自然中获取农药新结构和新模板奠定了坚实的基础。

二、发展阶段

大约 19 世纪中期，三大植物性杀虫剂除虫菊、鱼藤、烟草作为世界性商品开始在市场销售。随后出现的砷酸铅、砷酸钙，以及硫酸烟碱实现了工业化生产，标志着农药已成为化学工业产品。19 世纪末，从石灰硫黄合剂的广泛应用，到法国科学家米亚尔代发明波尔多液，表明农药开始进入科学发展阶段。但是，直到 20 世纪 40 年代中期，农药的种类局限为无机化合物和天然植物，应用范围只限于果树、蔬菜、棉花等经济作物。由于农药流通的形态是剂型，所以每种农药研制出来后，都要求将其研制成剂型，才能流通使用。因此，农药的迅速发展及其商品化，客观上把农药剂型加工技术的研究开发推到了重要地位。

根据《农药品种手册》粗略统计，这一时期，已成功研制并在生产中应用的农药剂型有 14 种，主要剂型有：水剂、粉剂、浓乳剂、乳油、可湿性粉剂、颗粒剂、熏烟剂、毒饵、糊剂、软膏剂、水悬液、油剂、可溶粉剂、母粉等。制剂有 100 多种（不包括混合制剂）。

发展阶段的农药剂型加工以初加工为主，主要剂型为粉剂、水剂，如鱼藤粉、烟草水浸液、各种无机盐的水剂等。这个时段的农药原料大部分属于植物性材料和无机盐，这两种材料容易加工成粉剂和水剂，使用方便、简单。而且，这时段的加工属于初加工，与当时的技术相一致，没有复杂的机械设备。

三、形成阶段

1874年，德国 Zeidler 合成了滴滴涕（DDT），1936～1939年，瑞士科学家缪勒（P. Muller）发现了 DDT 的杀虫效果，1943年传播国外，1944年正式发表，1945年先正达公司实现了产业化。1942～1943年发现了六六六的杀虫效力，很快实现了产业化。继滴滴涕、六六六产业化之后，有机氯农药狄氏剂、艾氏剂、毒杀芬等相继出现。

1945年后，出现了有机磷农药，最早出现的为特普（TEPP）、对氧磷（600）；其后是对硫磷（1605）、甲基对硫磷（甲基1605）；1948年德国 Schrader 又合成了内吸磷（1059）和甲基内吸磷（甲基1059）。继后，高效、低毒和较低毒性的氯硫磷、敌百虫、敌敌畏、马拉硫磷、二嗪磷、杀螟硫磷等相继问世。美国自1950年开始生产几种拟除虫菊素。

杀菌剂出现了有机硫类福美铁、福美双、福美锌、代森锌、代森锰、克菌丹、敌菌丹等。除草剂出现了 2,4-滴、2,4,5-涕、2甲4氯、敌稗、除草醚等。

至20世纪70年代初，有机合成农药品种已达400余种，在防治农林病、虫、草、鼠害中，发挥了极其重要的作用。农药品种的不断出现，客观上促使人们不断加强对农药剂型加工的认识，进一步加强农药剂型加工技术的研究开发工作。

1. 剂型的多样化

1978年，国际农药工业协会（GIFAP）在首次出版的农药剂型目录与国际代码系统中，列出了51种剂型代码。1984年第二版列出了64种，1989年修改后列出71种。近年来，联合国 FAO/WHO 和中国政府都分别对农药剂型标准规范作了进一步的修订和整合。《FAO/WHO 农药产品标准手册》2016版共有65种农药剂型，中国《农药剂型名称及代码》国家标准（2016修订版）共有农药剂型61种（原134种），已初步与国际接轨。

为了达到一定的施用目的，实现一定的使用方式，剂型朝着多样化发展。1948年先正达首先用砂磨机研制成功悬浮剂；20世纪60年代初期，美国研制出超低容量喷雾剂；20世纪60年代，拜耳公司研制成功80%敌百虫可溶性粉剂；1974年，美国 Pennwalt Corp 公司首先研制成功甲基对硫磷微胶囊剂；80年代初，欧洲一些国家及美、日等国家，广泛推广使用种衣剂。其他新剂型，如静电喷雾剂、微乳剂、水溶性粒剂、水分散粒剂、气雾剂、纳米制剂等，也迅速发展起来。

2. 环境友好农药剂型受到重视

环境友好农药剂型，指对使用者毒性低，无潜在毒性，在环境中易降解，残留毒性低的农药剂型，或者概括为高效、安全、低污染农药剂型。从发展趋势看，今后以水为基质、不用或少用有机溶剂的液态制剂，如悬浮剂、水乳剂、水剂、超低容量喷雾剂、气雾剂、静电喷雾剂以及无粉尘污染的固态制剂，如水分散粒剂、颗粒剂、可溶粉剂、静电喷粉剂、种衣剂等，将得到迅速发展。缓释剂对使用者安全、不污染环境、农药利用率高，有发展潜力，在解决成本高的问题后，必然会迅速发展起来。乳油和粉剂等高污染剂型将受到限制或淘汰。

3. 农药助剂推陈出新

农药助剂是农药剂型加工中必不可少的部分，其作用在于使农药剂型具有良好的物理化学性质，充分发挥活性成分的效果，甚至可以提高药效。近年来，随农药原药的不断研发，新型农药助剂也得到迅速发展，目前已有 30 余大类，数千个品种。具体体现在新助剂开发速度加快，老品种更新换代周期缩短；多功能优质助剂成功开发；农药助剂老品种技术改造成绩显著；计算机技术的应用推动了农药助剂的研究开发工作。2016 年，美国 EPA 将壬基酚、甲基萘等 72 个品种移出正面清单。2016 年，中国首次颁布农药助剂禁限用名单（84 个）的征求意见稿。

4. 农药加工工艺及设备的升级换代

生产可湿性粉剂的气流粉碎机、生产水分散性颗粒剂的流化床造粒机和捏合机、砂磨机、先进的混合设备，以及由先进的单元设备组合而成的各种加工工艺都得到了发展。利用计算机控制生产、投料、检测监测、包装等，减轻了劳动力，降低加工过程中劳动者中毒的概率。

随着现代科学技术的不断发展，农药剂型加工的科技含量得到提高，农药剂型的质量不断改进，有害生物体的农药利用率越来越高，农药的负面影响将不断缩小，这样农药才做到真正意义上的服务农业，成为对环境无副作用的药剂。

第三节
我国农药剂型加工的发展概况

中国古籍中也有许多利用一些天然物质防治有害生物的记载。如《周礼》中用莽草（毒八角）、牡菊（野菊）、嘉草（蘘荷）撒粉或烟熏驱虫的记载；《神农本草经》中记述了藜芦、牛扁治癣疥和芫花治虫；《齐民要术》中记载松针、艾蒿用于防仓库害虫。宋代欧阳修的《洛阳牡丹记》中用硫黄治花虫。中国利用亚砷酸（古称信石或信）防虫治鼠的历史悠久，清代蒲松龄的《农桑经校注》（1705 年）有用之作毒饵的详细记载，以上所述的烟草水、除虫菊花粉、鱼藤根粉、矿物油、硫黄、艾蒿防治仓库害虫、信石毒饵等，可以称为雏形制剂。这一历史时期，可以称为农药剂型加工的原始阶段，或者雏形阶段。我国在这个阶段有关农药剂型加工的常识与国外此阶段的发展同步，知识水平处于同一个层次，部分知识的积累还处于世界前列。但是，在发展阶段，我国农药剂型加工的发展明显落后。随着改革开放的不断深入，我国农药剂型发生了根本性变化，结合我国的国情，我国农药剂型可划分以下几个阶段。

一、固体制剂阶段

新中国成立之前生产过的农药品种约 25 种，其中无机农药 16 种，植物性农药 8 种，有机合成农药 1 种，年产量在 2000t 左右，如波尔多液、石硫合剂、除虫菊、鱼藤、滴滴涕等。生产的制剂主要有 10% 滴滴涕粉剂、硫黄粉剂、鱼藤粉、棉油乳剂、石油乳剂、除虫菊浸出液、杀蚊蝇药水、种子消毒剂、烟熏剂等。

新中国成立后，原中央农业实验所药剂制造实验室开始合成滴滴涕。1951 年扩建年产 350t，1955 年扩建年产 1300t。1951～1952 年，建成六六六生产装置并正式投入生产。1957 年建成对硫磷生产装置并投入生产。滴滴涕、六六六、对硫磷大量生产，标志着中国农药工业进入有机合成农药时期。至 1983 年国务院决定停止生产六六六、滴滴涕为止，中国农药剂型已发展到 20 余种，制剂 120 余种。中国生产的农药品种已发展到 108 种，其中六六六和滴滴涕占农药总产量的 60% 以上，粉剂占 80% 以上。

二、液体制剂阶段

我国自 1983 年 3 月 25 日起，除因特别需要保留少量产能外，全国停止生产六六六、滴滴涕，导致粉剂的产量急剧下降，给乳油等液体制剂提供了发展机遇，致使有机磷农药快速发展，以便弥补停产六六六、滴滴涕给农业带来的损失。直到 2007 年，我国禁止 5 种剧毒有机磷农药品种，这期间乳油占据农药制剂的 2/3 份额，因此，将该阶段划分为液体制剂阶段。这一时期我国农药得到长足发展，取得了重要的进步。

（1）研制成功一批农药新剂型新制剂，改变了中国剂型及制剂少的状况，基本上满足了农业化学防治的需要。先后研制成功微胶囊剂、静电喷雾剂、种衣剂、蜡块毒饵、气雾剂、电热蚊香、涂抹剂、水分散粒剂等新剂型。20 世纪 70 年代以来，国际上出现的新剂型，现在绝大部分剂型中国都能生产。

（2）研制成功 10 余种高效农药加工设备，使中国农药加工工艺技术水平上了一个新台阶。如超细粉碎机、气流粉碎机、循环管式气流粉碎机、撞击式气流粉碎机、双螺旋锥形混合机等。这些设备在农药剂型加工厂以及其他行业推广使用，使中国农药剂型加工工艺技术水平上了一个新台阶。

（3）研制成功适合加工农药的各种助剂。本阶段研究开发了 20 余种农药助剂，解决了有机磷乳油及其他剂型的加工技术。如农乳 100～700、农乳 1600、宁乳 36

号、宁乳 32 号、丰乳 300 号、松香乳化剂、增效剂八氯二丙醚等。同时对助剂进行改良，研制成功了宁乳 37 号、烷基酚聚氧乙烯醚异氨基酸酯（乳化剂 EX）、湿润分散剂 SOPA（烷基酚聚氧乙烯醚甲醛缩合物硫酸盐）、农助 2000 号（烷基酚聚氧乙烯醚甲醛缩合物丁二酸半酯磷酸钠）、木质素磺酸盐甲醛缩合物（MSF）等。这些助剂的生产，极大满足了加工各种农药剂型的需求，进一步丰富了我国农药制剂品种，满足农户的需求。

（4）农药制剂质量显著提高，为农药出口提供了条件。可湿性粉剂通过改进加工技术，悬浮率提高到 60%～80%，达到 FAO 标准，完全可与欧美产品媲美。有机磷农药低浓度粉剂，贮存期间有效成分分解率高，通过攻关，使分解率达到 FAO 标准。悬浮剂通过改进产品配方采用复合助剂，加工工艺采用先进设备，现在产品贮存分层结块问题已经解决，悬浮率可达 90% 以上。

三、绿色农药制剂阶段

液体制剂阶段，我国乳油产量占制剂总产量的 2/3 左右，每年消耗大量芳烃类有机溶剂，特别是二甲苯等有机溶剂以及乳化剂。这些有机溶剂进入环境，对空气、土壤造成严重污染，对人类健康构成威胁。为此，国家禁止 5 种高剧毒农药品种，限制乳油类农药的登记，积极鼓励绿色、环保制剂的推广。

（1）含溶剂量偏高的液体制剂将被限制发展。此类制剂部分产品使用了大量的极性溶剂，如微乳剂中的甲醇、DMF、吡咯烷酮等。高含量溶剂的制剂在土壤中的淋溶量增大和散发到大气中的挥发性有机化合物（VOC）的危害已引起世界各国的重视。部分杂环类农药的可溶液剂（SL）采用加酸溶解法制备，此法在国际上早已淘汰。随着《土壤环境保护法》的诞生，此类 SL 产品受到一定限制。

（2）固体制剂的发展热点将集中到无粉尘的各种颗粒状剂型。它们由于具有储运、使用方便，无粉尘，包装物易回收处理等优点，今后的发展速度将会加快，成为仅次于悬浮体系制剂的第二大类剂型产品。

（3）活体微生物农药制剂。活体微生物农药是优先发展的绿色农药品种。相关的制剂技术是该类农药发展的主要技术瓶颈之一。目前发展的微生物农药品种主要集中在：真菌如白僵菌、绿僵菌、木霉菌等；细菌如芽孢杆菌、假单胞菌等；病毒类如多角体病毒、颗粒体病毒等；主要剂型有悬浮剂、可湿性粉剂、水分散粒剂等。

（4）种子处理剂。种子处理剂是农药制剂产品发展的一个热点，今后的竞争将更加激烈。竞争的重点是悬浮种子处理剂，核心是科技水平的博弈，集中体现在：①配方药物的更新换代：一系列超高效杀虫、杀菌活性物正进入种子处理剂的配方筛选。②牢固的药种黏附（具有高耐磨性和低脱落率）和优秀的发芽率及发芽势。

③促进种子萌发，保芽护芽等功能组分的筛选。种子处理剂的另一重要分支是种子丸粒化。它在节水耕作、荒漠开发及高档经济作物良种的栽培等多方面均有广泛的发展前景。

（5）飞防制剂。随着土地集约化发展、种植结构调整以及劳动力结构变化，施药作业人工成本不断增加，近年来，无人机飞防植保作为一种适应时代发展需求的高效施药方式得到快速发展，已在我国不同地区的多种农作物病虫害防治中得到应用。目前在我国兴起的农田飞防小型无人机与欧美普遍使用的飞防植保技术所用的器械不同，普遍使用的药剂也不同。2021 年，我国植保无人机保有量预估达到 16 万架，作业面积也高达 14 亿亩次（1 亩＝666.7m²）。

目前，市面上的飞防助剂主要来源于传统的桶混喷雾助剂，按化学组成可分为有机硅类、植物油类、矿物油类、表面活性剂类、无机盐类和高分子类等，其主要功能包括调节雾滴大小和粒径分布，降低蒸发和飘移，增加有效成分沉积、铺展和渗透，提高耐雨水冲刷性能等。超低容量喷施剂是飞防的主要制剂。当前使用较多的水乳剂、悬浮剂、可分散油悬浮剂、油悬浮剂、水分散粒剂等改为飞防制剂，其实质就是把超低容量喷施技术由简单的油基药液喷施改变为复杂的水基药液喷施，需要飞防助剂配合使用来提高其效果。

（6）纳米农药制剂。纳米农药制剂具有较大的比表面积、小尺寸效应以及高效传输效应，因此，其防治效果通常比传统农药剂型更高。2019 年纳米农药被国际纯粹与应用化学联合会（IUPAC）评为改变世界的十大化学新兴技术之首。利用纳米技术对载体材料结构与功能进行调控，可构建长效缓释纳米载药系统，使农药释放特性与有害生物防控剂量需求相匹配，从而提高农药利用率，减少使用频率。纳米农药制剂有利于改善难溶农药的分散性、提高活性成分的生物活性、控制释放速率、延长持效期、降低在非靶标区域和环境中的投放量、减少残留污染。

（7）各种适合环保剂型的加工工艺及高效单元设备被研发，并投入企业应用。如高效砂磨机、固体物料输送装置、全自动灌瓶机、超细粉全自动包装机等单元设备。开发可在农药悬浮剂、水乳剂、水分散粒剂加工工艺中应用的软件，提高我国农药剂型加工工业机械化、自动化、密闭化技术水平。

今后，我国农药剂型加工工业，应该从政策、法规、经济等多方面入手，限制高毒或有潜在毒性、污染环境的农药剂型及制剂的生产、使用；鼓励开发、推广高效、安全、对环境污染小的剂型及制剂；继续开发新工艺和设备，提高农药加工工艺机械化、自动化水平；开发多种性能优异的农药助剂；加强基础理论研究；改进农药包装，使我国农药剂型加工工业尽快达到先进国家的技术水平。

主要参考文献

[1] 郭勇飞，张小军. 纳米农药研究进展[J]. 世界农药，2021，43（04）：1-7.

［2］黄建荣. 现代农药剂型加工新技术与质量控制实务全书［M］. 北京：北京科大电子出版社，2004.

［3］冷阳. 中国农药制剂技术发展方向试析［J］. 世界农药，2017，39(01)：1-8.

［4］凌世海. 固体制剂［M］. 3 版. 北京：化学工业出版社，2003.

［5］刘广文. 现代农药剂型加工技术［M］. 北京：化学工业出版社，2013.

［6］马丁. 农药品种手册. 北京：化学工业出版社，1979.

［7］马英剑，甄硕，孙喆，等. 农药制剂研发的精细化、功能化与农业生产高效利用［J］. 农药学学报，2022，24(05)：1080-1098.

［8］马悦，张晨辉，杜凤沛. 农药制剂发展趋势及前沿技术概况［J］. 现代农药，2022，21(01)：1-8.

［9］石得中. 中国农药大辞典［M］. 北京：化学工业出版社，2008.

［10］屠豫钦，李秉礼. 农药应用工艺学导论［M］. 北京：化学工业出版社，2006.

［11］徐汉虹. 植物化学保护学［M］. 5 版. 北京：中国农业出版社，2017.

［12］袁会珠. 农药使用技术指南［M］. 北京：化学工业出版社，2004.

第二章

农药助剂

第一节 ▪▪▪
概　述

一、概念

农药助剂（pesticide adjuvants）又称农药辅助剂，是农药制剂加工和应用过程中使用的除农药有效成分以外的其他辅助物的总称（水除外）。一般而言，它本身不具有农药活性，但有助于提高或改善农药产品理化性能和使用性能，并在提高药效、降低农药的用量、节约成本、减少农药对环境污染等方面都具有重要作用。农药助剂是伴随农药制剂加工和应用发展起来的。除极少数农药品种可直接使用农药原药（油）外，绝大多数都必须制成适合使用的制剂形态，即农药制剂（formulation），才有实用价值。农药助剂是农药制剂中不可缺少的重要组分，它是决定农药加工剂型、性能、施用技术及其效果的重要因素之一，在农药剂型的配制和赋予其活性成分最佳防效方面发挥着重要的作用。使用助剂能够改善农药特性，不仅使新农药制剂对环境更为安全，使其在最小使用量下达到最佳效果，还可以使早期开发的农药旧品种在市场上保持新活力，所以助剂研究已经成为农药研究领域中的一个热点。

二、分类

农药助剂种类繁多，据统计可以用于农药助剂的物质有 3000 余种，中国常用的农药助剂也有 200 种左右。农药助剂可以按照其在农药中的使用方式、功能、表面活性、结构类型、分子量大小等进行分类。

根据其使用方式，农药助剂可分为配方助剂与桶混助剂（喷雾助剂）两类。配方助剂（formulation additive）为农药剂型加工中使用的各种助剂，用以满足剂型加工的物理化学稳定性和其商品性能要求，并帮助固体或液体原药快速、均匀且稳定地分散在喷雾载体（水）中，从而保证在土表或植物叶面均匀沉积。喷雾助剂（spray additive）是农药在喷洒前直接添加在喷药桶或药箱中，混合均匀后能改善药液理化性质的一种农药助剂，通常也被称为桶混助剂。如促沉降、促吸收、抗飘移、抗蒸发、抗雨水冲刷等性能的助剂以及水质调节剂、增效剂、药害减轻剂等。最常见的是植物油或矿物油类增效剂和利于提高农药的抗雨水冲刷、增加润湿和铺展等作用的表面活性剂、有机硅助剂、液体肥料、高分子助剂等。

研究发现，喷雾助剂在除草剂上应用的研究较早且多，进展也快。目前，喷雾助剂也已广泛用于杀虫剂和杀菌剂。近年来，随着国家对农药"减施增效"的要求及植保机械技术的发展需求，喷雾助剂成为"农药减量"新利器，其合理使用越来越受到研究者的重视。在农业航空喷施过程中，喷雾助剂可以降低药液雾滴的飘移，增加药液雾滴在作物上的沉积，提高药效，减少农药的使用量。

根据其功能和在配方中的作用可分为：溶剂及助溶剂、稀释剂、填料和（或）载体、分散剂、乳化剂、润湿剂、渗透剂、展着剂、控制释放剂、增效剂、防飘移剂、防尘剂、安全剂、消泡剂、起泡剂、警戒色素、稳定剂、触变剂和增稠剂等。

我国习惯于按照表面活性剂分类法将农药助剂分为表面活性剂（包括天然的与合成的）和非表面活性剂两大类。属于表面活性剂类的农药助剂有：分散剂、乳化剂、润湿剂、渗透剂、展着剂、黏着剂、消泡剂、抗泡剂、抗絮凝剂、增黏剂、触变剂，以及某些稳定剂、发泡剂等。属于非表面活性剂类的农药助剂有：稀释剂、载体和（或）填料、溶剂、抗结块剂、防静电剂、警戒色素、安全剂、解毒剂、抗冻剂、pH调节剂、防腐剂、熏蒸助剂、推进剂和增效剂等。

按其亲水基是否带有电荷可以将表面活性剂分为离子型和非离子型两大类。离子型表面活性剂分子在水中能电离，形成带阳电荷、带阴电荷或同时既带有阳电荷又带有阴电荷的离子。带阳电荷的称为阳离子表面活性剂；带阴电荷的称为阴离子表面活性剂；同时带有阳电荷和阴电荷的称为两性表面活性剂。非离子表面活性剂分子在水中不电离，呈电中性。阴离子表面活性剂主要类型有高级脂肪酸盐、磺酸盐、硫酸酯盐、磷酸酯盐等；阳离子表面活性剂主要有铵盐型表面活性剂和季铵盐型表面活性剂；两性表面活性剂主要有氨基酸型、甜菜碱型和氧化胺、咪唑啉型表面活性剂等；非离子表面活性剂有聚乙二醇型（如长链脂肪醇聚氧乙烯醚、烷基酚聚氧乙烯醚、脂肪酸聚氧乙烯酯、聚氧乙烯烷基胺等）和多元醇型（如甘油脂肪酸酯、山梨醇脂肪酸酯、失水山梨醇脂肪酸酯和蔗糖脂肪酸酯等）等。非表面活性剂农药助剂主要指添加在农药剂型中的一些惰性物质或溶剂、填料等改善剂型物理化学性能或稳定性能的物质。包括农药加工中使用的载体和（或）填料或吸附剂，如白炭黑、高岭土、陶土、无机盐类、尿素、淀粉、锯末等；醇类、醚类、烃类、植物油等溶剂与助溶剂；草酸、柠檬酸、碳酸钠、三聚磷酸钠等 pH 调节剂；酸性红、玫瑰精、亮蓝等警戒色素等都属于非表面活性剂类农药助剂。

表面活性剂还可以根据其分子量大小分为小分子和高分子两类。分子量一般几百到几千不等的为小分子表面活性剂。而分子量达几千至几万以上的则称为高分子表面活性剂。高分子表面活性剂根据来源可以分为天然的、半合成的和合成的高分子表面活性剂三大类。天然高分子表面活性剂主要有藻酸（钠）、果胶、淀粉、蛋白质等；半合成的有阳离子淀粉、羧甲基纤维素（CMC）、羟乙基纤维素（HEC）；合成高分子有丙烯酸聚合物、聚乙烯吡咯烷酮、聚乙烯醇（PVA）、聚乙烯醚、聚丙烯酰胺等。

三、管理与展望

我国目前虽然还未对农药助剂出台特定的管理政策，但国家对农药助剂的管理已经开始重视，2015 年在中国农药信息网公开对《农药助剂禁限用名单》征求意见。并在之前的 10 多年，针对一些特殊农药剂型和助剂制订了相关规定：2004 颁布《关于限制氯氟化碳类物质作为推进剂的卫生杀虫气雾剂产品登记通知》；2006 年根据农业部公告第 747 号规定，禁止使用农药增效剂八氯二丙醚（S2/S421）；2008 年农业部 1132 号公告规定同一种卫生用农药产品最多可以申请使用 3 种香型，对香型实行备案制度；2013 年工信部颁布了《农药乳油中有害溶剂限量》标准，限制苯类、甲醇等有机溶剂在乳油中的使用。

随着农药剂型多样化和性能的提高，助剂也向多品种、系列化发展，以适应不同农药品种、不同剂型加工的需要。在各类农药新剂型中，仅仅使用常用的表面活性剂已不能满足性能上的要求，因而开发乳化能力强、分散性好、吸附能力更强和安全性好的表面活性剂成为农药助剂的主要发展方向。场景导向、功能化、精准化、绿色化是未来农药助剂的主要研发趋势：基于场景导向的农药绿色功能助剂单体的分子设计与合成及复配功能助剂的研发；绿色功能助剂的功能性和安全性关键评价技术体系研发与应用；高效绿色配方和喷雾功能助剂的应用理论及技术体系研究；"助剂分子结构-药液性质-田间药效"关系的建立。

第二节 ▨▨▨
载　体

农药载体（carrier）是指农药制剂中荷载或稀释农药的惰性物质。它们结构特殊，具有较大的比表面积，吸附性能强。其中吸附性能强的载体如硅藻土、凹凸棒土、白炭黑、膨润土等，一般用于加工高浓度粉剂、可湿性粉剂或颗粒剂；吸附能力低或中等的载体有滑石、叶蜡石、黏土等物质，这类载体又称为稀释剂（diluents）或填料（filler），一般用于加工低浓度粉剂。

载体的主要功能为：①作为农药有效成分的微小容器或稀释剂；②将使有效成分从载体中释放出来。前者是加工制剂到使用前所需要的，后者是施用后所要求的。

一、载体的分类

载体按其组成和结构分为无机载体和有机载体；按其来源则可分为矿物类载体、植物类载体和合成类载体。

1. 矿物类

（1）元素类：如硫黄。

（2）硅酸盐类：如黏土类的坡缕石族（凹凸棒土、海泡石、坡缕石等）、高岭石族（地开石、高岭石、珍珠陶土等）、蒙脱石族（贝得石、蒙脱石、囊脱石、皂石等）、伊利石族（云母、蛭石等）、叶蜡石、滑石等。

（3）碳酸盐类：如方解石和白云石等。

（4）硫酸盐类：如石膏。

（5）氧化物类：如生石灰、镁石灰、硅藻土、硅藻石。

（6）磷酸盐类：如磷灰石等。

（7）未定性类：浮石。

2. 植物类

常见的植物类载体有玉米棒芯、谷壳粉、稻壳、大豆秸粉、烟草粉、胡桃壳、锯木粉等。

3. 合成载体类

包括沉淀碳酸钙水合物、轻质碳酸钙、沉淀二氧化硅水合物等无机物和一些有机物。

以上几类载体中，以硅藻土、凹凸棒土、膨润土（主要组成是蒙脱石）、白炭黑、高岭土、滑石以及轻质碳酸钙等使用最为广泛。

二、硅藻土

我国已探明储量 5.13 亿吨，远景储量超过 20 亿吨，主要分布在吉林、内蒙古、浙江、云南等地，其中吉林省探明储量约 3.56 亿吨，占全国探明储量的70%。开采的硅藻土通常含水量高，需要焙烧，再进一步磨细和分级。

1. 结构和成分

硅藻土（diatomite）是一种生物成因的硅质沉积岩，主要由古代硅藻的硅质遗体组成。单个硅藻由两半个细胞壁（又称荚片）封闭一个活细胞而构成。在结构上，硅藻土是由蛋白石状的硅所组成的蜂房状晶格，有大量的微孔，大多数孔的半径为 $5\sim80\mu m$，因此硅藻土的比表面积很大。

硅藻土矿的化学成分可用 $SiO_2 \cdot nH_2O$ 表示。矿石组分中以硅藻土为主，其次是黏土矿（水云母、高岭石）、矿物碎屑（石英、长石、黑云母）以及有机质等。硅藻土纯度一般很高，主要成分为 SiO_2，有的高达 90% 以上。

2. 物理化学性质

硅藻土的物理化学性质随着产地和纯度不同有所变化。

（1）颜色　纯净的硅藻土一般呈白色、土状。含杂质时，常被铁的氧化物或有机质污染而呈灰白、灰、绿以至黑色。一般说来，有机质含量越高，湿度越大，则颜色越深。

（2）硬度　大多数质轻、多孔、固结差、易粉碎。硅藻土块的莫氏硬度仅为 $1\sim1.5$，但硅藻骨骼微粒硬度高达 $4.5\sim5.0$。

（3）密度和假密度　硅藻土的密度视黏土等杂质的含量而变化，纯净而干燥的硅藻土块密度小，为 $0.4\sim0.9g/cm^3$，能浮于水面，固结硬化后的密度近于 $2.0g/cm^3$，煅烧后可达 $2.3g/cm^3$。硅藻土的假密度：干燥块状硅藻土为 $0.32\sim0.64g/cm^3$；干燥粉末为 $0.08\sim0.25g/cm^3$。

（4）折射率　硅藻土的蛋白石质骨骼的折射率变化范围是 $1.40\sim1.60$，熔融煅烧后可达 1.49。一般说来，沉积物的年代越久，折射率越高。

（5）熔点　$1400\sim1650℃$。

（6）溶解度　除可溶于氢氟酸外，难溶于其他酸，但易溶于碱。

（7）吸附能力　硅藻土具有很多微孔，孔隙率很大，所以对液体的吸附能力很强，一般能吸收等于其自身重量的 $1.5\sim4.0$ 倍的水。

（8）传导性　对声、热、电的传导性极差。

3. 应用及要求

由于硅藻土具有假密度小、密度小、微孔多、孔隙率大和吸附能力强等特性，因此可广泛用作加工高含量粉剂的载体，特别适宜作将液体农药和低熔点农药加工成高浓度可湿性粉剂或水分散粒剂的填料，或和吸附容量小的载体配伍作为粉剂或可湿性粉剂的复合载体，以调节制剂的流动性和分散性能。

作为农药载体，要求硅藻土纯度高，其中 SiO_2 含量 $>75\%$，Al_2O_3 和 Fe_2O_3 含量 $<10\%$，CaO 和有机质的含量 $<4\%$。

三、凹凸棒石黏土

我国凹凸棒石黏土主要分布在安徽明光、来安、天长，和江苏六合、盱眙、宿迁境内，估计储量为 $3 \times 10^8 t$ 以上。近期，甘肃已探明凹凸棒石黏土矿储量 4 亿吨，远景储量则达到 10 亿吨。凹凸棒石黏土经原矿晒干（或烘干）、粉碎、磨粉、分级制得精选的粉体，加入适量碱，提高体系 pH 值，再经烘干、磨粉、分级制得农药载体。

1. 结构

凹凸棒石黏土（attapulgite）是以凹凸棒石矿物为主要组分的黏土，简称凹凸棒土。凹凸棒土具有链状和过渡型结构，由两层硅氧四面体夹一层镁（铝）氧八面体构成一个基本单元，是一种 2∶1 型的层链状的镁铝硅酸盐矿物。纯净的凹凸棒土在显微镜下为无色透明、杂乱交织的纤维状集合体，晶体长 $2 \sim 3 \mu m$。凹凸棒土的层与层之间存在大量的孔道，截面约为 $0.37 nm \times 0.64 nm$，这种纳米级的孔道使得凹凸棒土具有很大的内比表面积，最高可达 $600 m^2/g$。

2. 组成

凹凸棒土的组成以凹凸棒石为主，其次为蒙脱石、水云母、海泡石、伊利石，以及碳酸盐矿（白云石、方解石）和硅酸盐矿（石英、蛋白石）等。凹凸棒石矿物含量为 10%～97%。凹凸棒石典型的化学式为 $Mg_5 Si_8 O_{20}(OH)_2 \cdot 8H_2O$。

3. 物理化学性质

（1）外观和比表面积　凹凸棒土呈浅灰色、灰白色，具土状或蜡状光泽，有时呈丝绢光泽。干燥环境下性能脆硬，吸水性强，潮湿时具可塑性。显微镜下多为粉砂泥质结构、显微束状结构、含碎鳞纤维结构及显微鳞纤交织结构。

由于结晶呈针状束，如毛笔头或干草堆一样，再加上密集的沟槽，凹凸棒土具有很大的比表面积，最高可达 $600 m^2/g$ 以上。在干燥处理时，凹凸棒土的比表面积会发生变化。当温度超过 200℃时，其开放沟槽会逐渐坍塌，表面积减小。有报道称温度在 95～115℃时，其比表面积会从 $195 m^2/g$ 急剧减至 $128 m^2/g$。因此在烘干凹凸棒土时，应注意干燥温度的控制。

（2）阳离子交换容量　天然凹凸棒石的阳离子交换容量一般 20～30mmol/100g 土，略高于高岭石，是蒙脱石和蛭石的 1/3～1/2。当凹凸棒土粒径减小时，阳离子交换容量略有增加。嘉山地区凹凸棒土可交换钙离子一般为 2.3～6.4mmol/100g 土，可交换镁离子为 0.8～13.0mmol/100g 土，可交换钾离子为 0.5～2.0mmol/100g 土，可交换钠离子为 0.6～4.4mmol/100g 土，阳离子交换总量为 13.4～19.9mmol/100g 土。

（3）膨胀容　1g 凹凸棒土浸水膨胀后的容积称为膨胀容或膨胀倍，其单位以 cm^3/g 土表示。凹凸棒土的膨胀容一般为 3～8cm^3/g 土。

（4）密度和假密度　凹凸棒土的密度随黏土中的杂质含量而变化。纯净而干燥的凹凸棒土密度一般为 $2.20 g/cm^3$。凹凸棒土的假密度和粉碎度有关。一般粉碎至 98% 通过 320 目筛的细粉，其松密度约为 $0.14 g/cm^3$，紧密假密度约为

$0.19g/cm^3$。

（5）吸水率和吸油率　凹凸棒土的吸水率用真空干燥法测定，一般为12%～15%。在120℃下凹凸棒土的干燥脱水速率较硅藻土慢，比硅藻土难以烘干。凹凸棒土的吸油率用亚麻仁油滴定法测定，一般为80%～100%。

（6）pH值和表面酸度（pK_a值）　凹凸棒土pH值一般为6.0～8.5。其表面酸度用Wallng指示剂法测定，大多数凹凸棒土的pK_a<1.8。

（7）流动性　以坡度角（°）表示，98%通过320目筛的细粉，一般为68°～72°。

（8）胶体性能和胶质价　衡量凹凸棒土胶体性能的主要标准是造浆率。矿物含量大于90%以上的原土抗盐造浆率在10.88～22.99m^3/t，加工土造浆率在14.9～31.6m^3/t。

（9）吸蓝量　凹凸棒土分散在水溶液中吸附次甲基蓝的能力称吸蓝量，其单位以100g土吸附次甲基蓝的质量（g）表示。吸蓝量大小与蒙脱石的含量有关。

（10）流变性　凹凸棒土的悬浮体像其他非均质材料的悬浮体一样，在任何浓度下均具有触变性，属非牛顿液体，其流动性随着剪切应力的增加而迅速增加。剪切似乎使原来被静电引力拉在一起成束的纤维状晶体分开，无足够的剪切力，凹凸棒土不会很好地分散。为了达到最佳分散，通常必须使用胶体磨或其他高剪切混合器。

凹凸棒土是形成凝胶最重要的黏土之一，在比其他黏土低得多的浓度下，即能形成稳定的高黏度悬浮液。当凹凸棒土分散在液体中时，其针状晶体束拆散而形成杂乱的网格，这种网格结构能够束缚液体，从而使体系黏度增加。凹凸棒土这一性质被广泛用于各种液体中，如作为盐水、脂肪烃和芳香烃溶剂、植物油、石蜡、酮和某些醇等的增稠剂。

4. 应用及要求

凹凸棒土比表面积大、吸附性能强并具有增稠性，可广泛用作高含量农药粉剂的载体和颗粒剂的基质。特别是液体农药要加工成高含量粉剂或可湿性粉剂时，利用凹凸棒土作载体或者和吸附容量较小的载体配伍作复合载体，用以调节制剂的流动性和分散性更为合适。凹凸棒土的流动性和增稠性，使得它被广泛用作农药悬浮剂的增稠剂。

用作农药载体对凹凸棒土的要求为：纯度高，比表面积大，吸附性能强，阳离子交换容量小，水分含量低，FeO和Fe_2O_3含量尽可能低。此外，纯化后凹凸棒土表面还需经过减活的惰性改性，使其表面酸值由pK_a<1.8上升到pK_a>3.3，同时表面积基本不变，改性后的凹凸棒土可用作农药载体。

四、膨润土

膨润土（bentonite）是一种以蒙脱石为主要组分的黏土类矿物，由火山凝灰岩或火山玻璃状熔岩，经自然风化而成，又称为膨土岩、斑脱岩、歇土、浆土、皂土、观音土等。膨润土不是纯物质，常含有少量长石、石英、贝来石、方解石等。

我国膨润土资源极其丰富，主要矿点有辽宁黑山膨润土矿、浙江临安膨润土矿、山东潍坊膨润土矿、内蒙古兴和膨润土矿、甘肃酒泉膨润土矿、四川渠县膨润土矿、四川仁寿膨润土矿等。

1. 结构

由于膨润土的主要成分是蒙脱石，因此蒙脱石的结构决定了膨润土的性质和应用。

蒙脱石是层状含水的铝硅酸矿物。它的理论结构式为：$(1/2Ca \cdot Na)_{0.7}(Al \cdot Mg \cdot Fe)_4(Si_9Al)_8O_{20}(OH)_4 \cdot H_{20}$。$Ca \cdot Na$ 为可交换的阳离子。蒙脱石的结构是典型的 2∶1 晶格，即两层硅氧四面体中间夹一层铝（镁）氧（氢氧）八面体而形成一个晶层单元。两个晶层单元堆积在一起构成蒙脱石的单个粒子。

蒙脱石四面体中有 ≤1/15 的 Si^{4+} 被 Al^{3+} 置换，八面体中有 $1/6\sim1/3$ 的 Al^{3+} 被 Mg^{2+} 置换。由于这些多面体中高价离子被低价离子置换，造成晶层间产生永久负电荷（为 $0.25\sim0.60$），它依靠在晶层间吸附阳离子以求得电荷平衡。晶层间被吸附的阳离子是可以交换的，类质同象置换使得蒙脱石具有很大的阳离子交换容量，由此可产生一系列重要的性质。

根据层间阳离子的不同，自然界可分为钙蒙脱石、钠蒙脱石、铝（氢）蒙脱石及稀见的锂基蒙脱石。我国 90% 以上膨润土属钙基土，其次为钠基土，锂基和氢基膨润（通常称天然漂白土）极为少见，属于过渡类型。一般钠基膨润土比钙基膨润土好。

2. 物理化学性能

（1）外观　膨润矿石为细小鳞片状，带油脂光泽，有滑腻感。颜色系黄色或黄绿色，粉末为纯白色，含杂质多时可呈灰紫、黄褐、褐色等。

（2）比表面积　膨润土有特大的比表面积，一般为 $250\sim500m^2/g$。因此膨润土有较强的吸附能力和较高的吸附容量，有的膨润土能吸入相当于自身重量 $10\sim30$ 倍的物质，具有脱色剂作用，Ⅰ级品的脱色率大于 150%，吸蓝量大于 22g/100g 土。

（3）硬度　莫氏硬度 $2\sim2.5$。

（4）密度　$2.0\sim2.8g/cm^3$。

（5）阳离子交换容量　阳离子交换容量特大，高达 90mmol/100g 土。

（6）pH　膨润土的 pH 值随产地不同而异，一般在 $6\sim10$ 之间。

（7）悬浮性和胶体性能　膨润土能吸收大量水分子而自身膨润分裂成极细的粒子，可长时间处于悬浮状态，形成稳定的悬浮液；少量水可使膨润土膨胀形成胶溶液，使悬浮体系增稠，防止微粒絮凝和沉降。膨润土胶质价最高可达 90mL/15g 土。

3. 应用及要求

膨润土比表面积大、吸附性能强，能在水中吸附大量水分子而膨裂成极细的粒子形成稳定的悬浮液，特别适宜用作农药可湿性粉剂、颗粒剂、水分散粒剂的载体以及悬浮剂的分散剂和增稠剂。大多数有机农药是极性有机化合物，可利用蒙脱石极大内表面的吸附作用加工成高浓度粉剂；也可将它和吸附容量小的载体配伍用作复合载体，以调节制剂的流动性和分散性。由于膨润土比表面积大，阳离子交换容量大，吸水率高，活性点多，所以用它配制的有机磷粉剂贮存稳定性差，因此一般不适宜作低浓度粉剂的载体。

膨润土用作农药载体要求纯度高、含砂量低、吸附性能强、FeO 和 Fe_2O_3 含量低。

五、高岭土

高岭土（kaolin）主要是富含铝硅酸盐的火成岩和变质岩在酸性介质的环境里，经受风化或低温热液交代变化的产物，是世界上分布最广的矿物之一。我国高岭土资源丰富，遍及全国各地，其中江西、安徽、江苏、贵州、浙江、湖南、河北等地产出的高岭土品质良好，尤以江西景德镇、江苏苏州产的高岭土质量最佳。

1. 结构及组成

主要矿物成分是高岭石，不含有蒙脱石、伊利石、水铝英石、石英等。高岭石层间无其他阳离子或水分子的存在，层间靠 HO—H 键紧密连接。

高岭石的理论化学式为 $Al_4[Si_4O_{10}]·(OH)_8$，各组成的理论含量（质量分数/%）为：Al_2O_3 41.2，SiO_2 48.0，H_2O 10.8。高岭石中常含少量钙、镁、钾、钠等混入物。

2. 物理化学性质

（1）外观　纯净的高岭土为白色，一般由于含有其他矿物而呈深浅不一的黄褐、红等各种颜色。晶体碎片或解理面上呈珍珠光泽，但致密块状无光泽或土状光泽，具有粗糙感。

（2）密度　高岭土的密度在 2.60～2.63g/cm³ 之间。容重随粉碎度的变化而变化，一般为 0.26～0.79g/cm³。

（3）硬度　莫氏硬度为 2.0～3.5。

（4）pH　高岭土的 pH 一般为 5～6。

（5）阳离子交换容量　阳离子交换性能差，只能在颗粒的边缘处进行。由于晶格边缘断键引起的微量交换，所以阳离子交换容量低，随着颗粒粒径的减小，阳离子交换容量有所增加。

（6）比表面积和孔隙率　由于结构比较紧密，比表面积和吸附容量较小，干燥后有吸水性，潮湿后有可塑性，但不膨胀。用手搓易碎，在水中生成悬浮体。

3. 应用及要求

高岭土的结构决定了它的比表面积、孔隙率和吸附容量较小，因此它不宜作液体农药或高黏度农药可湿性粉剂或高浓度粉剂的载体。一般用作低浓度或中等浓度粉剂的载体，有时也用作颗粒剂的载体。

随着粉碎度的增加，高岭土的比表面积和吸附容量相应增大，在达到饱和吸附容量之前，对有效成分的荷载量远高于滑石和叶蜡石之类的载体。此外，高岭土的优点是价格低廉，而且即使粉粒遇潮结块，但在水中易分散，所以高岭土常作为加工农药可湿性粉剂的载体，或者与吸附性能强的白炭黑、硅藻土等复配使用。

高岭土作为农药载体要求水分含量、Fe_2O_3 含量低，分散性和流动性好，阳离子交换容量小。

六、滑石

滑石是富镁质超基性岩、白云岩、白云质灰岩经水热变质交代的产物。我国辽宁省的海城、山东海阳、广西龙胜、河北唐山、浙江、福建、贵州、山西等地均有丰富的滑石资源。

1. 结构

滑石是由两层六方硅石片（硅氧四面体）网层夹一层水镁石片（氢氧镁石八面体）组成的层状硅酸盐。由典型的 2:1 晶格所构成。滑石矿石是由一层晶胞堆砌在另一层晶胞上所成的，即一层氧原子的平面和相邻另一层氧原子平面互相对立，中间无阳离子，因此结合力很弱，硬度不大，粉碎时容易沿着氧原子平面断裂而形成板状结构的小颗粒。由于晶格呈电中性，阳离子交换容量很小，水和其他分子仅局限吸附在结晶棱角键的断裂处，吸附容量小。

2. 化学组成

纯滑石的化学组成为 $Mg_3[Si_4O_6](OH)_2$，各组分的质量分数（%）为：MgO 31.72，SiO_2 63.12，H_2O 4.76。化学成分比较稳定，硅有时被铝或钛替代，有时存在少量的钾、钠、钙。通常含结构水达 4.7%～5.0%。

3. 物理化学性质

（1）外观　纯净者为白色。由于含杂质带上深浅不一的浅黄、灰白、浅绿等颜色。致密块状滑石，呈贝壳状断口，富有滑腻感。晶体常沿打线方向裂开呈六方形或菱形小块。

（2）密度　滑石的密度为 2.58～2.83g/cm^3。

（3）硬度　莫氏硬度为 1。

（4）pH 值　pH 值在 6.0～10.0 之间变化。

（5）阳离子交换容量　阳离子交换容量小，一般为 0.5～5.0mmol/100g 土。

（6）吸附性能　滑石吸附容量小，吸水率小。

4. 应用及要求

滑石具平板状致密结构的表面，无内孔，阳离子交换容量小，吸水率低，表现出化学上的低滑性，所以滑石粉又称惰性粉。它主要用作低浓度粉剂的载体，特别是有机磷粉剂的载体。

滑石作为农药载体要求粉末洁白，颗粒细，质纯，吸水率低，阳离子交换容量小，Fe_2O_3+FeO 的含量要在 0.5%～2% 范围。

七、白炭黑

白炭黑是人工合成的一种水合二氧化硅，化学式为 $mSiO_2 \cdot nH_2O$，SiO_2 含量在 85% 以上。

1. 物理化学性质

白炭黑为白色疏松粉末，粒极细、质轻、松密度小、比面积大、吸附容量和分散能力都很强。沉淀法生产的白炭黑比表面积一般都在 200m^2/g 以上，用于农药加工的载体一般都是采用沉淀法生产的白炭黑。

2. 应用及要求

白炭黑比表面积大、吸附能力强、分散性能好，特别适于作可湿性粉剂和高含量粉剂的载体。但白炭黑比其他载体成本高，故在农药加工时一般与其他载体配伍使用。

用作农药载体时要求白炭黑纯度高，杂质少，水分低，比表面积大，吸附容量大，分散性能好。

八、轻质碳酸钙

轻质碳酸钙是人工制成的碳酸钙，化学式为 $CaCO_3$。和天然碳酸钙相比，人工合成的碳酸钙纯度高，几乎无杂质，质量轻，故名轻质碳酸钙。

1. 物理化学性质

轻质碳酸钙外观呈白色疏松粉末，含量达（以 $CaCO_3$ 计）97.0%～100.0%，水分含量一般小于 1%，密度一般为 2.65g/cm^3 左右，吸附性能弱，吸水率低，莫氏硬度为 2.4～2.7，通过 325 目筛余物小于 1%，pH 值为 8.0～11.0。

2. 应用及要求

我国轻质碳酸钙生产厂家较多，几乎遍及全国，原料易得，价格较便宜。产品粒度细，水分含量低，X射线衍射物相鉴定表明，其主要成分为方解石型$CaCO_3$，无单独CaO相，故活性小，可作农药可湿性粉剂的载体或经改性处理作高含量可溶粉剂的载体。

用作农药载体的轻质碳酸钙要求纯度高、杂质少、水分含量低、颗粒细。

九、植物类载体

植物类载体包括锯末粉、稻壳、大豆秸粉、烟草粉、胡桃壳粉、甘蔗渣、玉米棒芯、碱性木质素等。目前在农药加工中使用植物类载体较少，但是植物类载体在某些情况下具有特殊作用。例如使用矿物类载体加工40％二嗪磷可湿性粉剂时不稳定，50℃贮存14d，分解率高达98.4％，而使用植物载体如胡桃壳粉则能保持药剂的稳定性。防治储粮害虫的农药如果采用矿物载体则难以在处理后将载体从粮食中分离出来，如2.5％马拉硫磷（粮虫净）粉剂，用稻壳粉或豆秸粉作载体，就很容易在稻谷或小麦加工前通过风力将其分离出来。在农药烟剂和卫生杀虫剂如蚊香加工中，使用锯末粉作载体，还具有助燃效果。

木质素资源丰富，价格便宜，可作可湿性粉剂的载体和缓释剂的基质，并赋予制剂很好的湿润性和悬浮性能，而且它对紫外光有很好的吸收能力，可以作为紫外光的保护剂，增加那些易光解农药的稳定性。如用木质素/明胶作囊壁材料，制成的氯氰菊酯缓释剂，可使其有效成分的光降解率下降50％。用一种低溶解性、高分子量的木质素磺酸盐对莠去津除草剂进行包囊化加工后得到的制剂，使用后可减少莠去津在土壤中的向下渗透，降低对地下水的污染。制取糠醛的废渣可作为马拉硫磷的稳定载体，用20％糠醛废渣作载体，与不用糠醛渣的对照试样进行热贮稳定性比较试验，结果表明糠醛废渣对马拉硫磷的稳定效率为66.6％。

总的来说，植物载体一般资源丰富，价格便宜，而且具有特殊性能，如果与矿物载体复合使用，对保持某些农药的稳定性则具有重要性。

十、缓控释农药载体

近年来，利用先进的材料和技术，改善农药剂型，提高对靶沉积量，调控农药释放，成为当今剂型研究热点，并由此推动了缓控释农药新制剂的性能提升和升级换代，也促进了新型载体材料和制备工艺在农药缓控释制剂加工中的发展。伴随着农药微胶囊及纳米级农药制剂的不断涌现，海藻酸钠、淀粉、乙基纤维素、壳聚糖、聚乳酸、聚脲、脲醛树脂、聚氨酯、二氧化硅、膨润土和环糊精等载体材料被广泛用作农药的缓控释载体材料。聚羟基脂肪酸酯、玉米醇溶蛋白、木质素衍生物等一批新型绿色材料也被报道用于农药的控释。

第三节

溶剂和助溶剂

农药溶剂（solvent）是用来溶解和稀释农药有效成分的液体。包括在农药制剂加工及应用过程中使用的溶剂、液体稀释剂或载体，通常不包括水。

在非表面活性剂类助剂里，除了填料和载体外，溶剂是用量最大和应用最广的一大类。农药溶剂是大多数农药制剂加工中和施药技术中不可缺少的原料。其主要作用如下：

（1）溶解和稀释农药有效成分，调整制剂含量，以便使用。

（2）增强和改善制剂加工性能，如提高流动性，有利于计量、输送、包装和施用。

（3）赋予制剂特殊性能。例如降低对哺乳动物的毒性，减轻植物药害；防止和延缓喷雾粒过快蒸发变细，减少飘移和污染；减轻和避免臭味或异味；减缓和防止制剂贮运中变质，包括有效物分解、分层和沉淀等不良变化。

（4）制备增效的或具有特定功能的液体制剂、单剂、混剂和与其他农业化学品的复合制剂，增强制剂展布、润湿和渗透作用，以利于药效发挥。

（5）低量或超低量喷雾制剂、展膜油剂、静电喷雾等加工载体。

（6）农药乳化剂、分散剂、润湿剂、渗透剂、喷雾助剂、悬浮助剂等的生产与应用中常涉及或使用。

助溶剂又称共溶剂（co-solvent），是辅助性溶剂，能提高农药原药在主溶剂中溶解度。一般用量不多，但往往具有特殊作用和专用性。较常见助溶剂有醇类（如甲醇、异戊醇等）、酚类（如苯酚、混合酚）等。乙酸乙酯、二甲基亚砜（DMSO）等也是很好的助溶剂。大多数助溶剂本身就是有机溶剂，在配制高浓度乳油和超低容量油剂时，须选用一定的助溶剂。

助溶剂的选择应根据不同的原药和主溶剂来确定，要求与原药和主溶剂有很好的相溶性，且能增加原药在主溶剂的溶解度。如果主溶剂对原药的溶解度能够满足配制浓度的要求，就不必再使用助溶剂。

作为农药制剂加工和应用的溶剂和助溶剂，应该具备以下基本性能。

（1）对农药原药（活性组分）有很好的溶解性。

（2）与制剂其他助剂和组分有好的相溶性。不分层、不沉淀，低温不析出，不与原药发生化学反应。

（3）挥发性适中。闪点对于一般制剂来说要求不低于 26.7℃，以确保农药生产、贮运和使用的安全。

（4）对人、畜毒性低，无或低致敏性和刺激性。多核芳烃类化合物含量低于规定标准。

（5）对植物无药害，对环境安全。

（6）与水稀释时能形成稳定的乳状液或悬浮液。

此外，要求货源充足，质量稳定，价格适中，以保证制剂质量和应用效果，降低成本。

一、溶剂和助溶剂的种类

绝大多数农药溶剂属于工业有机溶剂。惯用的化学结构可以分为烃类、醇类、酯类、酮类、醚类等溶剂。根据其来源又可分为人工合成溶剂和天然溶剂两类。天然溶剂主要来自石油产品和动植物产品，是最常用的一类农药溶剂。近年来，人工合成的农药溶剂愈来愈多，应用也愈来愈广，尤其是在特种农药加工中的比重愈来愈大。此外，还可根据其用途将农药溶剂分成常规溶剂和特种溶剂。

1. 常规溶剂

常规溶剂涉及芳烃溶剂和非芳烃溶剂两大类。芳烃溶剂主要含有苯环，因溶解性优异且供给充足、价格低廉等被广泛用于农药加工，是农药乳油加工的首选溶剂；非芳烃溶剂有链烷烃、脂肪烃、醇类、酮类、植物油以及脂肪族酸或酯等。常用溶剂品种如下：

（1）芳烃类　包括苯、甲苯、二甲苯、萘、烷基萘，各种中、高沸点的芳烃，如重芳烃、柴油芳烃等。使用最多的为二甲苯、甲苯和混合二甲苯。由于毒性和环境问题，该类溶剂被限量使用或逐步禁用。

（2）脂肪烃、脂环烃类　包括煤油、白汽油、白油、机油、柴油、石蜡液体、重油及异构石蜡油等。主要用于展膜油剂、超低量喷雾油剂、喷雾助剂以及矿物油杀虫剂等的加工。

（3）醇类　包括一元醇如甲醇、乙醇、丙醇、异丙醇、丁醇、异丁醇等，多元醇如丙三醇和乙二醇及脂肪醇等。用作微乳剂、水乳剂等剂型的助溶剂，水基化制剂的防冻剂等。

（4）酯类　包括蓖麻油甲酯、乙酸甲酯、油酸甲酯及芳香酸酯类（如邻苯二甲酸酯）等。用作乳油、油剂、油悬浮剂等的载体，喷雾助剂，绿色乳油产品等。

（5）酮类　包括环己酮、甲乙酮和丙酮等。

（6）醚类　包括单醚如乙二醇醚、丙二醇醚等。

（7）植物油类　如菜籽油、棉籽油、豆油、向日葵油和松节油等。

（8）卤代烷烃类　如二氯甲烷、三氯甲烷等。

2. 特种溶剂

特种溶剂主要是指那些具有特殊理化性能，并适用于有特定要求的农药制剂加工的溶剂。它们绝大多数是人工合成的溶剂。主要有酮类和醚类两大类，与常规溶剂无明确的界限。

（1）酮类　包括异佛尔酮、N-甲基吡咯烷酮、2-吡咯烷酮、环己酮、甲基异丁基酮以及不饱和脂肪酮等。

（2）醚类　包括甲基乙二醇醚、乙基乙二醇醚、丁基乙二醇醚、石油醚等。

此外，烷基酚、聚乙二醇、聚丙二醇、乙腈、二缩乙二醇、三缩乙二醇、乙氧基乙醇乙酸酯、甲氧基乙醇乙酸酯和丁氧基乙醇乙酸酯、六甲基磷酸叔胺、轻聚丁烯、乙基溶纤剂、重烷基化物等，以及某些卤代烷，如二氯二氟甲烷、四氯化碳、二氯乙烯、三氯乙烷和氯苯等也常用作农药溶剂，甚至冰乙酸、氢氧化钠和氢氧化钾的溶液在某些特殊场合也可作为溶剂使用。

二、农药加工中溶剂的新方向——绿色溶剂

近年来，世界各国对农药助剂和溶剂的安全性愈加重视，先后颁布了相应的规范和标准，用于规范农药制剂中溶剂的使用，以减少有害溶剂对环境和人类健康的影响。我国出台的《农药乳油中有害溶剂限量》（HG/T 4576—2013）标准中对农药乳油中苯、甲苯、二甲苯、乙苯、甲醇、N,N-二甲基甲酰胺、萘等7种有害溶剂设定了限量值。原农业部农药检定所发布了《农药助剂禁限用名单》（征求意见稿），拟对80种溶剂助剂进行禁限用。随着苯类溶剂（甲苯、二甲苯）以及甲醇、N,N-二甲基甲酰胺、二甲基亚砜等有毒溶剂被限制使用，环境友好型绿色溶剂成为目前农药加工中溶剂的新方向，成为国内外该领域学者的研究热点。

目前，对于绿色溶剂没有统一明确的定义，一般认为具有天然源可再生、易降解、对人畜安全、无生态毒性、不易燃、低挥发、符合HSE（健康、安全与环境）法律法规的溶剂归为绿色溶剂的范畴。依据来源可以分为矿物源溶剂、生物源溶剂和人工合成溶剂三大类。

1. 矿物源溶剂

由石油加工而来，主要成分为重芳烃或烷烃类物质。主要有矿物油、溶剂油、煤油（磺化煤油）、溶剂石脑油、基础油（链烷烃）等。矿物油（白油）为 C_{17}～C_{24} 正构烷烃，不溶于水、甘油，溶于苯、乙醚等。溶剂油，120♯、150♯和200♯等一般根据沸程划分，溶剂油为各种结构烃类的混合物，不溶于水，溶于乙醇、乙醚等。煤油（磺化煤油）为无色或淡黄色，闪点在65～85℃之间，为 C_{11}～C_{17} 的高沸点烃类混合物。溶剂石脑油，闪点在35～38℃之间，为煤焦油轻馏分所得芳香族烃类。基础油（链烷烃）为天然气制油衍生物，为由26～39碳的链烷烃

组成的新型环保溶剂。可用于替代甲苯和二甲苯类溶剂。

2. 生物源溶剂

该类溶剂包括植物油类溶剂、松树油类溶剂及动物油类溶剂三大类。植物油类代表性溶剂为植物油、改性植物油等。植物油包括大豆油、玉米油、菜籽油等，均可作为溶剂，其主要成分为脂肪酸甘油三酯，由 $C_{14} \sim C_{18}$ 饱和或不饱和脂肪酸甘油酯组成。其优点是安全性高，缺点是成分复杂、溶解性能和稳定性差、冷凝点高。改性植物油（生物柴油）包括甲酯化或甲基化植物油、脂肪酸甲酯、环氧大豆油等，可作乳油溶剂，具有增效、保湿、抗飘移等特点。其优点是安全、高效、溶解性能较强，缺点是成分复杂、受原料植物油影响、冷凝点较高。

松树油类代表性溶剂为松油、松节油、松脂油植物油溶剂等。松油是将松树的残枝、废材、叶等用溶剂萃取或水蒸气蒸馏制得。闪点在 $72.8 \sim 86.7℃$ 之间，主要成分为单萜烯烃、莰醇等混合物，其乳化性强、润湿性和渗透性好，但长期暴露在空气和光照下会产生树脂状物质，颜色变深。松节油是通过蒸馏作用或其他方法从松柏科植物的松脂中所提取的液体，闪点为 $35℃$，主要成分是萜烯。不溶于水，溶解能力介于溶剂油和苯之间，与乙醇、乙醚等互溶。松脂油植物油溶剂是由马尾松脂、湿地松脂或松脂提炼松节油、松香后的副产品及植物油单烷基酯加工而成，可作乳油、增效剂等溶剂。

其他还有动物油、地沟油等加工而来的油酸甲酯、乙酯等。其也具有改性植物油类似的理化性能，但其普遍冷凝点高，可作乳油溶剂，但不宜在冷凉地区使用。

3. 人工合成溶剂

除了天然溶剂外，目前通过人工方法合成了一些对农药原药溶解度较好、闪点较高、毒性较低的溶剂，例如丁内酯、乙酸仲丁酯、二价酸酯（DBE）和长链酰胺等。其中，2-甲基戊二酸单酰胺/双酰胺（商品名 Rhodiasolv® Polarclean、FMPC）、N,N-二甲基癸（辛）酰胺（商品名 ADMA 10、ADMA 810）、二价酸酯 DBE（商品名 Rhodiasolv® RDPE）及多组分复配溶剂 Rhodiasolv® Green 25 等新一代绿色溶剂已经商品化生产，可用作多种农药的溶剂、助溶剂来制备农药乳油、水乳剂、微乳剂及浓可溶液剂，不仅具有优异的溶解性能，还具有良好的环境相容性，将来有望成为苯类等有毒溶剂的有力替代者。

虽然已经筛选、开发出了上述三大类、多种可以替代"三苯"及甲醇的环保溶剂，但已有的相关制剂产品还未大规模生产使用，大部分还停留在科研阶段，例如离子液体溶剂、低深共熔溶剂等多种绿色溶剂具有开发应用潜力，但距离成果转化还有很大差距，除了个例如河北天发生物科技有限公司等使用植物油溶剂完全替代"三苯"及甲醇溶剂加工乳油产品外，目前国内市场上难觅真正使用环保溶剂完全替代苯类等有害溶剂的乳油产品。

第四节

乳 化 剂

乳化剂（emulsifier）是制备农药乳状液并保证其处于最低稳定状态所使用的物质。农药乳状液是农药制剂加工和应用技术中经常遇到的一种分散体系，是指由一种或多种液体以液珠形式分散在与它不相混溶的液体中构成的分散体系。农药乳状液的液珠直径一般都大于 $0.1\mu m$，属粗分散体系，由于体系呈乳白色而被称为乳状液。

农药乳化剂是保证乳状液稳定存在的关键。它使油滴与油滴之间、水滴与水滴之间不能很快聚合，达到最佳的两相平衡，使乳状液稳定存在。农药乳化剂的重要作用主要体现在两个方面：一是化学农药中常用剂型乳油中必不可缺的助剂，对乳油制剂的质量和效果起着关键的作用。此外，在其他农药剂型如水乳剂、微乳剂、悬浮剂、可湿性粉剂、可溶液剂、水剂中也用作助剂；二是在农药助剂中，乳化剂居世界农药用表面活性剂需求量首位。在我国，从 20 世纪 80 年代以后其生产和需求量占助剂总产量一半以上，远远超过分散剂、润湿剂等助剂。而且表面活性剂的性质和作用决定了许多乳化剂除了具有乳化作用外，也有良好的分散作用、润湿作用、增溶作用等，从而在农药加工和应用中起到提高润湿性、悬浮率、溶解性、展着性的效果。

一般说来，农药乳化剂除了满足农药助剂必备条件外，还应具备如下基本特征：

（1）乳化性能好，适应农药品种多，用量少，能显著降低制剂的表面张力，并能配制含量较高的制剂。

（2）与原药、溶剂及其他组分有着良好的互溶性，在低温时不分层、不析出结晶或沉淀。

（3）对水质硬度、水温、活性成分的浓度变化等具有较好的适应能力。制剂使用时自动或稍加混合即形成适宜粒径的乳状液，在高温和低温环境中能保证乳状液的稳定性。乳状液施用后，发挥良好的黏着、润湿和渗透作用，协助发挥活性组分的药效。

（4）黏度较低，流动性好，闪点较高，毒性小，生产、运输、贮存、使用方便又安全。

（5）具有良好的物理及化学稳定性，在一定时间内无物理及化学变化，乳化剂的各项性能尤其是乳化性能不能有很大改变。通常需两年或两年以上的品质保证期。

通常，农药乳化剂尤其是优质的复配乳化剂具有如下特性：第一，品种齐全，性能完善，能满足农药科学和生产发展的需要，即各类化学农药乳化剂都已研究并商品化，且产品乳化高效、用量少，除乳化性能外还同时兼具分散性、润湿性和低泡性等。第二，多功能，用途广，适用农药品种多和应用技术条件变化能力强。近年来发展的农药乳化剂不再只是乳化性能，而具有多种功能，可用于乳化、湿润、展着、渗透等方面。例如近年开发的新型多功能助剂——烷基醚羧酸及其盐，具有优良的乳化、分散、润湿及增溶性能，而且易生物降解，对环境安全。农药乳化剂对使用技术条件应变能力强，集中表现在稀释用水量、水质、稀释倍数明显扩大时仍能获得符合标准的乳状液。以前采用室温水 20～25℃，现已扩大到 10～40℃。水质硬度（以碳酸钙计）以前采用标准水 342mg/L，现已扩大到 20～1000mg/L，最高时达到 2g/L。其稀释倍数，以往常为几百倍至几千倍，现在低的稀释倍数只有几倍或几十倍。如超低容量喷雾，其制剂只稀释几倍或者不兑水直接施用。第三，安全、经济。主要表现在低毒和无药害的乳化剂、高闪点乳化剂、高浓度乳油乳化剂、亲水亲油型（H/L 型）成对乳化剂和高效多功能乳化剂。

一、乳化剂的种类

乳化剂的品种繁多，可分为单体和复配乳化剂。单体乳化剂一般分为非离子型、阴离子型、阳离子型、两性离子型四大类。前两类应用最广，也最为重要，尤其在农药剂型的制备中，对产品质量好坏有关键的影响。近年来，伴随着 Pickering 乳液技术的不断发展，固体颗粒作为乳化剂用于农药乳液及微胶囊的制备受到了国内外学者的广泛关注。

1. 非离子型乳化剂

非离子型乳化剂是指在水溶液中不能电离而起乳化作用的表面活性剂，起乳化作用的是整个分子或分子群体。按亲水基和亲油基在分子中连接的化学键分类，分为醚型、酯型、端羟基封闭型和其他结构四大部分。

（1）醚型非离子型乳化剂

① 脂肪醇聚氧乙烯醚及类似物　作为乳化剂应用最多的是 C_{12}～C_{18} 脂肪醇聚氧乙烯醚。该类乳化剂稳定性较高，并具有较好的润湿性能。代表性产品有：月桂醇聚氧乙烯醚，又称农乳 200 号，$C_{12}H_{25}(EO)_nH$，$n=4$～18，产品外观为淡黄色油状液体至膏状或蜡状物，可用作 W/O 或 O/W 型乳化剂，也有优良的润湿和洗涤性能；异十三醇聚氧乙烯醚：$i\text{-}C_{13}H_{27}O(EO)_nH$，$n=3$～$15$。该类乳化剂对环境相对友好，已经成为烷基酚聚氧乙烯醚（OP、NP 系列）、多苯乙烯基苯酚聚氧烯醚（600、1600、33、34 系列等）等传统有环境风险乳化剂的有力替代者。

② 苄基酚聚氧乙烯醚及类似品种　适用于有机磷农药乳化剂。主要品种有二苄基酚聚氧乙烯醚、三苄基酚聚氧乙烯醚（农乳 BP）、二苄基枯基酚乙烯醚（农乳 BC）、苄基酚聚氧乙烯醚、二苄基联苯酚聚氧乙烯醚、苄基烷基酚聚氧乙烯醚及苄基萘酚聚氧乙烯醚等。

③ 苄基联苯酚聚氧乙烯聚氧丙烯醚。

④ 苄基酚聚氧乙烯聚氧丙烯醚。

⑤ 苯乙烯基酚聚氧乙烯醚及类似品种　适合于作有机磷农药乳化剂。主要品种包括三苯乙烯基酚聚氧乙烯醚（农乳 600 号）、二苯乙烯基枯基酚聚氧乙烯醚（农乳 BS）和三苯乙烯基酚聚氧乙烯聚氧丙烯醚（代表性产品有农乳 1601 号、1602 号和宁乳 32 号）、苯乙基酚聚氧乙烯醚（FⅠ）、苯乙基异丙苯基酚聚氧乙烯醚（FⅡ）、苯乙基联苯酚聚氧乙烯醚和苯乙基萘酚聚氧乙烯醚及类似物等。

⑥ 脂肪胺、脂肪酰胺的环氧乙烷加成物及类似品种　主要包括脂肪胺聚氧乙烯醚、脂肪酰胺的环氧乙烷加成物、季铵盐烷氧化物乳化剂和 N，N-二甲基酰胺等。

（2）酯型非离子型乳化剂

① 脂肪酸聚氧乙烯酯 $[RCOO(C_2H_4O)_nH]$　是脂肪酸与环氧乙烷的加成物，也可以与聚乙二醇酯化而得。脂肪酸环氧乙烷加成物有两种基本结构单体：单酯 $RCO(EO)_nH$ 和双酯 $RCO(EO)_nOOCR$，通常产品是两者的混合物。产品有油酸和硬脂酸酯环氧乙烷化物。作为乳化剂应用较多的是 $C_{12}\sim C_{18}$ 脂肪酸聚氧乙烯酯。

② 蓖麻油环氧乙烷加成物及其衍生物　包括蓖麻油环氧乙烷化物（如 By 乳化剂）和蓖麻油环氧乙烷化物衍生物。

③ 松香酸环氧乙烷加成物及类似物　以松香为亲油基原料的环氧乙烷化合物。

④ 多元醇脂肪酸酯及其环氧乙烷加成物　主要是脂肪酸与多羟基物作用而生成的酯，常见的有甘油酯、聚甘油酯、糖酯及失水山梨醇酯。用作农药乳化剂的主要有失水山梨醇脂肪酸酯（Span 系列）及其环氧乙烷加成物（Tween 系列）。失水山梨醇即山梨糖醇酐，通过环氧乙烷加成缩合即制得失水山梨醇脂肪酯聚氧乙烯醚（Tween 系列）。

⑤ 丙三醇（甘油）为基本原料的非离子乳化剂　主要品种有二聚甘油和脂肪酸酯（EⅠ）、双甘油聚丙二醇醚、甘油聚氧乙烯聚氧丙烯醚脂肪酸酯、甘油脂肪酸酯及甘油聚氧乙烯醚脂肪酸酯（EⅡ）。

其中 EⅡ 是近年用于制备农药微乳剂的乳化剂。此外，还开发有环氧化大豆油的二羧酸酯以及多甘油酯型表面活性剂等，它们既作为乳化剂，也作为稳定剂和增稠剂使用。

（3）其他结构类型的非离子型乳化剂

① 烷基酚（Aa）、芳基酚、烷芳基酚或芳烷基酚聚氧乙烯醚，或聚氧乙烯聚氧

丙烯醚甲醛缩合物（Ab）。

② 聚氧乙烯聚氧丙烯嵌段共聚物　产品 Pluronic 是结构式为 $RO(C_2H_4O)_a$ $(C_3H_6O)_b(C_2H_4O)_cH$ 的一类物质，称为嵌段共聚物。可作为可湿性粉剂、水悬剂、干胶悬剂和水分散粒剂等剂型的助剂，属于多功能助剂。

③ 烷基聚葡萄糖苷（APG）又称烷基糖苷、烷基多苷，是由糖的半缩醛羟基同醇羟基在酸性催化剂作用下脱水而成的化合物。其烷基部分一般为直链，偶数碳，碳链长度为 8~18 个碳原子；糖苷的聚合度一般为 1.0~3.0。作为主要原材料的烷基来源于天然油脂，糖苷来源于天然植物糖分，故烷基糖苷可以称为真正的新一代绿色、温和、环保型的表面活性剂。在农药行业的应用中，可以作为乳化剂用于配制水乳剂、微乳剂，如乙草胺微乳剂、啶虫脒微乳剂、高效氯氟氰菊酯微乳剂等，对可分散油悬浮剂中常用的油酸甲酯也有较好的乳化作用。此外，作为农药高效润湿增效剂，烷基糖苷在水基剂型中也有广泛的应用，如草铵膦水剂。

④ 纤维素类　属于大分子物质一类，主要在乳化体系中起辅助作用，增强乳状液的界面膜强度。包括羟乙基甲基纤维素、羟乙基纤维素、羟丙基甲基纤维素等。

⑤ 糖脂类　微生物发酵产生的一类生物表面活性剂，由不同碳链长度的饱和或不饱和脂肪酸与单糖、二糖或三糖形成的两亲性糖脂，属于绿色表面活性剂的范畴。包括鼠李糖脂、槐糖脂、海藻糖脂、纤维二糖脂、甘露糖赤藓糖醇酯等。其中，鼠李糖脂、海藻糖脂和槐糖脂研究报道得较多。糖脂类生物表面活性剂具有良好的乳化性、分散性和增溶性等性能，还具有增强植物抗逆性、抗菌性、生物可降解及环境友好等优势，符合绿色、安全、环境友好农药制剂开发的需求。

2. 阴离子型乳化剂

阴离子型乳化剂是指在水溶液中电离成带负电荷离子部分或离子群体而起乳化作用的表面活性剂。相比之下，阴离子发挥乳化作用功能远不如非离子，而实际应用中，目前绝大多数仍然是烷基苯磺酸盐，特别是烷基苯磺酸钙盐。

按常规分类法，阴离子乳化剂分为磺酸盐和硫酸盐两大类。其次还有磷酸酯类和高分子阴离子乳化剂。但根据目前的发展来看，许多农药助剂除了多功能的特点之外，在结构上同时具有非离子性和离子性，所以农药助剂的离子性并不是绝对的。

（1）磺酸盐阴离子乳化剂

① 烷基苯磺酸盐　在农药乳化剂中，应用效果最好、最多、最广的阴离子表面活性剂是十二烷基苯磺酸钙盐，简称农乳 500 或钙盐。除了钙盐外，还有烷基苯磺酸钠、锌、钡、镁、铝等。

② 烷基苯磺酸铵盐　如十二烷基苯磺酸异丙胺盐、乙二胺盐和三乙醇胺盐等，可改进制剂的化学稳定性。

③ 烷基磺酸盐　如氯代正构烷基磺酸钙和仲链烷基磺酸钙。主要特点是对作物安全，生物降解率较高。

④ 丁二酸酯磺酸盐 如丁烯二酸二辛酯磺酸钙和丁烯二酸二月桂醇酯磺酸镁。主要特点是渗透性和湿润性较好。

⑤ 烷萘磺酸盐 如二丁基萘磺酸钙和二丁基苯磺酸镁，均为油溶性农药乳化剂。产品有乳化剂 2201 等。

⑥ 异硫逐酸盐 如油酸异硫逐酸钙、硬脂酸异硫逐酸钙和月桂酸异硫逐酸钙等。

⑦ 脂肪酰胺牛磺酸盐及其类似物。

⑧ 脂肪酰胺肌氨酸盐 如油酰-N-甲基肌氨酸钠盐用作机油乳剂的乳化剂。

⑨ 苯乙基酚醚磺酸盐、烷氧基聚氧乙烯醚磺酸盐和烷基二苯醚磺酸盐。

（2）硫酸盐阴离子乳化剂 烷基硫酸盐（脂肪醇硫酸盐）类表面活性剂是润湿、乳化、分散作用最好的表面活性剂之一。十二烷基硫酸钠为典型代表。硫酸盐类乳化剂中重要的品种有以下几类。

① 脂肪醇硫酸盐 脂肪酸以月桂醇为代表，如 $C_{12}H_{25}OSO_3Na$，对酸、碱、硬水很稳定，主要用作润湿剂。

② 脂肪醇聚氧乙烯醚硫酸盐 $RO(EO)_nSO_3M$，R 为线型或支链脂肪基等（$C_{12} \sim C_{14}$），M 为 Na、NH_4 等，$n = 1 \sim 10$。例如用十二醇聚氧乙烯硫酸铵盐作树木处理用乳油的乳化剂。

③ 烷基酚聚氧乙烯醚硫酸盐及其衍生物。

④ 芳烷基酚聚氧乙烯醚硫酸盐及类似品种 如苯乙基酚聚氧乙烯醚硫酸盐，用作除草剂乳油的乳化剂。属于高分子型阴离子表面活性剂的烷基酚聚氧乙烯醚甲醛缩合物硫酸盐（钠盐和铵盐等），也可用作乳化剂组分。

（3）磷酸酯、亚磷酸酯型阴离子乳化剂 这是现代农药乳化剂单体中很重要的一大类，是多功能农药助剂的重要组分。有单酯盐和双酯盐（单烷基和双烷基磷酸盐）两类。

① 烷基磷酸酯及其类似品种 产品通常是单酯（$k = 1$）、双酯（$k = 2$）及三酯（$k = 3$）的混合物。经改进后，为脂肪酯聚氧乙烯醚磷酸酯和烷基酚聚氧乙烯醚磷酸酯类乳化剂所代替。但现在已改作其他农药助剂，如稳定剂、防飘移剂、粒剂和水悬剂助剂。

② 脂肪酸（脂肪醇）聚氧丙烯酯磷酸酯类乳化剂 与阴离子钙盐及其他非离子乳化剂配成复配乳化剂，用于有机磷类农药乳油，能获得很好的使用效果。该乳化剂单体对鱼类毒性低、生物降解性好、对有机磷农药分解影响也小。

③ 烷基聚氧乙烯醚磷酸酯、烷基聚氧丙烯醚磷酸酯 包括单酯、双酯的混合物，有时还有少量三酯，用于有机磷农药，除用作乳化剂外，还广泛用作分散剂、稳定剂、喷雾助剂、水悬剂助剂等。

④ 烷基酚聚氧乙烯醚磷酸酯及类似品种　这类阴离子已经成为多功能农药助剂的重要代表，广泛用于乳油、水悬剂等加工以及特殊农药-液体化肥联用技术。

⑤ 芳烷基酚聚氧乙烯醚磷酸酯及类似品种　代表性结构为苯乙基酚聚氧乙烯醚磷酸酯及其盐（碱金属盐及铵盐）。主要用作水悬剂的乳化剂和分散剂。

⑥ 亚磷酸酯类乳化剂　为烷基聚氧乙烯醚亚磷酸单酯和双酯。

3. 复配乳化剂

复配乳化剂（blended emulsifiers）指为特定的应用目的专门设计的两种或两种以上表面活性剂乳化剂单体，经过一定加工工艺制得的复合物，可以含有乳化剂单体以外的必要辅助组分。从20世纪50年代后期至今，复配乳化剂一直是农药制剂生产中乳油必备的组分和最基本的应用方式，也是其他剂型（如悬浮剂）的必要助剂组分和主要应用方式。现在生产和应用的复配乳化剂产品已超过500种，还有各种规格型号，远远超过乳化剂单体品种。

复配乳化剂组分除有效成分的单体外，因为生产工艺、产品应用性能及安全因素还常有其他辅助成分，常用的有溶剂和稳定剂两种。

根据组成分类，复配乳化剂有两种基本形式。分别为由一类表面活性剂组成和由两类表面活性剂组成。

由一类表面活性剂组成：

① 一种非离子；

② 两种或两种以上非离子；

③ 一种或多种阴离子；

④ 一种或多种阳离子；

⑤ 两性离子。

由两类表面活性剂组成：

① 阴离子-非离子一种；

② 阴离子-非离子两种或两种以上；

③ 阳离子-非离子；

④ 两性离子-非离子。

现在由一类表面活性剂组成的复配乳化剂已应用不多，基本采用两类表面活性剂组成的产品。其中最重要、最普遍采用的是阴离子与非离子复配乳化剂。

4. 特殊乳化剂

（1）环保乳油用乳化剂　乳油使用的主要助剂是溶剂和乳化剂。绿色乳油除了使用重芳烃类（$C_9 \sim C_{10}$）溶剂、植物油或改性植物油、矿物油、合成溶剂碳酸二甲酯、乙酸仲丁酯、癸酰胺等作为替代溶剂，还摒除了壬基酚聚氧乙烯醚类有害表面活性剂的使用，选择使用十二烷基苯磺酸钙、脂肪醇聚氧乙烯醚、蓖麻油聚氧乙烯醚、天然源的腰果酚聚氧乙烯醚等环保乳化剂。

（2）含水乳油用乳化剂　含水乳油包括微乳剂、水乳剂及最近兴起的细乳剂，是替代乳油的环保型制剂，为液液两相分散体系，稳定性受乳化剂影响巨大。其乳化剂系统主要是阴离子与非离子型复配物。阴离子组分采用钙盐和烷基苯磺酸钠盐、$C_8 \sim C_{20}$ 烷基硫酸钠盐等。非离子比较常用的有农乳300、农乳700等。该类制剂所需要的助剂不局限于乳油中常用的乳化剂，具有多点吸附的新型高分子乳化剂被用于水乳剂中提高产品稳定性，如 EO/PO 嵌段聚醚和具有星形结构的高分子乳化分散剂。

（3）固体颗粒乳化剂　Pickering 乳液是通过固体颗粒稳定的乳液体系，相较于传统乳液，它回避了表面活性剂的使用，具有环境友好性，拓宽了乳液的应用领域，并且其在油水界面处形成的固体微粒膜相较于表面活性剂所形成的分子膜要更加稳定，固体微粒在油水界面处的不可逆吸附使 Pickering 乳液不易受到盐浓度、环境温度变化及油相种类和含量等因素的影响。在农药制剂领域，Pickering 乳液一方面可以利用功能固体颗粒制备性能更加优异的农药乳剂，另一方面还可以用于新型农药控释载体的合成及农药微胶囊的制备，已经成为该领域的一个研究热点。目前，用于农药 Pickering 乳液制备的常用固体颗粒乳化剂有二氧化硅纳米颗粒、壳聚糖纳米颗粒、木质素纳米颗粒、氧化石墨烯、埃洛石纳米管等多种有机无机纳米材料。

（4）泛用型除草剂的乳化剂　除草剂中应用乳化剂的主要场合是乳油和水悬剂两大基本剂型。乳化剂以专用型复配乳化剂、泛用型乳化剂和亲水亲油型（H/L型）乳化剂为主。有部分除草剂乳化技术难度较大，因而对乳化剂专业性程度要求很高。乳油溶剂系统选择也相对麻烦，需要用到极性溶剂、特种溶剂、复合溶剂等，增加了乳化剂的专用性。另外，除草剂乳油应用技术条件变化较大，地面喷雾和航空喷雾，高容量、低容量和 ULV 喷雾，单独施用以及与其他类农药，特别是和液体化肥联用时，在不同地区所遇到的水温、水质硬度变化范围较大。

（5）农药-化肥联用的乳化剂　农药液体化肥复合制剂（特种乳油）在被乳化系统中含有一定数量的液体化肥（典型的钾肥、氮肥形成的钾、铵离子浓度很高）。因此，所需的乳化剂种类品种、规格以及乳化剂配方设计的性能评定另有区别。主要是要求在强电解质和高浓度（离子强度）存在下具有好的分散性、乳化性及乳状液稳定性。

二、乳化剂的选择

1. HLB 值

表面活性剂的亲水亲油平衡值（hydrophile lipophilc balance，HLB）是分子极性特征的量度，是一个数值范围。HLB 值可定义为分子中亲水基团和亲油基团所具有的综合亲水亲油效应，在一定温度和硬度的水溶液中，这种综合亲水亲油效应强弱的量度为表面活性剂本身的 HLB 值，即表面活性剂 HLB 值。已发现的表面活性剂 HLB 值几乎与其他所有性质直接或间接相关，包括浊点、酚值、极性、介电常数、展开系数、溶解性、在两相中的分配系数、表面张力和界面张力、分子量、起泡性和消泡性、折光率、水合值、界面黏度、内聚能、热熔、润湿渗透性、乳化性和乳状液稳定性、分散性、增溶性、去污性、乳状液转相温度等。

至今，制备农药乳状液以 O/W 型最多，用途最广。所需乳化剂为 O/W（油/水）型的 HLB 值 8～18，许多具有优良综合性能的非离子型乳化剂 HLB 值在 12～15 之间。这样可集中在目标区域，利用非离子亲油基种类较多、结构变化丰富的特点，选择或合成指定性能产品。

2. 原药乳化方式和乳化剂选择方法

目前，农药原药的乳化方式有 3 种：

（1）直接乳化法　直接将乳化剂加入液态原药中，如某些无溶剂的高浓度乳油。

（2）间接乳化法　将乳化剂加入原药-溶剂的混合物中，多数乳油为此法所制。

（3）原药的表面活性剂化　对农药原药进行修饰，使其具有表面活性，增加其在水中的溶解度。

选择乳化剂有 HLB 法、转相温度法、拟三元相图法、有机概念图法、乳化试验法等。其中，在理论上最有效的是以 HLB 值为基准的方法，简称 HLB 值法。它建立在 Griffin 乳化试验法和 Davies 的 HLB 动力学基础理论基础上。

HLB 法选择乳化剂的基本点，主要为：①每个乳化剂（单体或复配物）都有一个特定的 HLB 值范围，即要知道被乳化对象农药或农药-溶剂（或其他组分）体系所要求的 HLB 值；②农药乳状液，油/水（O/W）型需要的乳化剂 HLB 值通常为 8～18，水/油（W/O）型需要的乳化剂 HLB 值为 3.5～6；③当被乳化系统的 HLB 值与所选乳化剂系统 HLB 值相等时，通常可获得最佳的乳化效果，表现在所制乳状液具有最佳稳定性。

三、乳化剂的注意事项

农药乳化剂在应用中经常会遇到分层沉淀、流动性差、低温和高温使用达不到效果以及化学稳定性差等情况，使用中应注意。

1. 分层沉淀问题

乳化剂单体和复配物都发现有分层沉淀现象。分层沉淀主要是由单体的物理和化学性质等因素引起的。单体非离子（如环氧乙烷或环氧乙烷/环氧丙烷醚型）分层经常是由反应副产物聚乙二醇或聚丙二醇引起。单体阴离子（如钙盐）分层沉淀既有不溶性硫酸钙又有不溶性或者难溶性的 2-Φ 异构体钙盐。

由钙盐制得的阴离子-非离子复配型乳化剂分层沉淀现象较普遍，主要由两方面因素造成。物理性质方面：钙盐与非离子组分相容性不良；非离子中副产物聚乙二醇量过高，与其他组分相容性不良；乳化剂溶剂系统不良。化学因素方面：不溶性或难溶性的硫酸钙、钙盐中的 2-Φ 异构体比例高；乙酸盐中和的非离子要比用磷酸盐中和除盐的非离子所配乳化剂分层沉淀要明显。

解决的主要技术措施如下：①提高钙盐质量。包括从合成工艺上尽量减少难溶性 2-Φ 异构体的量，减少不溶性硫酸钙盐；采用四聚丙烯苯钙盐等，并经中和后延长静置时间。②非离子单体合成时碱催化剂可选用磷酸中和、过滤除盐，同时环氧化反应尽量控制副反应聚乙二醇、聚丙二醇与其他组分相容性差的生成量。③复配乳化剂系统中加入适当的某些极性溶剂。如一缩乙二醇、二甲基甲酰胺、N-甲基吡咯烷酮，其用量为 5% 时，就可以基本解决农乳 1656 H 型或 L 型乳化剂分层沉淀问题。

2. 流动性问题

复配乳化剂的流动性较差，计量和配制乳油时需要先将其加热熔化后才能使用。试验表明，复配型乳化剂流动性差，主要是由于非离子组分，特别是较高环氧乙烷化程度的聚醚型和聚酯型非离子，凝固点高，基本高于室温，并且在复配中所占比例远高于阴离子，从而使复配乳化剂黏度增加，凝固点高。

解决复配乳化剂，特别是钙盐与非离子的阴-非离子复配乳化剂的流动性问题主要方法有两种：一是合成优质的低凝固点、流动性好的非离子型乳化剂。目前研制成功的低凝固点、流动性好的非离子亲水基链部分为环氧乙烷-环氧丙烷、环氧乙烷-环氧丁烷、环氧乙烷-环氧丙烷/环氧丁烷组成的嵌段共聚链结构。二是添加高效的降黏剂。目前部分复配乳化剂必须用凝固点较高的其他非离子组分。已有报道的降黏剂化合物包括乙二醇（丙二醇、丁二醇）二甲醚，还有丁二醚、乙醛醚等。据称添加 5% 这类添加剂可以使钙盐的溶剂系统黏度显著降低，从而降低复配乳化剂黏度，提高流动性。此外，降低乳化剂有效成分含量，大量增加溶剂，也是一种简便措施。

3. 化学稳定性问题

化学稳定性主要是指农药制剂受所用乳化剂的作用，化学稳定性受损，造成农药分解。有些乳化剂能加速或诱发某些农药品种在贮存、运输中的不良化学反应，包括分解有效成分使制剂失效。例如常用的阴离子乳化剂钙盐在部分有机磷乳油中可与原料发生反应，促进分解。在选用乳化剂时，要特别注意乳化剂的种类、质量和配方组成等问题。对于具有较活泼基团的农药用乳化剂要特别慎重选取乳化剂品种和配方。研制专用乳化剂品种是一种途径。

第五节

分 散 剂

分散剂（dispersant）是指在农药剂型加工中能阻止固-液分散体系中固体粒子

的相互凝聚，使固体微粒在液相中较长时间保持均匀分散的一类物质。分散剂是最重要、最常用和用量最大的一种农药助剂。现代化学农药产品实际上都是含有农药有效成分的分散体系，制备这种分散体系多数必须使用分散型助剂。如可湿性粉剂、乳油、悬浮剂、胶悬剂、水分散粒剂、乳粉、微胶囊悬浮剂等农药剂型的加工均离不开分散剂。在制备乳油和可湿性粉剂时加入分散剂和悬浮剂易于形成分散液和悬浮液，因此，要求农药分散剂不仅具有分散性和浮化性，还要能保持分散体系的相对稳定性。

农用分散剂在水基性剂型中起着阻止被分散的农药粒子重新絮凝和聚凝，或产生沉淀和结底的作用，使产品具有长期贮存稳定性；在固体粉状和粒状产品加工中使农药粒子保持分散状态，避免结块和成团，不影响使用。这些剂型产品用水稀释后，能得到均匀、高分散性、悬浮率高的（喷雾）稀释液，从而确保剂型产品有高的药效。

分散剂的稳定机理主要有三种理论：静电稳定理论、空间位阻稳定理论和空缺稳定理论。

1. 静电稳定理论

又称双电层理论，是经典的静电稳定理论，该理论从颗粒间斥力位能与引力位能相互作用的角度研究分散体系的稳定与聚沉，表现为位能曲线上出现势垒，势垒大小是分散体系能否稳定的关键。

使用阴离子型分散剂时，通过一种库仑的能量垒，提供静电稳定。即农药粒子在水或极性溶剂中，通常存在一种表面电荷与一种带相反电荷的离子云所围绕构成的双电层，但分散剂电性仍保持为中性，同时提供粒子之间一种静电排斥力，使粒子不絮凝、聚凝和聚集，保持分散状态。然而，分散体系处在高电介质浓度下，双电层扩张层厚度可能受到压缩，将会导致提供的静电排斥力变小，从而影响剂型稳定性。

2. 空间位阻稳定理论

空间位阻稳定理论以高分子分散剂在纳米微粒表面形成牢固的吸附并具有足够的吸附层厚度（1～10nm）为理论基础。使用非离子型分散剂时，疏水基链吸附在粒子表面上，亲水性链伸入水中。当粒子之间的距离接近到小于非离子型分散剂链（通常提供吸附层厚度为5～10nm）所形成的吸附层厚度的两倍时，该链遭受叠加或压缩，将会降低链的构型熵，导致粒子间发生排斥，这种排斥力是很强的。同时粒子间的渗透压力比在大多数水里大，这时大多数水分子扩散进入能把粒子分开。这种构型熵或渗透压力的排斥协同作用，通常能提供一种空间稳定作用，而且这种非离子型分散剂的使用不会受到电介质浓度高低的影响。

3. 空缺稳定理论

聚合（物）分散剂因其分子量比非离子型分散剂更大，吸附链的吸附点比非离子型分散剂更多，所以吸附链比非离子型分散剂更难从农药粒子上脱吸。而有些含有羧酸盐类如嵌段、接枝和梳形的聚合分散剂，本身也能提供静电排斥力，这种静电排斥和空间排斥的混合作用，使其吸附在粒子表面的能力加强，从而确保粒子间不易发生絮凝，得到的剂型更加稳定。

一、分散剂的种类

分散剂种类较多，除水溶性高分子物质、无机分散剂两类外，都是表面活性剂。特别是在实际应用中，真正能单独起分散作用、性能好的分散剂几乎都是表面活性剂。目前在我国较为常用的分散剂主要是木质素磺酸盐及其衍生物，萘或烷基萘甲醛缩合物磺酸盐及其衍生物。

根据农药分散剂的应用特点，可以将其分为水介质中的农药分散剂及有机介质中的农药分散剂。

1. 水介质中的分散剂

在以水作为介质的农药制剂中所使用的农药分散剂。目前，这一类分散剂研究得比较深入，受到普遍的重视，也是极有前途的一类农药分散剂。

（1）阴离子型分散剂　阴离子分散剂吸附于粒子表面使其带有负电荷，通过静电斥力作用和空间位阻作用使分散体系得以稳定。阴离子分散剂主要有磺酸盐分散剂、磷酸盐分散剂、硫酸盐分散剂和聚羧酸盐分散剂等。

磺酸盐分散剂具有亲水性很强的磺酸基团，在酸性或碱性介质中均稳定，不会与体系中的钙镁离子结合形成沉淀，具有很强的抗硬水能力。磺酸盐分散剂很容易与其他分散剂复配使用，应用比较广泛。主要包括以下几类：

① 烷基萘磺酸盐　以钠盐为主，分为单烷基萘磺酸盐和双烷基萘磺酸盐，其中部分产品可用作润湿剂。

② 双（烷基）萘磺酸盐甲醛缩合物（钠盐）　部分产品可用作润湿剂。

③ 萘磺酸甲醛缩合物钠盐　部分产品可用作润湿剂。

④ 烷基或芳烷基萘磺酸甲醛缩合物钠盐　烷基为甲基者如分散剂 FM，芳烷基为苄基者如分散剂 CNF。

⑤ 甲酚磺酸、萘酚磺酸甲醛缩合物钠盐　如分散剂 S 等。

⑥ 石油磺酸钠　如 Morco H-70/M-70，Petronate CR、HL 等。

⑦ 烷基苯磺酸钙盐及其他盐。

⑧ 木质素磺酸盐　和其他分散剂相比，其成本低、分散性能良好，已广泛应用在农药粉剂、悬浮剂、水分散粒剂和微囊剂中。

有机磷酸酯类分散剂包括烷基磷酸酯（单、双及三酯），如 PAP、Servoxyl VPAZ 100 等；脂肪醇聚氧乙烯醚磷酸酯（单、双酯为主），如 CAFACRE 610、

RS 710 以及 Servoxyl 系列等。该类分散剂具有以下优良特性：低毒性，低刺激性，对皮肤比较温和；生物降解性好，有良好的配伍性和水溶性，以及较好的稳定性；在水溶液中拥有较低的表面张力等。

聚羧酸盐分散剂是一类有潜力的新型阴离子分散剂，具有高效分散稳定、易于与分散剂复配、用量较低的优点，现已成为水分散粒剂和悬浮剂的高性能分散剂。目前，该类分散剂生产技术受到严密的封锁，产品以较高价格进行垄断销售，一般与木质素系分散剂或萘系分散剂复配使用，多为水分散粒剂的专用助剂。代表品种有美国亨兹曼（Huntsman）公司生产的 TERSPERSE 2500 和 TERSPERSE 2700、Rhodia 公司的 T36、TAKEMOTO 公司的 CH7000 和 YUS-WG5、巴斯夫公司的 Sokalan CP 和 Sokalan HP、北京广源益农研究开发的 GY-D 系列分散剂、南京擎宇和扬州斯塔德联合开发的聚合物分散剂 SP-2700 和 SP-2800 等。

（2）非离子型分散剂　非离子型分散剂是由亲水基团和亲油基团组成的。它们在水相和油相系统中都不会离解成带电荷离子，常以中性分子状态或胶束状态存在于体系之中。所以非离子型分散剂在酸性、碱性和各种盐类介质中均比较稳定，可以和其他离子型或非离子型分散剂复配使用，不会发生沉淀现象，对硬水不敏感，对水温适应性、耐气候性、热稳定性和贮运安全方面都较好。主要有以下几类：

① 烷基酚聚氧乙烯醚　烷基包括辛基、壬基和十二烷基，其中以壬基酚聚氧乙烯醚最多，但因其降解产物壬基酚的毒性已被许多国家禁用。

② 脂肪胺聚氧乙烯醚和脂肪酰胺聚氧乙烯醚　如 Amiet 105、308、320、445 等。

③ 脂肪酸聚氧乙烯酯　如 ETHOFAT CHO/15C/15 等。

④ 甘油脂肪酸酯聚氧乙烯醚　如 Emulox LX1000、POE-POP-DL、Tagat L 及 Tagat L_2 等。

⑤ 植物油（蓖麻油）环氧乙烷加成物及衍生物　包括氢化蓖麻油环氧乙烷加成物，又称氢化 By，如 Emulphor EL-620、EL-719 等。

⑥ 乙二胺聚氧乙烯聚氧丙烯醚　如 Tetronic 701、707、904、908。

⑦ 环氧乙烷（EO）-环氧丙烷（PO）嵌段共聚物　一类重要的分散剂，嵌段聚醚分子中的 PO 链段为油溶性，EO 链段为水溶性，可以通过调控分子结构来设计出不同两亲性的嵌段聚醚，拓宽其作为分散剂的应用范围。由于嵌段聚醚分散剂具有较好的空间稳定作用，在农药制剂制备中被广泛使用，获得了较好的分散稳定效果，且具有无毒、无味、耐酸碱的优点。目前市面上最常见的嵌段聚醚分散剂是巴斯夫公司的 Pluronic 系列分散剂，常用于制备分散稳定、性能良好的农药水悬浮剂。代表品种有 EO-PO-EO 型和 PO-EO-PO 型，如 Pluronic F、L 系列，Monolan 2000E/12、2500E/30 及 8000E/80 等。但嵌段聚醚分散剂生物降解性差，对环境的可持续发展可能产生不良的影响。

2. 有机介质中的分散剂

（1）用于无机粒子的分散剂　包括各类脂肪酸钠盐，常用的有月桂酸钠、硬脂酸钠盐和磺酸盐。长碳链的胺类化合物，如伯胺类、仲胺类和季胺类以及醇胺类。该类分散剂通过铵离子静电作用吸附在带负电性的颗粒表面，亲油段伸展在介质中，通过空间位阻作用使整个体系分散开来。在水性介质中，阳离子分散剂易引起絮凝，且对介质 pH 敏感，因此其在悬浮剂中的应用受到限制。除此之外，还有长碳链醇类和有机硅类。

（2）用于有机粒子的分散剂　主要包括各种非离子型表面活性剂，各种长碳链胺类如十八胺，各类以聚氧乙烯为亲水基团的烷基胺，Tween 类，亲油性强的 Span 类非离子表面活性剂。

近年来又开发出分子量极高的新型聚合分散剂，聚合"梳齿"表面活性剂，此类聚合分散剂都有很长的疏水主链，主链与环氧乙烷链相连形成"梳齿"或"耙齿"，这种分散剂称作梳齿表面活性剂或耙齿表面活性剂，分子量高于 20000。聚合表面活性剂有卓越的水稳定性，鉴于高分子量疏水基生成许多结合点，这就使其与农药粒子表面之间有很强的吸附力，获得最佳分散性能。

二、分散剂的特点

分散剂的质量是决定其性能的基本因素。单体的质量主要为合成中控制。然而，助剂的多功能性又决定了不同场合要求发挥的功能各不相同。分散剂单体中，萘磺酸甲醛缩合物和烷基萘磺酸甲醛缩合物、木质素磺酸盐、聚羧酸盐三大类有一定的代表性。

1. 萘磺酸甲醛缩合物（Ⅰ）和烷基萘磺酸甲醛缩合物（Ⅱ）

通式如下：

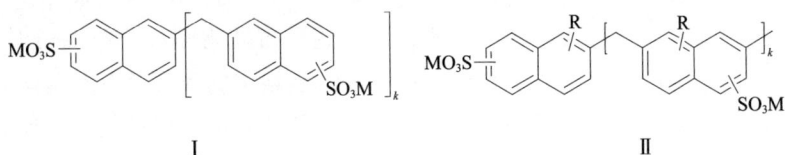

上式中 M＝Na。

这两种物质是当今农药加工的重要分散剂品种，在染料工业中也相当重要。国内产品有分散剂 NNO［R＝H，即（Ⅰ）］、MF（R＝甲基）、CNF（R＝苄基）和 C（R 为甲基和苄基）等。生产上应用的是不同分子量和异构体的混合物。结构、组成比例不同，其综合性能效果也各异。主要特点如下：

（1）工业产品是一个多分子量分散体系的混合物。各组分分子结构、分子量不同，所占比例不同，对产品分散效能有强烈影响。当聚合度 k 小，如萘核数 1～4

时，分散效能低，但随着 k 增大而提高，直至萘核数达到 5 以上，分散性好并趋于稳定。当 $k \geqslant 5$ 组分（分子量 1000 以上），提高 $k \geqslant 5$ 组分所占比例是保证其良好分散性能的必要条件。

（2）产品中磺酸位置不同，分散性能也不同。测得的优劣顺序是：2 和 7 位＞2 和 8 位＞2 和 6 位。磺酸基位置及产物比例主要取决于磺化温度和时间。因此，（Ⅰ）分散剂单体质量控制主要为合成工业中萘磺化的温度和时间，β-萘磺酸与甲醛缩合的酸/醛分子比及条件。研究得到适宜条件为：萘磺化温度/时间，170℃/7h；β-萘磺酸/甲醛分子比 1∶0.85。（Ⅱ）类分散剂如 MF，由于具有良好的高温稳定性，在染料中作为分散剂应用得更为广泛。MF 产品生产主要利用 β-甲基萘和萘。国产分散剂 MF 经测定的 9 条谱带，共有 1～7 萘核体 9 个，即最大聚合度为 $k=7$ 比 NNO 的最大聚合度 $k=8$ 要小。并且与 NNO 有相似的规律性：A 各组分的分散效能随分子量增大而增加，5 核体以上组分（分子量 1280～1790），其比例愈高，产品分散效能愈好；B 单体结构不同，产品分散性能也不同。其中最优单体是 β-7-甲基萘磺酸。

2. 木质素磺酸盐

以天然资源木质素为基本原料制得的一大类高分子阴离子型分散剂。和其他分散剂相比，在降低表面张力、润湿性和渗透力方面较差，但是成本低、分散性能较好，应用面广。其突出优点主要有：①与各类化学农药有很好的相容性；②在固体制剂和液体制剂中有很好的分散效果，并具有一定的润湿性；③可完全生物降解；④价格低。

目前分散剂所使用的木质素磺酸盐都来自造纸工业中亚硫酸盐法和牛皮纸浆法的副产品。工艺条件不同，得到的木质素性能有很大差别。其质量控制点为：①牛皮浆木质素的分子量较低，酚羟基及羧基含量较高。亚硫酸盐法的木质素则相反。较低分子量的木质素是制备性能优良的木质素磺酸盐分散剂的基础条件。②牛皮浆木质素的溶解参数能通过改性得到较宽范围，这样可获得多样规格的分散剂产品。而亚硫酸木质素的溶解度基本上是固定的。③木质素中的酚类是有益基团，是最好热稳定性能的主要因素。在可磺化度调整时，制备各种性能分散剂很重要。磺化度不同，即使分子量相近，其分散性能也大不相同。

木质素磺酸盐的分子量及磺化度，是决定分散性及应用场合的主要因素。具有亲水基或亲水性较强的农药，应选用低磺化度的木质素磺酸盐；若不存在亲水基团而亲油性较强，则宜选用较高磺化度产品。原因是分散剂亲水性愈小，它吸附于疏水性粒子的倾向性愈大。从研磨速度（如水悬剂、油悬剂制备）来看，一般用高磺化度分散剂较快，在复配适当润湿剂后，能使分散粒子表面较快地全部得到覆盖，同时被粉碎到制剂所需粒度尺寸。

木质素分子中含有芳香基、酚羟基、醇羟基、甲氧基、羰基、共轭双键等活性基团，存在较多化学反应的活性位点，可以通过较多的化学改性手段提高木质素衍生物的应用性能，改性方法主要包括磺化、羧甲基化、氧化和曼尼希反应等。木质素经化学改性后已被广泛应用于农药分散剂，这已成为木质素高值化利用的主要方向之一。随着石油等化石资源日益枯竭及其带来的环境污染问题突显，木质素农药分散剂在农业上的应用越来越受到人们的关注。

3. 聚羧酸盐

聚羧酸盐分散剂在结构上与传统分散剂有着明显不同，它一般是由一条疏水性的骨架长链和多个亲水性侧链组成，具有多分枝结构或"梳形"结构。其结构示意图如下：

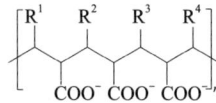

$$\left[\begin{array}{cccc} R^1 & R^2 & R^3 & R^4 \\ \text{COO}^- & \text{COO}^- & \text{COO}^- \end{array}\right]_n$$

它的骨架长链和侧链基团都会影响其分散作用效果，可以对其骨架长链的长度、侧链基团的结构位置和密度等进行调整和优化，使合成的聚合物分散剂达到最佳应用效果。与无机和有机小分子分散剂相比，聚羧酸盐分散剂在分子结构上具有前两者无可比拟的优势，即使是与一些高分子分散剂相比，如烷基酚聚氧乙烯醚萘磺酸盐甲醛缩合物（NNO）和木质素磺酸钠等，聚羧酸盐分散剂分子所具有的分子量可控、官能基团分布可调以及环境相容性好等优势也是非常突出的。此外，聚羧酸盐分散剂应用于农药制剂领域，表现出一些传统分散剂所不具有的独特性能，包括聚羧酸盐分散剂的高效性有利于高含量农药制剂产品的加工；聚羧酸盐分散剂的不可逆性吸附可使加工的制剂具有更好的悬浮性能；分散体系在硬水条件下，以及温度、pH值变化的条件下，聚羧酸盐分散剂能够表现出良好的稳定性。与传统分散剂相比，聚羧酸盐分散剂具有独特的分子结构，其作用机理主要包括与颗粒表面的锚固机理，与分散介质之间的溶剂化机理，以及被包覆颗粒在介质中的静电作用机理、空间位阻作用机理。

三、分散剂的选择

农药分散剂的分散性与悬浮性有直接关系。分散性好，悬浮性就好；反之，悬浮性就差。可湿性粉剂粒要细，而粒越细，表面的自由能越大，就越容易发生团聚现象，从而降低悬浮能力。要提高细微粒在悬浮液中的分散性，就必须克服团聚现象，其主要手段就是加入分散剂。因此，影响分散性的主要因素是原药和载体的表面性质及分散剂的种类、用量。后者选择适当，就可以阻止粒之间的凝集，从而获得好的分散性。因此，选择合适的分散剂，既可以达到分散稳定的作用，又可以提高悬浮率，使药剂充分地达到最优效果。

在可湿性粉剂配方筛选中，当润湿剂基本选定后，就要选择分散剂。因为分散的前提是润湿，在润湿性很差的前提下来选分散剂很难得到好的效果。当某一分散剂拟定为配方组分后，需按初步拟定的配方加工成可湿性粉剂，再根据测得加工产品的润湿性和悬浮率选出分散剂，最后确定最佳配方。

在多数情况下，制备农药分散剂的中心环节始终是选择分散剂为中心的助剂和配方。固态农药制剂分散剂的一般选择原则如下：

（1）分散能力强的表面活性剂　有最强吸附力的为有效分散剂，例如某些嵌段或接枝聚合物表面活性剂。

（2）高分子分散剂　特别是分子或链节上具有较多分枝的亲油基和亲水基，并带有足够电荷。其分散力较强，适应性较广。如木质素磺酸盐类、烷基萘和萘磺酸甲醛缩合物、聚合羧酸盐等。

（3）分散能力是表面活性剂的重要结构特性，必然与其 HLB 值相关　使用水相分散介质制备乳状液时，得到的结果是要求分散剂的 HLB 值达到 $9\sim18$。但也有例外，如聚醚 F_{68} 分散剂 HLB 值为 29.5。在有机介质中的分散体系，一般要求分散剂 HLB 值小于 10，即亲油性较强。

（4）对非极性固体农药，宜选非离子分散剂或弱极性离子分散剂　若分散农药固体粒子表面具有官能团，显示明显极性，宜选用具有极性亲和力吸附型阴离子，尤其是高分子阴离子分散剂。

（5）化学结构相似原理　如有机磷酸酯类农药，其所需分散剂和乳化剂，一般应是多芳核聚氧乙烯或聚氧丙烯醚类，以及它们的甲醛缩合物，或者有机磷酸酯类表面活性剂，往往能取得较好分散效果。

（6）分散剂协同效应的应用　在多数农药分散系统中，选用两种或多种适当的分散剂或润湿-分散剂，往往比用单一分散剂效果好。一方面，农药制剂要求性能是多方面的，另一方面，联用复配助剂系统往往提供的性能较为全面。但要指出，绝不是任何两种或多种分散剂在一起使用都会产生所希望的效果。恰恰相反，联用不当有时会产生相反效果。农药润湿分散剂 SOPA、Lomar PW、农助 2000 是多种化学农药良好的分散剂，而用于 70％速灭威可湿性粉剂发现有絮凝作用。

（7）分散剂的掺和性　农药制剂的桶混或混用是化学农药应用技术的重要方式之一。现代农业要求和正在推行的农药-化肥联用技术，也对农药制剂性能，特别是助剂系统要求有好的相容性，对强而浓的化肥电解质要求有好的掺和性。

四、分散剂的应用

农用分散剂应用非常广泛，需要添加分散剂的农药剂型主要有：

（1）水基性剂型　水基性剂型是以水作为介质的一类农药加工剂型。这类剂型具有低药害、低毒性、易稀释、不易燃易爆、易使用、易计量和对环境保护有利的特点。使用农用分散剂的水基性剂型有：悬浮剂（SC）、悬乳剂（SE）、种子处理悬浮剂（FS）、微囊悬浮剂（CS）和微囊悬浮组合剂等。

（2）固体剂型　使用分散剂的固体剂型主要有：可湿性粉剂（WP）、水分散粒剂（WG）、水分散粒剂（可溶片剂）、泡腾剂（片剂和粒剂）、油悬浮剂（OF）等。根据前人对分散剂的认识和选择上的丰富实践经验，总结出两大类效果肯定、通用性强的分散剂可供选择，即以木质素为原料的一系列磺酸盐和以萘为原料合成的一系列缩合磺酸盐，在可湿性粉剂配方筛选中，一般情况下均从这两类物质中加以选择。但在具体应用中，要结合农药制剂配方以及其助剂系统，进行比较、筛选，才能确定最佳分散剂。

分散剂对悬浮剂产品质量影响最大，近年发展较快，品种变化较大，由烷基酚聚氧乙烯醚、NNO、司盘等，逐步发展为以高分子聚羧酸盐、改性萘磺酸盐、木质素磺酸盐、磷酸酯、高分子嵌段聚醚为主。能够控制粒径长大、提高分散性能的新型嵌段聚醚类分散剂将是悬浮剂中的重要助剂。

分散剂对水分散粒剂的质量影响较大，研究很活跃，以新型高分子聚羧酸盐为代表的共聚物类分散剂迅速发展。目前，国产性质优异的聚羧酸盐分散剂已经投入市场，如北京广源益农的 GY-D800。萘磺酸盐和木质素磺酸盐类分散剂正朝着高分子量、高磺化度方向发展。

第六节
润湿剂和渗透剂

一、概念和性能

1. 概念

润湿剂（wetting agent）是一类能降低液固界面张力，增加含药液体对处理对象固体（植物、害虫等）表面的接触，使其能润湿或者能加速润湿过程的物质。由于润湿剂具有促进液体在固体表面润湿和展布的作用，故又称湿展剂。

渗透剂（penetrating agent）是一类能促进含药组分渗透到处理对象内部，或者是增强药液透过处理表面进入物体内部能力的润湿剂。

润湿剂和渗透剂在农药加工和应用方面都有着极为重要的作用。目前大多数农药剂型都离不开润湿剂和渗透剂助剂。如可湿性粉剂、可溶粉剂、水悬剂、油悬剂、干悬浮剂、粒剂和水分散粒剂等。不仅如此，润湿剂和渗透剂还是农药应用技术所需各种喷雾助剂的必要组分。

按照表面活性剂物理化学的观点，表面活性剂的润湿作用和渗透作用有着本质区别，但是实际应用时很难将两者严格区分开，所以美国农药管理委员会（AAPCO）将渗透剂定义为一类润湿剂，即渗透剂是广义的润湿剂，但好的润湿剂并不一定就有好的渗透性能。润湿剂的作用实质是加速液固界面接触和增加接触面积，而渗透剂则是促进液体进入固体内部。润湿和渗透作用性能是农药加工和应用过程中所必须具备的两种性能。在农药生产和使用过程中所添加的许多助剂往往同时具有润湿和渗透性能，故很难将一些农药助剂严格区分为哪些是润湿剂、哪些是渗透剂，只不过它们在不同的条件下可能发挥不同的主导作用。

大多数润湿剂在固体表面干燥后，遇水或液体具有被再润湿的性质。因此，润湿剂和渗透剂对于保证农药制剂质量具有重要意义。将润湿剂附着在原药和填料的微颗粒表面，可以加工制成可湿性粉剂，或加入其他固体农药制剂中，如可溶粉剂、固体乳剂、干悬浮剂和水分散粒剂等，促使它们用水稀释时有较好的分散性和悬浮性。

农药加工中加入满足原药和填料润湿以外的过量润湿剂，可以降低药剂稀释液的表面张力，增加药液对处理表面的润湿、扩展和渗透作用。因此，在农药加工过程中加入超过满足原药和载体被润湿的量的润湿剂和（或）渗透剂，能够极大提高农药的使用效率。不管何种施药技术，均要使处理对象最大限度地接触和吸收药液才能充分发挥药效。农药加工中，除了上述固态制剂需要加入润湿剂外，一些液态制剂如水悬剂、油悬剂等也需要加入润湿剂和渗透剂，降低喷施药液雾滴表面的能量，提高喷施药液在处理对象表面的润湿、展布和渗透等效率。

需要注意的是，农药制剂中的润湿剂能够缩小药液雾滴颗粒、缩短雾滴飞溅距离，以及由于表面张力下降而降低药液在处理表面的沉积量，在处理表面干涸后能将其再润湿。因此，润湿剂对于不同农药的使用效率具有不同的影响。如对于活性较低、水溶性较高、在水溶液中易降解的保护性农药来说，润湿剂有不良影响。因为减少药液沉积量和增强被水淋溶的作用，会使药效降低。相反，对于活性高、内吸性强的农药来说，润湿剂能有助于将少量的药剂均匀地覆盖在处理表面，提高使用效率。在当今开发的新农药活性越来越高，单位面积使用量越来越低的情况下，研究和利用高性能的润湿剂和渗透剂显得更加重要。

2. 性能

农药润湿剂、渗透剂是通过降低表面张力，改变液滴在表面上的接触角来实现润湿性和渗透性的。润湿效率（wetting efficiency）是指润湿剂对固体表面的润湿效力，又称润湿力。润湿剂在液体中能100%润湿某处理表面所必需的最低平衡浓度，用质量/体积分数表示。每种润湿剂对某种固体表面均有特定的润湿效率，这个平衡浓度值越低，表示润湿效率越高，润湿性能越好。

润湿作用取决于在动态条件下，药液表面张力的有效降低。当药液雾滴落到植物、昆虫及其他处理表面时，药液中的表面活性剂分子应该能迅速扩散到液体和被润湿表面的移动界面上去，并使液体的表面张力降低到一定的要求。优良的润湿剂结构应能有效地降低表面张力和迅速扩散到界面（即快速降低表面张力）。降低表面张力的结构要求是：在化学结构上亲水基必须小于疏水基，并且多为非离子型而不是离子型的亲水基，HLB 一般为 7～18。

亲水基只要能在使用条件下的水相中使润湿剂稍有溶解度，或能与水充分作用而防止润湿剂不溶解即可。因为亲水性过强的润湿剂能与水相互作用而降低润湿剂分子向界面运动。短链的离子型表面活性剂多为疏水性的阴离子与亲水性的阳离子形成的盐，极容易溶于水，常用于含盐溶液中，高电解质含量可压缩亲水基周围的电双层，使其能够运动到界面上。也可以通过增大疏水基来降低润湿剂在水中的溶解度，有效降低表面张力，提高润湿力。

润湿剂多为非离子型和阴离子型的化合物，少数为阳离子型的化合物。非离子型的润湿剂都是分子量较大的化合物。但是，分子量相对较小的润湿剂比分子量大的润湿性要好，因为较小的分子在溶液中能迅速扩散。此外，亲油基（疏水基）带有支链的润湿剂比不带支链的要好。

亲水基位于亲油基链中间的润湿剂一般润湿渗透力大，比位于分子末端的要好。除双烷基丁二酸酯磺酸盐（钠盐）以外，还有 Teepol 型 R^1-CH-R^2 和脂肪酸酯硫酸钠盐等，如蓖麻酸酯硫酸钠盐。α-烯烃磺酸钠盐，通常也具良好的润湿性和渗透性。

脂肪酸聚氧乙烯单酯或双酯和脂肪酸聚氧乙烯醚两类非离子型润湿剂的润湿性既与疏水基结构有关，也与亲水基的大小和位置有关。EO 链太长，亲水性太强，不利于分子在液体中向界面扩散；EO 链太短，水溶性差，难以发挥润湿作用和渗透作用。即每种非离子型润湿剂都有一个最佳的 EO 加成数。一般来说，润湿剂的 EO 加成数使其润湿剂产品的浊度在溶液使用温度附近，润湿和渗透效果最好。

若分子中有两个或两个以上亲水基时，通常将第二个亲水基引入分子中与第一个亲水基相对的位置。一般情况下引入第二个亲水基后，分子润湿性有所减弱。

影响润湿或渗透作用的因素较多，例如润湿剂或渗透剂的性质及它们在液体中的浓度，液体本身的温度、黏度，液体中的电解质含量，以及润湿的靶标表面的粗糙程度等。

二、润湿剂和渗透剂的种类

润湿剂和渗透剂按照来源不同，可分为天然的和人工合成产品两大类。人工合成的按照化学结构不同又可分为阴离子型和非离子型两类。天然的润湿剂和渗透剂来源方便，但效能不如人工合成的。因为天然产物中真正起作用的有效成分含量较低，而人工合成的有效成分含量高，故润湿性能好，它的出现逐渐替代了天然润湿剂和渗透剂。

1. 天然润湿剂和渗透剂

利用天然物质作为农药润湿剂和渗透剂已有 40 多年的历史。主要用于可湿性粉剂、固体乳剂、粒剂、乳油等剂型加工。主要品种有皂素、亚硫酸纸浆废液和动物废料的水解物。其中有的品种至今还在使用。

（1）皂素（soponin） 是含有皂素的植物提取物，属非离子型表面活性剂，是一种糖苷，属环戊烷菲的衍生物。

白色无定形粉末，有刺激性气味，可溶于水，不溶于苯、氯仿和醚。我国常用的皂素助剂有茶籽饼，又称茶枯，是油茶树果实榨油后的残渣。茶籽饼一般含皂素 13% 左右，产于西南各省。其次是皂荚，又称皂角，皂角荚皮中含皂素 15% 左右。还有一种可用于农药助剂的皂素是无患子，又称肥皂果。四川产的无患子果肉中含皂素高达 24.4%。

（2）亚硫酸纸浆废液 是造纸的副产物，有效成分为木质素磺酸盐。早期使用的是未经过化学特殊处理的废液或者加热烘干片。前者是有焦糖刺鼻味的深黑色液体，具有表面活性和分散性，含干物质 11%～13%。固体物中，木质素化合物占 55%～60%，其余为有机物和无机盐。后者为易吸潮的黑褐色固体。

（3）动物废料的水解物 是将动物的皮毛、骨角及其血等废蛋白通过水解而得到的胶状液体。易溶于水，扩散力强，在碱性和硬水中稳定，具有保护胶体和乳化的性能。

此外，还可使用藻朊酸钠作为农药可湿性粉剂的助剂。

2. 人工合成润湿剂和渗透剂

用于农药加工的润湿剂和渗透剂主要是人工合成的阴离子和非离子两类化合物。近来也有阳离子化合物开发为农药的润湿剂和渗透剂。

（1）阴离子型润湿剂和渗透剂

① α-烯烃磺酸盐 主要是由 α-烯烃、三氧化硫磺化后中和，水解得到的一种阴离子表面活性剂的混合物。主要包括 α-烯烃磺酸钠和烷基磺酸钠两类。具有较好的去污能力，并且离子对其效果影响较小，对人体毒性非常小。常用 $C_{10} \sim C_{18}$ 的 α-烯烃制备成钠盐。钠盐最常用于可湿性粉剂和粒剂加工，也可用作乳化剂。

② 二烷基丁二酸酯磺酸钠 这是目前国内外应用最广泛的一类润湿剂和渗透剂。其中典型的渗透剂 T 是二辛基丁二酸酯磺酸钠。

③ 烷基苯磺酸金属盐和铵盐 外观通常为白色或淡黄色粉末状固体。其中 $C_9 \sim C_{12}$ 烷基苯磺酸钠润湿性较好，应用在农药剂型方面最常见的烷基苯磺酸盐为十二烷基苯磺酸钠（DDBS）。也可用作乳化剂和分散剂。

④ 脂肪酸甲酯磺酸盐　又名 α-磺酸脂肪酸甲酯盐，是以天然油脂为原料，经甲酯化、磺化和中和等反应制得，可代替石油基表面活性剂如直链烷基苯磺酸盐（LAS）、α-烯烃磺酸盐等，符合资源与环境的总体发展趋势，是第三代新型的阴离子表面活性剂，具有性能温和、无过敏、毒性低、安全性高等优点，润湿性能好，可以替代传统的润湿剂。

⑤ 烷基萘磺酸钠（单和双烷基萘磺酸钠）　用作润湿剂的常是低级烷基，如丙基、异丙基、丁基或它们的混合烷基盐。除作为润湿剂外，还可用作分散剂或润湿-分散剂。

⑥ 脂肪醇硫酸盐　又称烷基硫酸盐。通式为 $R-OSO_3M$，常用其钠盐，少数用铵盐。其中使用得最多的是脂肪醇，尤其是月桂醇硫酸钠。此类化合物具有良好的耐硬水性、起泡性和生物降解性。工业月桂醇硫酸钠通常是由椰子油酸加氢得到的混合脂肪酸硫酸盐，所以有多种规格产品。常用产品一般含有壬醇（2%）、十二醇（60%～65%）、十四醇（20%～25%）、十六醇（10%～15%）和十八醇（2%）。此类品种中还包括高级脂肪仲醇硫酸钠盐。

⑦ 脂肪醇、烷基酚聚氧乙烯醚丁二酸半酯磺酸钠盐、烷基酚聚氧乙烯醚甲醛缩合物丁二酸半酯磺酸钠盐　该类助剂具有润湿剂和分散剂的双重功能，同时还具有一定的乳化性。我国生产的农助 2000 等属于该类助剂。

⑧ 脂肪酰胺 N-甲基牛磺酸钠盐　是一类很好的农药润湿剂，并可用作分散剂。

⑨ 脂肪醇聚氧乙烯醚硫酸钠　通式为 $RO(EO)_nSO_3Na$，除可用作农药润湿剂外，还可用作乳化剂。其中以月桂醇醚硫酸钠应用最为广泛。

⑩ 脂肪酸或脂肪酸酯硫酸盐　常用的是各种动植物油或酯的硫酸钠盐。如棉籽油、鲸油、牛脚油、蓖麻油的硫酸钠盐。产品有土耳其红油等。具有润湿性、乳化性和分散性。类似的助剂还有烷基乙酸酯磺酸钠（又称脂肪酸乙酯磺酸钠），常用的是月桂酸乙酯磺酸钠。

除上述几类阴离子润湿剂、渗透剂外，木质素磺酸钠也是很好的润湿剂和渗透剂，被广泛用作可湿性粉剂等剂型的助剂。烷基联苯醚磺酸钠、丁基联苯醚磺酸钠、石油磺酸钠、聚合羧酸钠、萘酚磺酸甲醛缩合物钠盐和脂肪酸聚氧乙烯酯磺酸钠和铵盐及磷酸酯类也可用作润湿剂、渗透剂。

（2）非离子型润湿剂和渗透剂　主要有脂肪醇聚氧乙烯醚，通式为 $RO(EO)_nH$。是目前国内外应用最广泛的一类非离子润湿剂和渗透剂。它们除用于农药加工外，还可用于其他许多行业。在结构上，脂肪醇碳链变化和结构变化很大。多数用伯醇 EO 加成物，但仲醇 EO 加成物中有的性能也很好，例如异十三醇 EO 加成物。

此外，农药非离子润湿剂、渗透剂品种还有聚氧乙烯氧丙烯嵌段共聚物，如

Pluronic Polyol 系列，主要用于水悬剂及干悬浮剂（DF）、水分散粒剂（WG）的加工，是新型润湿剂和多用途助剂。脂肪酸聚氧乙烯单酯，包括混合树脂酸聚氧乙烯酯和二甲基辛二醇及其 EO 加成物、四甲基癸二醇及其 EO 加成物，也是非离子型农药润湿剂和渗透剂。有机硅表面活性剂具有润湿性、渗透性，可通过快速降低药液的表面张力等，使药液在植物等靶标表面更好地润湿、展着和滞留，进而提高农药的利用率和防治效果，已成为近年来一类新型的高效润湿增效剂，代表品种有 Silwet 408 等。

（3）阳离子型润湿剂和渗透剂　这是一类新开发使用的农药助剂。目前主要品种有烷基（$C_{12} \sim C_{24}$ 烷基）苄基二甲基氯化铵、烷基（$C_{12} \sim C_{18}$ 烷基）吡啶卤化物、烷基（$C_{12}H_{25}$）胺氧化物等。阳离子农药助剂对作物叶片和昆虫体表的渗透性强。

三、润湿剂和渗透剂的应用

农药润湿剂、渗透剂的应用技术，主要包括它们的单体应用、复合应用及其在不同制剂加工中的比例等应用技术。

1. 水分散粒剂中的应用

对水分散粒剂来说，润湿剂是发挥其应用性能和提高农药有效成分作用效果的关键助剂之一。首先，在水分散粒剂进入水分散的过程中，粒子表面或内部固气界面会发生固液界面的转化，在这个物理变化过程中，润湿剂起着非常重要的促进作用。其次，农药原药本身通常难以溶于水或不溶于水中，且植物叶片表面或害虫表皮都有疏水性的蜡质保护层，不易被水和农药沾湿而难以发挥药效，润湿剂与农药结合，可以有效地降低药液的表面张力，促进农药悬浮液的稳定，同时也可以使有效作用成分在施药对象表面更加容易地附着、润湿和铺展。水分散粒剂很少采用溶解速度比较慢的非离子型润湿剂，常采用的润湿剂有十二烷基硫酸钠、烷基酚乙氧基化物、脂肪醇乙氧基化物、萘磺酸盐和十八烷基丁二酸钠等。一般主要以最快润湿时间来确定适合活性成分的润湿剂。近年来，随着对润湿剂的要求越来越高，许多新型的环保润湿剂被广泛应用，如以有机硅烷为疏水骨架，以聚醚基团为亲水基团的有机硅类润湿剂，其能显著降低悬浮液表面张力，提高药物的附着和抗冲刷能力；有机氟类表面活性剂的表面活性、化学稳定性、热稳定性均优于一般的润湿剂，加入少量的有机氟类表面活性剂就可以极大提升制剂的应用性能。

2. 水剂中的应用

水溶性较好的农药制成水剂或溶液剂也需要加入润湿剂、渗透剂才能对植物、虫体等有好的润湿性和渗透性，有利于农药在靶标上展布和沉积。一些除草剂和植物生长调节剂，如 2,4-滴铵盐、麦草畏、草甘膦等的水剂或溶液剂，加入适当的润湿剂、渗透剂后，能快速改进药液性能，降低用药量，提高使用效果。

多数情况下，加工水剂和溶液剂选用复合助剂，使制剂同时具备润湿、渗透等性能。助剂企业也常直接出售复合助剂，如生产润湿剂-渗透剂、润湿剂-黏着剂、润湿剂-成膜剂等。有些助剂对农药有效成分还有增效作用，如硫铵对草甘膦水剂有增效作用。

3. 组合分散剂的应用

在农药分散剂的选择应用中，应着重注意以下问题：

（1）润湿分散剂用量　农药制剂能否充分发挥防治效果，首先取决于药液对处理对象的黏着、湿展和渗透作用。可湿性粉剂、水分散粒剂的润湿分散性，决定了其稀释悬浮液的润湿性能。如果不添加其他具有润湿性的助剂，其润湿性则由润湿剂组分提供。很多分散剂也具有一定的润湿性，因此称之为润湿分散。这种助剂系统能使农药固体颗粒充分润湿、分散，在水中具有良好的悬浮效果，便于药液更好地发挥药效。同时，药效同配方设计中的润湿分散剂的用量也有关。

分散过程中要求粒子首先为润湿分散剂所覆盖。因而，有必要将润湿分散剂的需要量计算出来。粒子总表面积与润湿分散剂分子内表面积之比即为覆盖表面所需的润湿分散剂分子数，除以阿伏伽德罗常数，乘以润湿分散剂的分子量，即可得所需润湿分散剂的质量。脂肪醇硫酸盐，如月桂醇硫酸钠分子大约具有 $20Am^2$ 的内表面积（在固/液界面处），分子量为 288.38。由此，粒子表面覆盖所需润湿剂量与粒子大小构成一定的函数关系，具体数据见表 2-1。

表 2-1　100g 农药所需润湿剂的量

粒子直径/μm	润湿剂分子数	所需润湿剂质量/g
7.50	4.00×10^{19}	1.92×10^{-2}
3.75	6.51×10^{20}	3.11×10^{-1}
1.88	6.79×10^{24}	3255.8

配方中的 2% 润湿分散剂需要 2.04g（纯度 98% 计）月桂醇硫酸钠。这时足以覆盖粒子大小为 7.50μm 及 3.75μm 的全部粒子表面，却不能覆盖粒子为 1.88μm 的全部。即过分磨细的可湿性粉剂若超过配方中润湿分散剂可能润湿的粒子总面积能力，润湿效果反而会差，甚至达不到润湿的程度。所以可湿性粉剂粒度要适当是完全必要的，这不仅是助剂用量和润湿性、悬浮率指标所要求的，更是药效所必需的。因此，配方设计中润湿分散剂用量通常在 2% 以内。

（2）粒子大小的范围　主要从制剂的悬浮率（分散稳定性）指标和药效试验结果两方面考虑。大多数可湿性粉剂的实用浓度是制剂稀释 100~1000 倍，可称为稀悬浮液。

当粉剂粉碎粒子直径小于 10μm，对目前大多数农药可湿性粉剂是可取的。各种剂型，从它防治对象的实际出发，都客观上存在一个具有最佳生物防效的最佳粒径及分布问题，这是农药制剂设计配方、筛选助剂的基本出发点之一。在 20 世纪 90 年代，农药悬浮剂发展得很快，除了制剂综合性能很好之外，其中最重要的是药效普遍优于同剂量的可湿性粉剂。其原因之一是各类悬浮剂（包括水基性悬浮剂）有效物粒子比可湿性粉剂更细（$2\sim5\mu m$，甚至更小），粒子在水中的分散性明显优于可湿性粉剂，单位悬浮液中有效物粒子数目要多，悬浮率也比可湿性粉剂高得多。因此，其药效要好于可湿性粉剂的效果。比较典型的例子是硫黄可湿性粉剂，粒径 $15\sim16\mu m$ 的比 $1\sim2\mu m$ 的杀菌效果差 50 倍，从而奠定了农药粒径微粒化提高药效的基础。

（3）关于好的润湿性和低悬浮率场合　这种情况比较复杂，有以下几种可能性。①碎粒度不合格，粗粒子过多，由重力润湿造成假象，实际农药粒子并未被润湿剂所润湿，因而分散剂也难于吸附在粒子表面上，不管润湿时间长短，此时都无法形成稳定的分散体系，分散剂也就失去了其存在的意义。②粉碎粒度已达到相关规定，润湿时间短，比如整块沉降润湿，不分散，按规定颠倒量筒 30 次后并不能获得好的悬浮率，此时要重点考虑润湿剂量是否过多，或者润湿剂与分散剂系统不适当，导致不能获得良好的分散稳定性。③润湿后，固体均匀散开，形成悬浮液而后又很快聚结成较大粒子沉降下来。这时，很可能是分散剂使用不当，或配方中分散剂不适当，或是其使用量不足；也可能是分散剂与润湿剂联用不当引起的。现有的复配型可湿性粉剂助剂多是针对给定结构农药品种和载体系统研制的，都有一定局限性和适用范围。所以，很多时候是根据具体的农药原药及助剂系统和客观条件来选择分散-润湿助剂系统。

从 20 世纪 80 年代后期以来，我国研制并投产了一批称为高渗制剂产品，包括高渗甲氰菊酯乳油和 5% 高渗抗蚜威醇可溶液剂等，实质上大都是农药润湿剂、渗透剂的应用技术成果。

第七节

增 稠 剂

增稠剂又称胶凝剂，主要作用是提高物系黏度，使物系在一定条件下保持均匀稳定的悬浮状态或乳浊状态，或形成凝胶。增稠剂使用时能快速地提高产品的黏度，其作用机理是通过利用大分子链结构伸展以达到增稠目的或者与水形成三维网状结构，将水包覆在网状结构中，从而起到增稠作用。具有用量少、时效快和稳定性好等特点，被广泛用于食品、涂料、胶黏剂、化妆品、洗涤剂、印染、石油开采、橡胶、医药等领域。

目前，国内合成的增稠剂主要有粒状、粉状和分散型液体三种类型。其中分散型液体增稠剂较受市场欢迎，它是由粒径很小（大约 1μm）的脱水聚合物粉末颗粒分散于烃类有机溶剂中而成的，其中还含有乳化剂，少数产品还含有稳定剂。将有机溶剂分离出去，就能够得到高吸水性粉末，此粉末溶入水中，能够很快获得增稠作用，使用十分方便。此外，分散型液体增稠剂还具有易处理、使用方便、易称重、稳定性好、浓度高、固含量高等特点。

增稠剂可通过与表面活性剂形成的棒状胶束或与水作用形成的三维水化网络结构，使体系达到增稠的目的。机理主要是，增稠剂的插入或是由于其电荷的作用，原来球状胶束中的表面活性剂分子的同性电荷间的斥力降低，从而使胶束的缔合数增加；或是由于其特殊的形状，两分子在表面上定向排列得很紧密，产生胶束的缔合数增加，导致球形胶束向棒状胶束转化，使运动阻力增大，从而使体系的黏稠度增加。

增稠剂在水中溶胀，形成三维水化网络，使物质动力阻力增大，并撑起体系架构，从而达到增稠的效果。

一、增稠剂的分类

在实际生产中能够作为增稠剂的物质很多，根据不同的分类方法可分为许多种。从来源来看，有天然聚合物、有机合成聚合物、有机半合成聚合物和无机流变调节剂；从分子量来看，分为低分子量增稠剂和高分子量增稠剂；从功能基团来看，分为电解质类、醇类、酰胺类、羧酸类和酯类等。总之，不同的分类标准得到的种类不同。以下列出了目前常使用的增稠剂。

1. 非离子增稠剂

（1）无机盐类　无机盐做增稠剂的体系一般是表面活性剂水溶液，最常用的无机盐增稠剂是氯化钠、氯化钾、氯化铵、二乙醇胺氯化物、硫酸钠、磷酸钠、磷酸氢二钠和三磷酸五钠等。表面活性剂在水溶液中形成胶束，电解质的存在使胶束的缔合数增加，导致球形胶束向棒状胶束转化，运动阻力增大，从而使体系的黏稠度增大。但是当电解质过量时会影响胶束结构，降低运动阻力，从而使体系黏稠度降低，出现"盐析"现象。因此电解质加入量一般质量分数为 $1\% \sim 2\%$，而且和其他类型的增稠剂共同作用，使体系更加稳定。

（2）脂肪醇、脂肪酸类　脂肪醇、脂肪酸是带极性的有机物，因为它们既有亲油基团，又有亲水基团，可以视为非离子表面活性剂。少量该类有机物的存在对表面活性剂的表面张力、临界胶束浓度及其他性质有显著影响，其作用大小是随碳链加长而增大，一般来说，呈线性变化关系。其作用原理是脂肪醇、脂肪酸能插入表面活性剂胶团，促进胶团的形成，同时由于其与表面活性剂的分子间有强烈的相互作用（碳氢链间的疏水作用加极性头间的氢键结合），使两分子在表面上定向排列得很紧密，极大改变了表面活性剂胶束性质，达到增稠的效果。常见的有月桂醇、肉豆蔻醇、$C_{12\sim16}$ 醇、癸醇、己醇、辛醇、鲸蜡醇、硬脂醇、月桂酸、$C_{18\sim36}$ 酸、亚油酸、亚麻酸、肉豆蔻酸、硬脂酸等。

（3）烷醇酰胺类　烷醇酰胺能与电解质相容共同进行增稠，并达到最佳效果。增稠机理是与阴离子表面活性剂胶束相互作用，形成非牛顿流体。不同的烷醇酰胺在性能上有很大差异，而且单独使用与复配使用其效果也不同。烷醇酰胺类增稠剂主要包括椰油单乙醇酰胺、椰油二乙醇酰胺、椰油单异丙醇酰胺、椰油酰胺、异硬脂二乙醇酰胺、亚油二乙醇酰胺、油酸二乙醇酰胺、蓖麻油单乙醇酰胺、芝麻二乙醇酰胺、大豆二乙醇酰胺、硬脂二乙醇酰胺、硬脂单乙醇酰胺、硬脂单乙醇酰胺硬脂酸酯、硬脂酰胺、牛脂单乙醇酰胺等。最常用的是椰油二乙醇酰胺。

（4）聚氧乙烯类　一般把分子量大于 25000 的产品称作聚氧乙烯，而小于 25000 的称作聚乙二醇。增稠效果来源于高分子聚合物链溶解进表面活性剂体系中，其增稠机理主要与高分子聚合物链有关。聚氧乙烯的水溶液在质量分数为百分之几时为黏稠状假塑性流体，如将浸入其中的物体从溶液中拉出，形成长拉丝和成膜。分子量越大和分子量分布越宽的黏稠性越大，其水溶液的黏度取决于分子量大小、浓度、温度和测量黏度时的切变速度。溶液黏度随着分子量的增大和浓度的增加而上升，随着温度上升（10～90℃）而急剧下降，聚氧乙烯水溶液的假塑性随分子量的减小而降低，分子量 1.0×10^5 的水溶液流变性接近牛顿流体。聚氧乙烯的水溶液在紫外线、强酸和过渡金属离子（特别是 Fe^{3+}、Cr^{3+} 和 Ni^{2+}）作用下会自动氧化降解，失去黏度。

2. 水溶性高分子

许多高分子增稠剂不受溶液 pH 值或电解质浓度的影响，需要较少的量就能达到所需要的黏稠度，例如一个产品需要表面活性剂增稠剂如椰油二乙醇酰胺的质量分数为 3.0%，达到同样的效果仅需 0.5% 的纤维素聚合物。

（1）纤维素及其衍生物类　纤维素类在水基体系中是一类非常有效的增稠剂，在各种领域都有广泛应用。纤维素是天然有机物，含有重复的葡萄糖苷单元，每个葡萄糖苷单元含有 3 个羟基，通过这些羟基可以形成各种各样的衍生物。纤维素类增稠剂通过水合膨胀的长链而增稠，纤维素增稠的体系表现明显的假塑性流变形态。使用量一般为质量分数 1% 左右。

目前，纤维素及其衍生物类增稠剂主要有纤维素、纤维素胶、羧甲基羟乙基纤维素、乙基纤维素、羟乙基纤维素、羟丙基纤维素、羟丙基甲基纤维素、甲基纤维素、羧甲基纤维素等。由于天然纤维素及其衍生物类增稠剂如羟乙基纤维素（HEC），纤维素分子吸附力弱，其位置较容易被乳液中的表面活性剂等所置换，从而游离于水相中，造成分层。因此，在使用中人们往往根据体系选择适宜种类的纤维素醚及其衍生物类增稠剂并控制相应分子量和添加量，为了避免分子量过大会使乳液中助剂颗粒发生絮凝，增稠剂线团的流体动力学直径应该不超过包围分散相连续相的平均层厚度。

（2）天然胶及其改性物　天然胶主要有胶原蛋白类和聚多糖类，作为增稠剂的天然胶主要是聚多糖类。增稠机理是通过聚多糖中糖单元含有的 3 个羟基与水分子相互作用形成三维水化网络结构，从而达到增稠的效果。其水溶液的流变形态大部分是非牛顿流体，但也有些稀溶液的流变特性接近牛顿流体。增稠效果一般与体系的 pH 值、温度、浓度和其他溶质的存在有较大关系。天然胶及其改性物是一类非常有效的增稠剂，一般用量为 0.1%～1.0%，主要包括黄原胶、海藻酸及其（铵、钙、钾）盐、果胶、透明质酸钠、瓜尔胶、羟丙基瓜尔胶、鹿角菜胶及其（钙、钠）盐、汉生胶、菌核胶等。

（3）无机高分子及其改性物　无机高分子类增稠剂一般具有 3 层的层状结构或一个扩张的格子结构，包括硅酸铝镁、二氧化硅、硅酸镁钠、水合二氧化硅、蒙脱土、硅酸锂镁钠、水辉石、硬脂铵蒙脱土、季铵盐-90 蒙脱土、季铵盐-18 蒙脱土等。最有商业用途的两类是蒙脱土和水辉石。

（4）其他　聚乙烯甲基醚/丙烯酸甲酯与癸二烯的交联聚合物以及聚乙烯吡咯烷酮（PVP）是新的增稠剂，其中 PVP 是一种既溶于水又溶于多种有机溶剂的聚酰胺，外观为白色或淡黄色粉末，或为透明液体，水溶性好，安全无毒，为绿色化学品。PVP 的增稠性能与其分子量密切相关，在给定浓度的条件下，分子量越大，其黏度也越大。pH 值和温度对 PVP 水溶液的黏度影响都不明显，未交联的 PVP 溶液没有特殊的触变性，除非浓度非常高时才会有触变性，并显示很短的松弛时间。

二、增稠剂的品种

常用的增稠剂主要有黄原胶、海藻酸盐、羧甲基纤维素钠（CMC-Na）、聚丙烯酸钠、聚乙烯醇、聚乙烯吡咯烷酮等。

1. 黄原胶

黄原胶（xanthan gum）又称黄胶、汉生胶，是由野油菜黄单胞菌以碳水化合物为主要原料，经好氧发酵生产的一种用途广泛的杂多糖，可溶于水，不溶于烃类等有机溶剂。黄原胶是目前国际上性能最优越的生物胶，具有独特的理化性质和全面功能，集增稠、悬浮以及乳化稳定等功能性质于一身。

黄原胶分子是由 D-葡萄糖、D-甘露糖、D-葡萄糖醛酸、乙酸和丙酮酸构成的"五糖重复单元"结构聚合体，分子量在 2×10^{6}～2×10^{7} 之间，黄原胶分子的主链类似于纤维素分子，其分子的一级结构由 β-(1,4) 键连接的 D-葡萄糖基主链与三糖单位的侧链组成；其侧链由 D-甘露糖和 D-葡萄糖醛酸交替连接而成；三糖侧链由在 C6 位置带有乙酰基的 D-甘露糖以 α-(1,3) 链与主链连接，侧链末端的 D-甘露糖残基上以缩醛的形式带有乙酮酸。黄原胶分子的高级结构是，侧链和主链间通过氢键维系形成双螺旋和多重螺旋。在水溶液中，黄原胶分子中带电荷的三糖侧链绕主链骨架反向缠绕，可形成类似棒状的刚性结构。刚性分子间的聚合，能构成一种有序排列的螺旋网状聚合体结构。

黄原胶外观为淡褐黄色粉末状固体，亲水性很强，可以溶于冷水和热水中，因而使用方便。黄原胶具有以下特点：

① 突出的高黏性和水溶性　1%的黄原胶水溶液黏度相当于相同浓度明胶溶液黏度的 100 倍，增稠效果显著。在水中快速溶解，在冷水中的水溶性也很好。

② 独特的假塑性流变学特征　在温度不变的情况下，可随机械外力的改变而出现溶胶和凝胶的可逆变化，黏度随着剪切速率的增大而下降，且剪切速率越大黏度下降越快，是一种高效的乳化稳定剂。

③ 优良的温度、pH 值稳定性　黄原胶溶液在一定的温度范围（-18～120℃）内反复加热冷冻，黏度几乎不受影响，10g/L 黄原胶溶液由 25℃加热到 120℃，其黏度仅降低 3%。在 pH 2～12 范围内，能基本保持其原有的黏度和性能，因而具有可靠的增稠效果和冻融稳定性。

④ 良好的兼容性　与酸、碱、盐、酶、表面活性剂、防腐剂、氧化剂及其他增稠剂等化学物质同时能形成稳定的增稠系统，并保持原有的流变性。黄原胶与槐豆胶、瓜尔胶、卡拉胶以及魔芋胶等大多数合成或天然的增稠剂发生协同作用，使体系黏度显著提高或形成凝胶。

⑤ 悬浮性和乳化性　原胶分子中含有亲水和亲油基团，在水中溶解后具有一定的表面活性，可形成较稳定的油水动态平衡体系，能够起到良好的悬浮和乳化作用。

⑥ 安全性和环保性　黄原胶属于微生物发酵产物，是一种安全的生物多糖，对人畜毒性小，在环境中易降解。

黄原胶具有高黏度、耐高温、保水抗盐、抗剪切等优于淀粉、聚丙烯酸钠等增稠物质的特性，且可作为稳定剂和悬浮助剂，喷雾时可以控制微液滴大小和防止飘移，使药物很好地黏附于作物叶面，增加活性成分在作物上的持留量，提高农药的持效性。近年来，黄原胶已成为人们研究和开发的重点，被广泛应用于悬浮剂、水乳剂、悬乳剂等农药制剂的加工中，通常黄原胶在制剂中的使用量较低，当与硅酸镁铝等无机增稠剂搭配使用效果更好。

2. 硅酸镁铝

硅酸镁铝主要分为人工合成和高效改性天然膨润土制备的硅酸镁铝凝胶两大

类。人工合成的硅酸镁铝是一种白色粉状材料，主要矿物成分为锂皂石，分子结构式为（Mg、Al、Li、Na）$_3$Si$_4$O$_{10}$(OH)$_2$·nH$_2$O；而以天然膨润土为原料，通过化学改性制备硅酸镁铝凝胶，分子结构式为（Na、K、Li）$_x$(H$_2$O)$_4$(A$_{12-x}$Mg$_x$)(Si$_4$O$_{10}$)(OH)$_2$。硅酸镁铝为白色粉末，无味、无毒及无刺激性；不溶于水、油和乙醇。在较低含量下浸水溶胀能形成高透明度、高黏度的胶体。增稠机理为：硅酸镁铝为八面体层状硅酸盐矿物，晶体结构单元是厚度以纳米计的微小薄片，与水混合时，颗粒迅速膨胀直至薄片分离。由于薄片层面带负电荷，端面带正电荷，分离后的薄片端面被吸引到另一薄片的层面，从而迅速形成三维空间的胶体结构，使体系黏度增大，其胶体的稳定性不随温度变化而改变，可以对农药水悬浮液起到良好的稳定作用。

使用方法：合成硅酸镁铝凝胶一般以水化后的水分散液使用，不宜直接以粉状固体混入使用。水化时含量一般采用2%，水化可用冷水浸泡24h或加热煮沸后放置2~4h，同时要不停地搅拌，然后再稀释至工业产品所需的浓度。硅酸镁铝的主要特点：

① 胶体性能　分散在水中能水化膨胀形成"半透明-透明"的触变性凝胶，且成胶不受温度限制，在冷水和热水中都能分散水化。

② 耐酸、碱性和溶盐性　在水分散液中加入少量酸、碱、盐等电解质不会使胶体变稀、絮凝，对电解质有较大的相容性，胶体稳定性能良好。

③ 悬浮性良好　在以水为介质的体系下是不溶性固体微细颗粒的悬浮剂，能使密度较大的矿物质、盐类和有机物悬浮在水中，悬浮性能超过其他有机、无机悬浮剂。

④ 复配性优良　在悬浮液中，适宜于与非离子表面活性剂、阴离子表面活性剂、高分子表面活性剂复配，起到增稠、稳定和协同作用。

3. 海藻酸盐

海藻酸盐别名为藻朊酸钠、褐藻酸、海带胶以及褐藻酸钠，是白色或黄色粉末，无臭无味，具有良好的增稠剂、胶凝性、泡沫稳定性、保水性，系天然有机高分子电解质，溶解后形成透明黏稠液，中性以及pH>12时成胶束状态，pH<3时形成不溶性凝胶。与淀粉、明胶等互溶性好，与淀粉有叠加效应，有一定的成膜能力，不溶于乙醇含量大于30%的溶液。

海藻酸盐溶液的一个重要特点是具有较高的溶液黏度。海藻酸盐的分子量较大，分子链也较长，高分子链呈无规则线团，彼此间易发生缠结，缠结的结果是流动单元变大，增大了对流动的阻力，因而导致黏度迅速增高。分子量越大，其溶液的黏度也越大，其增稠效果也越好。当选用海藻酸盐作增稠剂时，应尽量选用分子量大的产品，浓度为0.5%以下。当水合的海藻酸盐与少量钙离子作用时，会快速增大溶液黏度。这是由于海藻胶与钙离子作用时，钙离子可以与两个相邻的糖醛酸羧基结合形成"离子桥",导致分子间产生交联,增大了分子体积和缠结作用,致使黏度增加,因此添加少量钙离子可以提高增稠效果。

近年来,随着农药缓控释技术的发展,海藻酸盐不但作为增稠剂来使用,更多的衍生物被合成出来,用于缓释胶囊、凝胶和颗粒剂的制备。

4. 聚乙烯醇

聚乙烯醇(PVA),一种不由单体聚合而通过聚醋酸乙烯酯水解得到的水溶性聚合物,是一种用途相当广泛的水溶性高分子聚合物,性能介于塑料和橡胶之间。聚乙烯醇树脂系白色固体,外型分絮状、颗粒状、粉状三种;无毒无味、无污染,可在80~90℃水中溶解,其水溶液有很好的黏接性和成膜性;能耐油类、润滑剂和烃类等大多数溶剂;具有长链多元醇酯化、醚化、缩醛化等化学性质。聚乙烯醇的物理性质受化学结构、醇解度、聚合度的影响。

溶解性PVA溶于水,水温越高则溶解度越大,但几乎不溶于有机溶剂。PVA溶解性随醇解度和聚合度而变化。部分醇解和低聚合度的PVA溶解极快,而完全醇解和高聚合度PVA则溶解较慢。按照一般规律,醇解度对PVA溶解性的影响大于聚合度。PVA溶解过程是分阶段进行的:亲和润湿—溶胀—无限溶胀—溶解。PVA具有合成方便、安全低毒、产品质量易于控制、价格便宜和使用方便等特点。因此,PVA是具有再次开发潜力的优良农药制剂辅料。

5. 聚乙烯吡咯烷酮

聚乙烯吡咯烷酮(PVP),为由乙烯基吡咯烷酮聚合而得的均聚物、共聚物和交联聚合物系列产品,分子量5000~700000,是一种非离子型高分子化合物。聚乙烯吡咯烷酮为无臭、无味的粉末或水溶液,易溶于水、醇、胺及卤代烃中,不溶于丙酮、乙醚等。PVP具有优良的溶解性、生物相容性、生理惰性、成膜性、膜体保护能力和与多种有机、无机化合物复合的能力,对酸、盐及热较稳定,对皮肤、眼睛无刺激或过敏性,具有广泛的用途。

PVP按其平均分子量大小分为四级,以 K 值表示,不同 K 值分别代表相应的PVP平均分子量范围。K 值实际上与PVP水溶液的相对黏度有关,而黏度又是与高聚物分子量有关的物理量,因此可以用 K 值来表征PVP的平均分子量。通常 K 值越大,其黏度越大,黏接性越强。

目前PVP已发展成为非离子、阳离子、阴离子三大类,工业级、医药级、食品级三种规格,分子量从数千至一百万以上,随着其原料丁内酯价格的降低以及优异独特的性能必将展示其发展的良好前景。

6. 羧甲基纤维素钠

羧甲基纤维素钠(CMC-Na),又称为纤维素胶、改性纤维素,白色或微黄色粉末,无臭无味,易溶于水形成高黏度溶液,不溶于酸及甲醇、乙醚、丙酮、氯仿等有机溶剂。在水中的分散度与醚化度和其分子量有关。羧甲基纤维素钠溶液黏度受其分子量、浓度、温度及 pH 的影响，且与羟乙基或羟丙基纤维素、明胶、黄原胶、海藻酸钠、阿拉伯胶和淀粉等有良好的配伍性，即协同增效作用。

对热稳定，在 20℃ 以下黏度迅速上升，45℃ 时变化较慢，80℃ 以上长时间加热可使其胶体变性而黏度和性能明显下降。在 pH 为 7 时，羧甲基纤维素钠的黏度最高，pH 为 4～11 时，较稳定。钙盐、镁盐不能使 CMC-Na 溶液产生沉淀，但能使它的黏度下降。羧甲基纤维素钠水溶液属于非牛顿性的，表现在假塑性和触变性两方面。在农药水悬浮剂中使用 CMC-Na 能够降低失水量，调整黏度，增加触变性等。

三、影响增稠剂性能的因素

1. 结构、分子质量与黏度的关系

通常，在溶液中容易形成网状结构或具有较多亲水基团的胶体，其有较高的黏度。因此，具有不同分子结构的增稠剂，即使在相同浓度和其他条件下，黏度亦可能有较大的差别。同一增稠剂品种，随着平均分子质量的增加，形成网状结构的概率也增加，故增稠剂的黏度与分子质量密切相关，即分子质量越大，黏度越大。不同来源的同一增稠剂，其分子质量和分子结构均可能有所不同，故黏度也可能不同。即使来源相同的增稠剂，由于生产工艺的不同或生产条件的不稳定，黏度也可能有较大的差别。

2. 浓度

一些增稠剂在极低浓度或较低浓度时，符合牛顿液体的流变特性，而在较高浓度时呈现假塑性。随着浓度的增高，增稠剂分子占的体积增大，相互作用的概率增加，吸附的水分子增多，含增稠剂的溶液的黏度也增加，但不同增稠剂其黏度增加的幅度不尽相同，如阿拉伯胶。

3. pH

增稠剂的黏度通常随 pH 发生变化。有些增稠剂（侧链较大或较多、位阻大）的黏度耐酸碱性强。如海藻酸钠在 pH 5～10 时，黏度较稳定，pH<4.5 时黏度明显增加，pH 为 2～3 时沉淀析出，其衍生物海藻酸丙二醇酯对酸性稳定。pH 对黄原胶黏度影响小，在 pH 3～11 内黏度变化不超过 10%。在酸性环境中，直链海藻酸钠和侧链较小的羧甲基纤维素钠等易发生降解造成黏度下降，宜选用侧链较大或较多、位阻较大、又不易发生水解的海藻酸丙二醇酯和黄原胶等。海藻酸钠和 CMC-Na 等则宜在接近中性的体系中使用。

4. 温度

一般增稠剂溶液在温度升高时黏度下降，很多高分子物质在高温下发生降解，特别是在酸性条件下，更易降解，使黏度发生永久性下降，如海藻酸钠溶液，温度每升高 5～6℃，黏度就下降 12%。为避免黏度不可逆地下降，应尽量避免胶体溶

液长时间高温受热。在少量 NaCl 存在下，黄原胶的黏度在 $-4\sim93℃$ 范围内变化很小，这是增稠剂中的特例。位阻大的黄原胶和海藻酸丙二醇酯，热稳定性较好。

5. 增稠剂的协同效应

利用各种增稠剂之间的协同效应，采用复配方法，可产生无数种复合增稠剂，以满足农药制剂的不同需要，并可达到最低用量水平。增稠剂复配使用时，增稠剂之间可能会产生黏度增效或减效作用，如阿拉伯胶可降低黄原胶的黏度，而 CMC-Na 则可提高明胶、卡拉胶和刺槐豆胶等的黏度。

第八节
消 泡 剂

泡沫是气体分散于液体中的分散体系，气体是分散相（不连续相），液体是分散介质（连续相），液体中的气泡上升至液面，形成少量液体构成的以液膜隔开气体的气泡聚集物。农药在制剂加工、运输和使用过程中极易形成泡沫，可能原因：①由于剪切、研磨、搅拌等带入大量空气，从而产生物理性的泡沫；②表面活性剂选择不当，或者用量过多，也易产生泡沫；③有些制剂加工过程中必须进行高速剪切、研磨或搅拌等，会产生过多的热量，从而产生泡沫；④在研磨过程中，研磨介质的用量过多，也会产生泡沫；⑤制剂中某些成分发生化学反应，产生的气体容易滞留在体系的表面和内部，进而形成泡沫。

农药在生产、运输和使用中，由于种种原因会产生大量的泡沫，直接影响生产效率和使用效果。农药行业中需要消泡主要有两种场合：一是某些农药液剂加工生产和包装。因为有农药助剂，特别是农药表面活性剂为基础的乳化剂、分散剂、润湿剂、渗透剂、悬浮剂、增稠剂、各种喷雾助剂，都是能产生泡沫的物质，而且有的泡沫还比较稳定，不易及时破灭。因此，农药水剂、各种乳油、水基性胶悬剂、油悬剂、微乳状液、粗乳状液等生产过程中及包装罐装过程中都会产生不希望的泡沫，此时则需要消泡剂。二是农药应用技术中，特别是现代化的各种喷雾施药技术，往往在配制喷液时和操作过程中因助剂和机械冲击产生泡沫。当这些泡沫积累到一定程度后，不仅妨碍液面的观测计量，而且使喷雾作业产生断续现象，影响喷雾质量。即使在人工操作的各种喷施工具中，除了专门为泡沫喷雾技术设计的装置外，泡沫可能使药液溢出、沾染皮肤或设施，诱发事故。故多有防泡沫和消灭泡沫的要求。

一、消泡方法

消泡就是破坏泡沫的稳定性，主要采用物理法消泡和化学法消泡两种。化学法消泡在农药制剂加工和使用中应用最为广泛。

1. 物理法消泡

从物理学角度来考虑，消除泡沫的方法主要有：放置挡板或滤网、机械搅拌、静电、冷冻、加热、蒸气、射线照射、高速离心、加压、减压、高频振动、瞬间放电和超声波等。对农药制剂加工来说，产生的物理性泡沫可通过冷冻、加热、加压及减压等一些有效的方法来消除。由于表面活性剂选择不当或者用量过多而产生的泡沫，需要更换表面活性剂的种类或调整用量；由于加工过程中产生热量使体系温度升高而产生大量的泡沫，需要添加冷却装置；研磨介质的用量不宜过多，否则会带入大量的空气，因此要确定研磨介质的用量与制剂质量或体积之间的关系。但是这些方法共同的缺点是：其使用受环境因素的制约性较强、消泡速率不高，也不能保证在运输和使用过程中不再产生泡沫。

2. 化学法消泡

从化学角度来考虑，消除泡沫的方法主要包括化学反应法和添加消泡剂的方法。

化学法消泡包括：①起泡性物质的消除；②起泡性物质的不活化；③pH值的改变；④电解质的加入等。起泡性物质的消除和不活化是针对由于化学反应而在体系中引入的反应性气泡，是通过减少泡沫的产生来实现消泡，该种物质即为消泡剂。

适当加入消泡剂是改善体系消泡效果的有效手段，通过降低膜弹性和表面黏性，使在体系中已经存在的气泡破裂。一般在农药制剂加工过程中，大多采用添加一定量的消泡剂进行消泡，如10％螺螨酯悬浮剂、20％甲维·虫酰肼悬浮剂、2.5％高效氯氟氰菊酯水乳剂等多个配方中都添加了消泡剂，主要为了避免加工过程中产生气泡对体系产生不良的影响。

目前，添加一定量的消泡剂是最常用、最有效的手段。消泡剂是以低浓度加入起泡液体中，能控制泡沫的物质的总称。消泡剂已经在农药制剂加工和使用中占据了主导地位，其用量也在不断地增加。

二、消泡剂的分类

消泡剂按照不同的分类标准可以分出不同的类型。按物态可分为固体颗粒型、乳液型、分散体型、油型和膏型等五大类；按消泡剂的化学结构和组成不同可以分为矿物油类、醇类、脂肪酸及脂肪酸酯类、酰胺类、磷酸酯类、有机硅类、聚醚

类、聚醚改性聚硅氧烷类消泡剂等。

（1）有机消泡剂　矿物油类、酰胺类、低级醇类、脂肪酸及脂肪酸酯类、磷酸酯类等有机物消泡剂的研究应用较早，属于第一代消泡剂，其具有原料易得、环保性能高、生产成本低等优点；缺点在于消泡效率低、专用性强、使用条件苛刻等。

（2）聚醚类消泡剂　聚醚类消泡剂是第二代消泡剂，主要活性成分是环氧乙烷-环氧丙烷嵌断共聚物，分子量一般要大于3000。包括直链聚醚、由醇或氨为起始剂的聚醚、端基酯化的聚醚衍生物三种。聚醚类消泡剂具有无毒、无味、无刺激、抑泡能力强、易在水中分散等优点。此外，还有些聚醚类的消泡剂具有耐高温、耐强酸强碱等优良性能。缺点是使用条件受温度限制、消泡能力较差、破泡速率低等。

（3）有机硅类消泡剂　有机硅类消泡剂（第三代消泡剂）是目前农药、食品、发酵、造纸、化工生产、黏合剂、胶乳、润滑油等行业中使用较广泛的一类消泡剂，具有破泡速率快、挥发性低、对环境无毒害、无生理惰性、使用范围广、在水及一般油中的活性高等优点，有广阔的应用前景和巨大的市场潜力，但是抑泡性能较差。因此，这类消泡剂可以与脂肪酸、酰胺、聚醚等其他具有消泡、抑泡活性的表面活性剂复配，这样既可以提高有机硅类消泡剂的抑泡能力，又能降低产品的成本。

有机硅类消泡剂如按其物理性状分类，则大致可分为油状、溶液型、乳液型、固体型四类。其中乳液型有机硅类消泡剂适用范围最广，既可应用于非水相体系，也可应用于水相体系。

（4）聚醚改性聚硅氧烷类消泡剂　聚醚改性聚硅氧烷消泡剂（第四代消泡剂）同时兼有聚醚类消泡剂和有机硅类消泡剂的优点，有时还可以根据其逆溶解性重复利用。除此之外还具有其他许多优异的特性，包括消泡效力强、自乳性、稳定性等，是消泡剂的发展方向。

由于聚醚改性聚硅氧烷类消泡剂具有无毒、无害、高效、功能多及生理惰性等特性，越来越受到厂家的青睐。它能迅速溶于水中，可单独使用，也可与其他处理剂配合使用，稳定性好，不发生破乳漂油现象，也无沉淀物产生，对非水体系同样也有效。聚醚改性聚硅氧烷类消泡剂是目前最理想的新品种，有很好的发展前景。

三、消泡剂的品种

（1）SAG 1572　一种新型高性能有机硅泡沫控制剂，能够均匀地分散在水性配方和浓缩液中，从而提高混合物的储存稳定性，还具有pH适应性广的特点，是农药的生产、包装以及喷雾箱应用的理想消泡剂选择。它是一种中等黏度的消泡剂，在中低速搅拌条件下无需稀释，可直接加入市售的水性体系和浓缩型表面活性剂中。

（2）AT-882D　一种乳液型改性有机硅类消泡剂，与传统的消泡剂相比，具有优异的耐酸碱性和持久性，特别在强酸、强碱介质及强机械搅拌、剪切环境下能保持优良的消泡性能，适合大部分农药生产工艺。

（3）CF980　在生物制品发酵中作消泡剂，如黄原胶、衣康酸、氨基酸等多种发酵中，也可作发酵工艺后提取中消泡剂，可用于微生物菌剂的制备。

（4）消泡剂3911　专门应用于农药水性体系的消泡剂。消泡剂3911稳定性极佳，在预防泡沫产生上有显著功效，并能迅速地消灭泡沫。产品特点：①用量少、高浓缩、高效能、高经济效益、应用范围广的抑泡及破泡剂。②特别设计用于水性体系的抑泡及破泡剂。③低黏度，易溶于水，分散性佳，使用简单方便。④消泡迅速，耐久性好。⑤贮存稳定性极佳。

目前，在农药行业中应用最广泛、效果普遍反映好的是有机硅酮系消泡剂。有机硅酮的有效物有机硅酮既不溶于水，也不溶于植物油和高沸物油，因而对许多（水相、油相）起泡系统都有效。消泡力和抑泡力强，一般只要1～100mg/L用量即产生好效果。成本也低，又不影响产品质量。它的热稳定性、化学稳定性都很好，可在碱性酸性介质及广泛温度范围内应用。

农药用有机硅类消泡剂多数是有机硅酮乳状液型，用于水相系统，这类有机硅酮乳状液已有多种配方组成和制法。除了Tween-80外，适合制备甲基硅酮乳状液的乳化剂还有甲基纤维素、部分水解的VPA（88%～90%）等。

第九节
其他助剂

除前面介绍外，还有很多农药助剂，如稳定剂、增效剂、展着剂、防飘移剂、掺和剂、崩解剂、警示剂、抗氧化剂、防冻剂、微生物农药的营养助剂等。近年来，随着航空植保的迅速发展，飞防助剂的研发也越来越受到国内外的重视。

一、稳定剂

1. 概念和作用

农药稳定剂（stabilizer）是能防止及延缓农药制剂在贮运过程中有效成分分解或物理性能劣化的助剂。农药制剂稳定性是指农药制剂在运输或贮藏条件下的化学及物理性能的稳定程度。农药原药和制剂不稳定的表现常从外观、物理及化学性能、制剂特性变化可知。

（1）外观　如变色，色泽变暗变深，浑浊，分层，絮凝和沉淀等。

（2）物理及化学性能　如结晶，结块，黏度增大，凝胶化；有效成分含量降低；溶解性、分散性、乳化性、润湿性、展布性、悬浮稳定性降低；pH 变化；气味等。

（3）制剂特性　如粒度及其分布，生物活性，毒性（包括对人、畜、鱼毒和试验动物的毒性）等。

农药稳定剂主要有两种：一是保持和增强产品物理及化学性质的助剂，包括防结晶、抗絮凝、抗沉降、抗硬水、抗结块等，称为物理稳定剂；二是化学稳定剂，包括防分解剂、减活化剂、抗氧化剂、防紫外线辐照剂、耐酸碱剂等，它们主要是保持和增强产品化学性能稳定性，特别是防止和减缓有效成分的分解，保证在有效期内各项性能指标符合要求。

2. 稳定剂的种类

以稳定剂化学结构、作用特征为基础进行分类，主要有：①表面活性剂及以它们为基本活性组分的产品。②溶剂稳定剂，包括稀释剂和载体。③其他化合物。

（1）表面活性剂及以此为基础的稳定剂　表面活性剂用作农药稳定剂始于 20 世纪 50 年代有机磷农药的兴起和发展。目前，表面活性剂稳定剂研究已扩大至各类农药和各种加工剂型，是三大类稳定剂中作用最多、用途最广的一类。表面活性剂稳定剂主要有两种形式：单体和以表面活性剂为基础的混合物，包括与其他类型稳定剂或惰性组分联用。化学结构上大体又可分为有机磷酸酯表面活性剂稳定剂和其他类型表面活性剂稳定剂。

① 有机磷酸酯类稳定剂　属于阴离子型助剂。除了具有稳定性外，在制剂里主要功能还有乳化剂、分散剂、防飘移剂、防尘剂和流动性改善剂等。按结构划分有 7 类：烷基磷酸酯及其烷氧化物，包括单酯和双酯；醇 EO 加成物磷酸酯及其衍生物；烷基酚 EO 加成物磷酸酯及其衍生物；脂肪酸聚氧烷烯酯磷酸酯及其衍生物；烷基芳烷基酚、芳烷基酚 EO 加成物磷酸酯及其盐类；亚磷酸酯，包括醇 EO 加成物亚磷酸和烷基亚磷酸酯，双酯和三酯等；烷基胺 EO 化物磷酸酯及其他磷酸酯等。

② 其他表面活性剂稳定剂　分为非离子、阴离子和阳离子型稳定剂。

属于非离子型稳定剂的有 EO 加成物及衍生物醚类，酯类和其他结构。前者又可分为端羟基封闭物、EO 加成物和 EO-PO 嵌段共聚物三类。

属于阴离子稳定剂的种类除磷酸酯和亚磷酸酯外，还有硫酸盐和磺酸盐。后者可分为电中性盐和一般磺酸盐。属于阳离子稳定剂的现有季铵盐的几个品种。

（2）溶剂稳定剂　溶剂是主要用于液体制剂的稀释剂或载体，对液体制剂（如乳油、可溶液剂、超低容量液剂、悬浮剂和油悬浮剂以及静电喷雾制剂等）性能有重要影响，因此应用较广泛。除稳定作用外，还包括作为溶剂、助溶剂和其他作用，专用性较强，用量范围广，常与其他稳定剂联用。目前，已发现和应用的有芳香烃类、醇、聚醇、醚和醇醚、酯以及其他。

① 芳香烃溶剂作稳定剂　如 Tenneco 500/100 用于毒死蜱乳油的稳定剂。

② 一元醇、二元醇及聚醇作稳定剂　异戊醇、异丙醇、甲醇、乙醇等一元醇；$C_4 \sim C_8$ 具有侧链的二元醇。

③ 醚和醇醚稳定剂　烷基乙二醇醚，包括单甲醚（$CH_3OCH_2CH_2OH$），单乙基醚（$C_2H_5OCH_2CH_2OH$），单丁基醚（$C_4H_9OCH_2CH_2OH$），苯基醚等；还有单丙基醚（$C_3H_7OCH_2CH_2OH$）。醇醚包括丁基二甘醇乙醚、乙酸二甘醇乙醚、三亚乙基二乙二醇醚等。

④ 酯类溶剂稳定剂　2-乙氧基乙醇乙酯、单低级烷基乙二醇醚乙酸酯。

⑤ 酮和其他　环己酮、乙腈、β-蒎烯、松节油、羧酸酐二氧六环、四氢呋喃、二甲亚砜、二甲基甲酰胺和矿物油等。

（3）其他稳定剂　主要为有机环氧化物稳定剂及其他稳定剂，应用面很广，专用性极强。

① 有机环氧化物稳定剂　大体可分为环氧化植物油及其衍生物、脂肪酸酯环氧化物及其衍生物两类。常常和其他稳定剂联用。

a.环氧化植物油及其衍生物　常用的几种植物油环氧化物包括大豆油、亚麻仁油、菜籽油、棉籽油以及妥尔油环氧化物产品。如环氧化大豆油：Admex 711，Drapex 68，G-61，Kronos S 等；环氧化亚麻仁油：Admex ELO，Drapex104 等；环氧化妥尔油：Admex 746，Flexol EP8 等。

b.脂肪酸酯环氧化物及其衍生物　脂肪酸酯环氧化物包括环氧化甲基硬脂酸酯、二环氧基丁基硬脂酸酯、环氧化脂肪酸辛基酯。后者包括苯基甘油双酯 EO 化甘油酯、甘油基甘油醚、甘油基双或三甘油醚、芳基甘油醚和丁基甘油醚、乙二醇-丙二醇双甘油醚等。

② 其他稳定剂　品种包括丁氧基丙三醇醚、碳酸盐（碳酸氢钠、氧化钙、碳酸钠、碳酸钾和碳酸钙等）和水溶性碱金属或碱土金属盐（硫酸盐、磷酸盐、$CaCl_2 \cdot 4H_2O$、$MgCl_2 \cdot 4H_2O$ 等，用量 $0.3\% \sim 5\%$）等。$NH(C_2H_4OH)_2$ 和 $N(C_2H_4OH)_3$ 与表面活性剂稳定剂联用。顺丁烯二酸、酒石酸等用于除草剂乳油。无机铵（如硫酸铵）、无机铁盐（如 $FeSO_4$）用于杀菌剂和杀虫剂。芳香二胺用于性激素制剂。羟基蒽醌、$FeCl_2 \cdot 6H_2O$、锡或铝化合物用于除草醚悬浮剂。金属盐和卤化物稳定三环唑-杀螟松混剂。氨基羧酸酯和多元羧酸酯稳定二硫代二烷基氨基甲酸酯等。

二、增效剂

1. 概念和作用

农药增效作用主要相对原药单剂而言，包括两个方面：毒效的增加和生物防效的增加。增效剂是指明显增强农药活性而本身无或几乎无活性的物质。作用机理主要是抑制或弱化靶标（害虫、杂草、病菌等）内部的针对农药活性物的解毒系统，从而延缓药剂在防治对象内的代谢，增强生物防效。

农药增效剂作为一大类农药助剂，对于杀虫剂、除草剂和杀菌剂而言，其增效剂的作用机理各不相同。农药增效剂的基本功能是显著提高药剂的活性，降低用量和成本、减少环境污染。好的增效剂能数倍、数十倍提高防效。正确选用可延缓或阻止部分有害物对农药抗性的产生，延长来之不易的农药品种的生命期。

2. 增效剂的种类

主要分为以下几类：

（1）植物性增效剂　如芝麻油、食用油、苦豆子、黄果茄、川楝素、苦楝油、D-柠檬酸、聚天冬氨酸、茶皂素、松节油衍生物、黄腐酸、腐植酸类等。

（2）MDP 化合物　已商品化的有增效醚、增效环、增效砜、增效酯、增效醛、增效菊、增效散和增效特，是目前杀虫剂的主要增效剂。

（3）烷基胺和酰胺类化合物　有 SKF-525A、Lilly18947、增效胺、拮抗氯磺胺剂和酞酰亚胺等。

（4）丙炔醚和酯类　有 RO-5-8019、NIA16824、萘基丙炔醚和对氯硝基苯丙炔醚等。

（5）有机磷酸酯和氨基甲酸酯类　包括二异丙基对氧磷、三甲苯磷、脱叶磷、增效磷、甲基增效磷和丁基-O-甲基氨基甲酸酯。

（6）其他类型化合物　某些苯并硫杂重氮盐、硝基苯硫氰酸酯、烷基及芳基硼酸酯等。

三、崩解剂

1. 概念和作用

崩解剂可定义为能够使片（粒）剂在水中或其他液体中易于崩解，从而促进药物悬浮释放，以达到较佳稳定性和药效的助剂。崩解剂的主要作用是消除黏合剂的黏合力与片剂压制时承受的机械力，使片剂变为细小颗粒，进而变为粉末，并能促进药物溶出。

崩解剂在农药制剂开发中主要应用于水分散粒剂和泡腾片剂等具有崩解性的剂型。在水分散粒剂配方研究中加入崩解剂，可以促进水分散粒剂的颗粒在水中崩解成可悬浮的细粒，促使有效成分溶出，使制剂具有较好的悬浮性和分散性。在泡腾剂配方研究中，加入崩解剂能够引起泡腾片剂溶胀崩碎成细小颗粒，从而使有效成分迅速溶解分散。除加入助崩解剂，还需加入酸碱系统，遇水产生二氧化碳使泡腾片崩解，又叫泡腾崩解剂。

2. 崩解剂的种类

按其结构和性质可分为：

（1）淀粉及其衍生物　经过改良变性后的淀粉类物质，其自身遇水有较大膨胀特性，如淀粉、羧甲基淀粉、改良淀粉等。

（2）纤维素类　吸水性强，易于膨胀，常用的有低取代羟丙基纤维素、微晶纤维素等。

（3）表面活性剂　可增加片剂的润湿性，使水分借片剂的毛细管作用迅速渗透到片芯引起崩解。需要与其他崩解剂合用起到辅助崩解作用。如吐温-80、月桂醇硫酸钠、硬脂醇磺酸钠等。

（4）泡腾混合物　即泡腾崩解剂，遇水能产生 CO_2 气体的酸碱中和反应系统达到崩解作用。此类崩解剂一般由碳酸盐和酸组成。常见的有：酒石酸混合物加碳酸氢钠或碳酸钠等。

按溶解性能分类如下：

（1）水溶性崩解剂　如泡腾混合物、羧甲基纤维素钠、羟丙基纤维素、海藻酸钠、硫酸铵、尿素、氯化钠盐类等。

（2）水不溶性崩解剂　如淀粉、羧甲基淀粉、交联聚维酮等。

3. 崩解剂的品种

（1）羧甲基淀粉钠　对用如磷酸钙等疏水性辅料的片剂崩解效果较好。特别适用于难溶于水的药物的崩解。用量一般在 $4\%\sim8\%$。遇酸会析出沉淀，遇多价金属盐则产生不溶于水的金属盐沉淀。

（2）羟丙基淀粉　优良崩解剂，以本品 60%、微晶纤维素 20%、硅酸铝 20%混合后，将其混合物 $20\%\sim25\%$ 加入片剂中压片，可制得较优良片剂。

（3）低取代羟丙基纤维素　兼具黏结崩解作用，对不易成形的药品可改善片剂的成形和增加片剂的硬度。一般用量为 $2\%\sim5\%$。

（4）交联羧甲基纤维素钠（CMC-Na）　在水中能吸收数倍于自重的水，膨胀而不溶解，有较好的崩解作用。对于用疏水性辅料压制的片剂，崩解作用更好，用量可低至 0.5%。

（5）交联聚乙烯吡咯烷酮　片剂的崩解剂，遇水使其网状结构膨胀产生崩解作用。其吸水后不形成胶状溶液，不影响水分继续进入片芯，故崩解效果较淀粉或海藻酸类等好。

（6）微晶纤维素　为海绵状的多孔管状结构，在加压过程中易变形，具有较强的毛细管作用，吸水膨胀性弱，常和其他膨胀性好但毛细管能力弱的崩解剂合用，尤其用于有助于液体原药吸附的崩解性制剂中。

（7）泡腾崩解剂　用于要求片剂迅速崩解或药物迅速溶解的处方。组成为酸碱系统，遇水产生二氧化碳而使片剂崩解。

4. 崩解剂的选择和加入

崩解剂在配方筛选和加工过程中的加入方式和选择对于农药崩解性制剂的崩解质量和药剂的溶出效果以及生物效应有重要影响。

（1）崩解剂的选择原则　崩解剂的选择直接关系到制剂的崩解时限、药物释放度、生物利用度、发泡量、pH 等指标是否符合质量标准。

① 合理选用崩解剂　根据酸碱要求、崩解时限、原药的性质来合理选择崩解剂。

② 崩解剂用量的合理确定　一般情况下，崩解剂用量增加，崩解时限缩短。然而，若其水溶液具黏性的崩解剂，其用量越大，崩解和溶出的速率越慢。一定要反复通过小试和中试放大确定用量。

（2）崩解剂的加入方式　崩解剂加入方法是否恰当，将影响崩解和溶出效果。应根据具体对象和要求分别对待，加入方法有三种。

① 内加法　在制粒前加入，与黏合剂共存于颗粒中，一经崩解，便成颗粒，有利于溶出。

② 外加法　加到经整粒后的干颗粒中，存在于颗粒之外、各个颗粒之间，因而水易于透过，崩解迅速，但溶出较差。

③ 内外加法　一般将崩解剂分为两份，一份按内加法加入，另一份按外加法加入。亦有建议内加 50％～75％，外加 25％～50％。

就崩解速度而言，外加法＞内外加法＞内加法；就溶出度而言，内外加法＞内加法＞外加法。

表面活性剂作辅助崩解剂的加入方法也有三种：溶于黏合剂内；与崩解剂混合加入干颗粒；制成醇溶液喷于干颗粒中，其中第三种方式崩解时限最短。

四、抗氧化剂

抗氧化剂是一类能够有效阻止或延缓自动氧化的物质。抗氧化剂本身是一种还原剂，与原药同时存在时，抗氧化剂遇氧后首先被氧化，对易氧化的药物成分起到保护作用，从而保证药物制剂的稳定性。在自氧化过程中，抗氧化剂的作用是提供电子或有效氢离子，供给自由基接受，使自氧化链反应中断。抗氧化剂的种类如下：

1. 抗血酸及其衍生物

抗坏血酸及其衍生物中用作抗氧化剂的有抗坏血酸钠、抗坏血酸钙、异抗坏血酸及其钠盐、抗坏血酸棕榈酸酯和坏血酸硬脂酸酯等。由于它们本身极易被氧化，能降低介质中的含氧量，即通过除去介质中的氧而延缓药物氧化反应的发生，因此是一类氧的清除剂。抗坏血酸是水溶性的，但它的衍生物抗坏血酸棕榈酸酯和坏血酸硬脂酸酯是脂溶性的。在配制剂型时一般选用抗坏血酸或抗坏血酸钠。

2. 叔丁基羟基茴香醚

叔丁基羟基茴香醚（BHA）是由 2-叔丁基羟基茴香醚（简称 2-BHA）和 3-叔丁基羟基茴香醚（3-BHA）两种异构体以 9∶1 的比例混合而成的混合体。BHA 有一个活性羟基，因此只能提供一个氢。

BHA 作为抗氧化剂对热较稳定，在弱碱条件下也不易被破坏，故有较好的持久能力。有一定的酚味和一定的挥发性，可与碱土金属离子作用而呈粉红色。能被水蒸气蒸馏，故在高温制品中，尤其是在水煮制品中易损失。

3. 二丁基羟基甲苯

二丁基羟基甲苯（BHT）只有一个活性羟基，只能提供一个氢原子与氧自由基作用。BHT 抗氧化剂在一般的油溶性制剂中比较稳定，但因在高温下不稳定使得在配制过程中需要高温加热的油溶性制剂不宜添加 BHT，为了达到更好的抗氧化效果，一般情况下与 BHA 合用。

4. 特丁基对苯二酚

特丁基对苯二酚（TBHQ）是一种二酚类抗氧化剂，可提供两个氢而使自己成为醌。TBHQ 具有比 BHA 等更好的抗氧化能力。它不会因遇到铜、铁之类金属而发生呈色和风味方面的变化，只有在碱性条件下才会变成粉红色。对热的稳定性优于 BHA 和 BHT，它的沸点高达 298℃。

5. 植物源抗氧化剂

植物源抗氧化剂是一类由植物中提取、具有强大的抗氧化能力的非营养性抗氧化剂，其来源广泛、绿色、安全、无残留，符合我国绿色可持续发展的战略要求。依据结构，可分为多酚、多糖、皂苷、有机酸、蛋白质等。茶多酚、白藜芦醇、单宁酸、姜黄素等是目前应用较广的品种。

五、防冻剂

防冻剂（antifreeze agent）是一种能在低温下防止物料中水分结冰的物质，亦称冰点调节剂或抗凝剂，可以提高农药产品在低温寒冷条件下的稳定性。防冻剂的使用主要是防止产品在贮存、运输过程中出现冻结现象，从而影响制剂的使用。符合要求的防冻剂必须具备以下三个条件：①防冻性能好；②挥发性低；③不会破坏有效成分，对有效成分的溶解越少越好，最好不溶解。在我国，以水为介质的农药产品，其配方不仅要适用于在我国南方高温条件下生产、贮存和应用，而且也要适用于北方地区的寒冷条件。前者可以稍加甚至不加防冻剂，而后者则必须添加防冻剂，以防变质。

防冻剂主要有醇类、醇醚类、氯代烃类、无机盐类等。常用的防冻剂有甲醇、乙醇、异丙醇、乙二醇、丙二醇、丙三醇、二甘醇、乙二醇丁醚、丙二醇丁醚、乙二醇丁醚乙酸酯、二氯甲烷、1,1-二氯乙烷、1,2-二氯乙烷、二甲基亚砜、氯化钠、乙酸钠、氯化镁等，尿素和硫脲对乳液也有防冻效果。

六、防飘移剂

1. 概念和作用

农药防飘移剂（drift-proof agent or retardant）是防止和减轻农药施用和加工工艺中因药粒飘移引起危害的助剂总称。农药施用时对邻近作物、建筑物和各种外露设施，对牲畜、鱼以及环境的污染、危害，很大部分来自施药时的飘移。施药药液未达目标作物或害物的所有化学部分都偏移了施药目的，成为无用或有害物，可总称为飘移物。农药飘移是造成利用率低、直接经济损失的重要因素。

农药防飘移剂的作用主要有两方面：①农药制剂生产过程中的防飘移。这类飘移主要发生在粉剂、粒剂和片剂等固体剂型加工，其中以粉剂、粒剂、可湿性粉剂和细粒剂、可溶粉剂加工时比较普遍。主要是用来防止和减少工艺过程中粉尘及飘移，属于工艺助剂的一种。②农药喷施中的防飘移问题。目前施用化学农药技术中洒、喷、弥雾、气雾法，或多或少都有飘移问题。特别是喷施各类粉剂、乳油、液剂、悬浮剂、超低容量液剂、气溶胶、烟剂等，飘移时常发生。航空施药飘移最突出，危害较重。地面喷施因随机阵风或气流也有农药飘移问题。应用防飘移剂的作用就是减少和降低喷雾药液的飘移。

2. 喷雾防飘移剂

喷雾防飘移剂组成及应用如下：

（1）抗蒸腾剂　喷雾中的细雾滴是最易飘移的部分。因此，从制剂药液和药械及喷施技术上减少细雾滴十分必要。雾滴在运行传递过程中，水分和可挥发组分的蒸发是形成大量细雾滴的重要原因，抗蒸腾剂的主要作用就是减缓汽化，抑制蒸发，防止雾滴迅速变细而产生飘移。现在，抗蒸腾剂的组成变化很多，活性组分也有多种，既含有表面活性剂基剂，又有非表面活性剂组分，特别是某些水溶性树脂或聚合物，还有溶剂或其他组分。

（2）黏度调节剂　主要是提高喷液黏度，适当增大雾滴尺寸、减少细雾滴。常用为水溶性表面活性剂、水溶性树脂或聚合物等。如有触变性能的多糖树胶（黄原酸胶等）、羟乙基纤维素、聚丙烯酸钠、聚丙烯酰胺等。

（3）沉积作用助剂　如 STAPUT Deposition AID（NALCO 公司农业化学品分公司），对绝大多数农药喷液用量 0.5%，适合航空和地面喷雾装置。农药沉积率达 30% 以上，高于通用展着剂的效果。

3. 固体制剂加工用防尘剂

防尘剂又称抗尘剂（anti-dusting agent），是为减轻各种粉剂、可湿性粉剂、母粉、粉粒剂、细粒剂、微粒剂、可溶粉剂、油分散性粉剂、干胶悬剂和水分散粒剂等固体制剂加工工艺过程中起粉尘，防止生产和施粉中粉尘污染环境、损害工作者健康所使用的一类助剂。低浓度粉剂用的防尘飘移剂主要有二乙二醇、二丙二醇、丙三醇等；烷基磷酸酯防飘移剂；丙三醇 EO/PO 加成物防飘移剂；植物油和动物油脂为基础的粉剂防飘移等。

可湿性粉剂生产中所用防尘剂有乙二醇、二乙二醇、聚乙二醇、聚烯烃、液体石蜡、机油等。

七、掺和剂

掺和剂（compatibility agent）又称配伍剂，也称偶合剂（coupling agent），是一类有助于提升农药化学品（包括化学农药及农药-化肥、农药-微量元素、农药-化肥-微量元素）之间相容性的物质，用于制剂加工和农药喷施。基本作用是解决农药制剂加工，包括混剂、农药-化肥复合制剂和农药微量元素复合制剂，和农药桶混应用技术、农药化肥联用技术以及农药-化肥和/或微量元素联用技术中相容性问题。

通常两种或两种以上不同化学性质、物理性质的药剂用物理方法结合在一起会出现相容性问题。通常有三种表现方式，即化学相容性、物理相容性和生物学相容性。化学相容性不发生明显的有害的化学反应。物理相容性是不发生明显的不希望的物理变化。生物学相容性，又称生物学的可配伍性，是化学药剂混合物在规定条件下使用时，各组分仍保持原有性能，特指对有效成分的生物活性，不会产生任何有害的生物效应，或有碍于药效的发挥。解决相容性可用两种技术：一是适当的混配技术、通过试验重新选择可行的原药及加工剂型配方；二是通过试验选用适当的助剂——掺和剂。

农药掺和剂通常分为制剂配方用和喷施联用两大类。后者主要解决喷液相容性和稳定性问题，防止喷雾液浑浊、絮凝沉降、分层结晶等，还可以使已分层的喷液加入掺和剂后立即再混合均匀，保持适当的稳定期。此时的掺和剂具有悬浮剂或再悬浮剂功能。因此，可将其归入喷雾助剂之列。

1. 掺和剂组分

通常，制剂配方用掺和剂绝大多数是表面活性剂复配物。有同类表面活性剂复配物的，更常用的是不同类表面活性剂复配物，以非离子-阴离子复配物为主。用途为：①农药-液体化肥复合制剂用；②农药混剂用。而喷雾用掺和剂组成多数是同类表面活性剂复配物，以阴离子常用，只有少数非离子-阴离子复配物。

掺和剂的有效成分主要是阴离子和非离子两类农药表面活性剂，只有少数除草剂的掺和剂有阳离子组分，两性表面活性剂基本不用。

（1）阳离子掺和剂组分　主要包括：①烷基酚聚氧乙烯醚磷酸酯，单酯、双酯及混合物。②脂肪醇聚氧乙烯醚磷酸酯，铵盐和烷基胺盐。③脂肪硫醇聚氧乙烯醚磷酸酯，异丙胺盐。④双烷基酚聚氧乙烯醚磷酸酯，铵盐和烷基胺盐。⑤烷基酰胺丁二酸半酯磺酸异丙胺盐。⑥烷基酚聚氧乙烯醚丁二酸酯磺酸异丙胺盐。⑦烷基苯磺酸盐及烷基胺盐。⑧α-烯基磺酸异丙胺盐。⑨烷基酚聚氧乙烯醚甲醛缩合物硫酸盐。⑩脂肪醇硫酸盐。

（2）非离子掺和剂组分　主要包括：①烷基聚氧乙烯（丙烯、丁烯）醚。②烷基酚聚氧乙烯（丙烯、丁烯）醚。③聚烷氧基缩合物。④烷基芳基聚烷氧基醚。⑤脂肪酸及脂肪酸多元醇酯的烷基衍生物。⑥环氧乙烷与环氧丙烷嵌段共聚物。

2. 掺和剂的应用

（1）不同农药品种、不同类型制剂的桶混应用　桶混的化学相容性和物理相容性易观察到，生物学上的相容性要通过药效对比才能确定。物理不相容性是不同剂型或产品桶混经常遇到的问题。在桶混中，乳油的溶剂会聚集可湿性粉剂产品，产生油性聚集物，从而产生淤泥、沉淀或者明显分层。因此，使用不同类型制剂不同品种时，加到喷雾桶中的顺序十分重要。美国 Eli Lilly 公司推荐如下加料顺序：首先干胶悬剂、干悬浮剂或水分散粒剂，其次可湿性粉剂，再次为各种水基性胶悬剂，然后可溶液剂，最后乳油。

（2）农药-化肥桶混应用　目前应用的农药主要是除草剂、杀菌剂和杀虫剂乳油、可湿性粉剂、水基性胶悬剂、干胶悬剂和水分散粒剂与 28％或 30％含氮肥料、尿素、硝酸铵之类液体化肥桶混共喷施用。在应用上是为了使拖拉机和喷雾装置必须横跨田间时穿越次数最少，作物自由生长较容易，节省工钱。

农药-液体化肥桶混联用时经常遇到化学相容性和物理相容性问题。曾有农药-液体化肥的球罐法相容性试验推荐，首先加入可湿性粉剂，其次加入各种水基性胶悬剂，最后加入液剂和乳油。

（3）农药-液体化肥复合制剂用掺和剂　通常由液体化学农药和液体化肥制成乳油形态。配方设计中心是具有乳化能力的掺和剂，是特种乳油和特种乳化剂的设计。特殊性是指被乳化体系含有相当数量的液体化肥，它们都是强电解质化合物，要求乳化剂在大量高浓度电解质粒子（钾离子、铵离子等）存在下具有好的分散性、乳化性和乳状液稳定性，因此这是具有掺和性的特种乳化剂。

八、警示剂

1. 染料的作用

农药剂型加工中常用到一些染料，它们的作用主要有以下三个方面。

（1）防伪　染料有很复杂的化学结构，即使同一种色谱染料的结构也有很大差异。因此，剂型加工过程中可以将所加入的染料作为一种防伪手段。

（2）美饰　如不加入染料，固体制剂多以灰、白、褐色为主，影响美观。因此，为了改变其外观，需要加入一些染料使产品具有美观效果。

（3）警示　农药有除草剂、杀菌剂、杀虫剂等几大类。为了防止误用，常常通过外观色谱进行区分。特别是杀鼠剂，使用警示颜色便于人们区分。

2. 染料的种类

农药加工主要是利用染料的显色特征。染料类别很多，在农药加工中可以分为水溶性和油溶性两大类。

（1）水溶性染料　使用时遇水后可显色，使用时也可加水溶解，多用于水基性剂型加工中。固体剂型和液体剂型均可以加入此类染料，主要以酸性染料、碱性染料、直接染料、中性染料、阳离子染料、食品染料为主。

（2）油溶性染料　主要用于各种溶剂类剂型中，农药的溶剂多以苯、醇、酮、醚、植物油类为主，油溶性染料在溶剂中的溶解情况并不相同，选用时应先了解其应用性能。

3. 染料的使用方法

染料的使用方法有内加法和外加法两种。

内加法是将染料直接加入液体剂型中，或将粉体染料加入粉体农药中，然后再进一步加工成各种剂型。外加法一般是将染料溶于水中，成为染料液体，将其通过各种喷雾设备涂于颗粒剂表面。

染料在液体制剂中的使用较为简单，可以在搅拌釜中直接加入。但在固体制剂中的添加相对复杂，如果是粉体制剂，可以在粉碎前加入，也可以在粉碎后加入。其中粉碎前加入染料的比表面积会增大，外观显色相对明显。颗粒剂型加入染料一般有两种方法，一种是造粒前与各种助剂一起加入，造粒时加水显色，如水分散粒剂的加工多采用此方法。另一种方法是造粒后进行包衣染色，即造粒后将颗粒放入流化床中，染料加水溶解，颗粒在被热风吹动流化时向其进行喷雾包衣，染色后取出。此法特点是染料用量少，适合小批量产品的包衣。

4. 注意事项

（1）警示剂的组分　作为警示剂的染料是针对其应用对象添加了相应助剂，是商品染料，选用时应保证其内部组分不与农药的活性组分发生化学反应，否则会造成贮存稳定性不佳。

（2）pH 值　每种染料显色都有一定的 pH 值范围，而农药的贮存也有 pH 值要求。在选用染料时一定选择与农药相同的 pH 值应用范围，否则染料会变色，也会对农药活性成分产生降解作用。

（3）加入量　染料的加入量视要求的外观而定，固体制剂一般不超过 1%。根据实际应用，大部分在 0.2%～0.5% 之间。

（4）活性要求　所选择染料与农药活性成分应互为惰性，以保证贮存稳定，外观不易变色。如果见光保存，还要选择耐晒性能好的染料。

九、微生物农药的营养助剂

微生物农药在绿色无公害的食品生产、农业发展、生态环境保护以及高效、高产、优质农业的可持续发展中发挥着重要的作用。微生物农药助剂是微生物农药的核心成分，是微生物农药剂型的灵魂，包括载体、表面活性剂、保护剂、营养助剂。其中，载体、表面活性剂和保护剂是从常规助剂门类中筛选出的与活体微生物具相容性的成分，沿用化学农药所用助剂，很少有根据微生物特点开发的独特助剂。营养助剂是微生物农药制剂中一种特殊的助剂，其加入可以提高生防菌的繁殖力以及与有害物（植物病原物或害虫）的接触，从而提高制剂的防效，促进微生物在田间增殖生长。还有一些微生物农药制剂在工业生产应用的培养基配方中常加入碳源和氮源作为活体微生物所需的营养物质，使微生物自身顺利定殖并不断繁殖。如在解淀粉芽孢杆菌 X-278 片剂的研制中，对不同营养成分进行筛选，最终以葡萄糖为碳源、以花生饼为氮源作为解淀粉芽孢杆菌 X-278 的营养助剂。

十、飞防助剂

1. 概念

目前我国飞防专用药剂还较少，现有常规农药制剂难以获得稳定的防效，需要加入喷雾助剂弥补药剂的不足。航空植保中使用的喷雾助剂是专门针对航空喷雾易飘移、药液不稳定等研发的专用助剂，也叫飞防助剂。

2. 作用

由于在制剂配方中加入抗蒸发、抗飘失的成分局限于配方的组成，或者不能添加太多，或者造成配方体系不稳定，此时，添加飞防专用喷雾助剂能很好地解决这个问题，而且可降低农药的使用量。据报道，在不适宜作业条件下，在药液中加入1%的植物油型助剂，可减少20%～30%的用药量，可获得稳定的药效。国内外大量研究和田间试验结果表明，添加合适的喷雾助剂，能起到以下作用：

① 影响雾滴大小　加入合适的喷雾助剂后，药液的动态表面张力、黏度等性质发生变化，因此在相同的喷头和压力下，喷出的液滴大小发生变化。一般来说，油类助剂能够适当增加雾滴的粒径。

② 抗飘失　加入喷雾助剂后能够改变雾滴粒径分布，减少飘失。国外报道，在相同条件下，水的飘失量为21%，加入油类飞防助剂后飘失量变为13%。

③ 抗蒸发　试验表明，在相同条件下 25% 嘧菌酯悬浮剂的蒸发速度为 $4.28\mu L/(cm^2 \cdot s)$，而加入植物油型飞防助剂的蒸发速度为 $3.95\mu L/(cm^2 \cdot s)$。

④ 促沉积　加入飞防助剂后，助剂能够帮助药液很好地在植物体表润湿渗透，提高了农药沉积率。

3. 种类及发展现状

近几年随着航空植保迅速发展，对飞防助剂的研究也越来越多，但种类仍以植物油类和有机硅类的为主，也有高分子表面活性剂类产品在开发。在日本，飞防药剂已登记266种，占所有登记农药品种的6.2%；在韩国，飞防药剂已登记110种，占所有登记农药品种的3.6%。目前国内以改性植物油为主要原料开发出了适合飞机施药的飞防助剂"迈飞"，并于2014年投入市场，目前已发展成为我国飞防助剂第一品牌。随着飞防施药种类和作物的增加，在飞防作业中不断出现新的问题，对助剂的需求也不断朝着精细化方向发展。

主要参考文献

[1] Dipak K H, Aloke P. Role of pesticide formulations for sustainable crop protection and environment management: A review[J]. J Pharmacogn Phytochem, 2019, 8(2):686-693.

[2] Lin F, Mao Y, Zhao F, et al. Towards sustainable green adjuvants for microbial pesticides: recent progress, upcoming challenges, and future perspective [J]. Microorganisms, 2023, 11(2): 364.

[3] Lu Y, Wang A. From structure evolution of palygorskite to functional material: A review [J]. Microporous and Mesoporous Materials, 2022, 333: 111765.

[4] Nagy K, Duca R C, Lovas S, et al. Systematic review of comparative studies assessing the toxicity of pesticide active ingredients and their product formulations [J]. Environmental research, 2020, 181: 108926.

[5] Sakuma H, Tamura K, Hashi K, et al. Caffeine Adsorption on natural and synthetic smectite clays: adsorption mechanism and effect of interlayer cation valence[J]. The Journal of Physical Chemistry C, 2020, 124(46): 25369-25381.

[6] 白庆华, 李鸿义. 增稠剂的研究进展[J]. 河北化工, 2011, 34(7): 46-48.

[7] 蔡新华, 钱小君. 油脂抗氧化剂的研究进展[J]. 粮食与食品工业, 2013, 20(4): 33-36.

[8] 常贯儒, 陈国平. 聚醚改性硅油型消泡剂研究进展[J]. 科技信息, 2010(18): 422, 425.

[9] 陈歌, 许春丽, 徐博, 等. 聚羟基脂肪酸酯作为农药载体的研究进展 [J]. 农药学报, 2019, 21(Z1): 871-882.

[10] 陈耿鹤, 彭静, 梁骏浩. 农药助剂的使用管理现状研究 [J]. 广东化工, 2021, 48(22): 16-17, 56.

[11] 陈天虎, 王健, 庆承松, 等. 热处理对凹凸棒石结构、形貌和表面性质的影响[J]. 硅酸盐学报, 2006, 34(11): 1406-1410.

[12] 丁向东. 高性能农药载体凹凸棒粘土的研究进展[J]. 安徽化工, 2022, 48(3): 11-17.

[13] 董元彦, 路福绥, 唐树戈. 物理化学[M]. 3版. 北京: 科学出版社, 2008.

[14] 杜择基, 常春, 李洪亮, 等. 生物质基烷基糖苷表面活性剂制备与应用[J]. 现代化工, 2019, 39(4): 45-48.

[15] 冯建国, 路福绥, 郭雯婷, 等. 增稠剂在农药水悬浮剂中的应用[J]. 今日农药, 2009(5): 17-22.

[16] 冯建国, 路福绥, 武步华, 等. 有机硅消泡剂在农药加工中的应用现状和展望[J]. 农药科学与管理,

2010，31（1）：30-33.

[17] 葛成灿，王源升，余红伟，等. 泡沫及消泡剂的研究进展[J]. 材料开发与应用，2010，25（6）：81-85.

[18] 郭瑞，丁恩勇. 黄原胶的结构、性能与应用[J]. 日用化学工业，2006，36（1）：42-45.

[19] 华乃震. 农药分散剂产品和应用（Ⅰ）[J]. 现代农药，2012，11（4）：1-10.

[20] 华乃震. 农药分散剂产品和应用（Ⅱ）[J]. 现代农药，2012，11（5）：1-5，53.

[21] 黄建荣. 现代农药剂型加工新技术与质量控制实务全书[M]. 北京：北京科大电子出版社，2005.

[22] 姜虹，闫凤超，于文清. 微生物农药助剂研究进展[J]. 现代化农业，2020（1）：2-6.

[23] 蒋凌雪，马红，陶波. 农药助剂的安全性评价[J]. 农药，2009，48（4）：235-238.

[24] 李慧，路福绥，王祜英，等. 聚羧酸类分散剂在农药悬浮剂中的应用进展[J]. 中国农药，2011（3）：46-49.

[25] 李孟德. 海藻酸盐药物载体的制备与表征及动物实验研究[D]. 郑州：郑州大学，2021.

[26] 廖科超，李鹏飞，吴成林，等. 木质素磺酸盐在农药制剂加工中的应用[J]. 农药科学与管理，2018，39（11）：20-23.

[27] 凌世海. 从农药液体制剂中的溶剂谈农药剂型的发展[J]. 安徽化工，2010，36（5）：1-6，8.

[28] 凌世海. 固体制剂[M]. 3版. 北京：化学工业出版社，2003.

[29] 凌世海. 农药助剂工业现状和发展趋势[J]. 安徽化工，2007，33（1）：2-7.

[30] 刘广文. 染料加工技术[M]. 北京：化学工业出版社，1999.

[31] 刘永震，段文岗，张志强. 农药乳油有害溶剂替代工作进展现状及对策[J]. 现代农业科技，2019（2）：85-86.

[32] 马玉辉. 农药润湿渗透剂的选择与探讨[J]. 精细与专用化学品，2006（16）：22-23.

[33] 庞红宇. 农药行业中有应用前景的糖基类表面活性剂[J]. 世界农药，2020，42（8）：12-19，46.

[34] 乔凤云，陈欣，余柳青. 抗氧化因子与天然抗氧化剂研究综述[J]. 科技通报，2006，22（3）：332-336.

[35] 邵维忠. 农药助剂[M]. 3版. 北京：化学工业出版社，2003.

[36] 孙丽娜，张怀江，孙瑞红，等. 基于文献计量学的农药喷雾助剂研究动态[J]. 农药学学报，2020，22（2）：256-264.

[37] 陶钰恬，王晓波，王子旭，等. Pickering乳液的应用进展[J]. 广东化工，2020，47（12）：83-84.

[38] 王传奇，单常峰，杨承磊，等. 喷雾助剂类型及其在农业航空中的应用[J]. 现代农业科技，2021（16）：137-139.

[39] 王灏. 农药助剂的发展现状及研究进展[J]. 新农业，2019（23）：25-26.

[40] 王秀秀，冯建国. 浅谈乳化剂在农药剂型加工中的应用[J]. 中国农药，2009（10）：35-40.

[41] 王元兰，李忠海. 黄原胶溶液流变特性及应用研究进展[J]. 经济林研究，2007，25（1）：66-69.

[42] 王芸，吴飞，曹治平. 消泡剂的研究现状与展望[J]. 化学工程师，2008，22（9）：26-28.

[43] 吴志凤，刘绍仁. 加拿大对农药助剂的管理[J]. 农药科学与管理，2006，27（2）：50-53.

[44] 肖进新，赵振国. 表面活性剂应用原理[M]. 北京：化学工业出版社，2003.

[45] 徐坤华，史立文，张义勇，等. 脂肪酸甲酯磺酸盐的生产工艺与应用研究进展[J]. 精细石油化工，2017，34（06）：73-78.

[46] 杨杰，李红波，李晓辉，等. 氟环唑60%悬浮剂的研制[J]. 农药科学与管理，2013，34（8）：22-24.

[47] 于浣. 我国硅藻土做农药载体的研究[J]. 中国非金属矿工业导刊，2004（1）：24-25.

[48] 于宏伟，段书德，牛辉，等. 绿色农药增效剂的研究进展[J]. 江苏农业科学，2010，38（2）：142-143，167.

[49] 张春华，张宗俭，刘宁，等. 农药喷雾助剂的作用及植物油类喷雾助剂的研究进展[J]. 农药科学与管理，2012，33（11）：16-18.

[50] 张春华，张宗俭，姚登峰，等. 飞防助剂对航空植保产业发展的贡献[J]. 世界农药，2020，42（01）：

22-24.

[51] 张恒通，牛松，林树东. 不同分子结构分散剂的研究进展[J]. 材料研究与应用，2023，17(1)：9-23.

[52] 张宗俭. 农药助剂的应用与研究进展[J]. 农药科学管理，2009，30(1)：42-47.

[53] 刘广文. 现代农药剂型加工技术[M]. 北京：化学工业出版社，2013.

第三章

固体制剂

第一节 ▮▮▮
粉　剂

　　粉剂（dusts）是由原药、填料和少量助剂经混合、粉碎至一定细度再混匀而制成的一种常用剂型。粉剂可以直接喷粉，使用方便；药粒细，较能均匀分布；撒布效率高，节省劳动力，特别适宜于水源供应困难地区和防治暴发性病虫草害。

　　粉剂是农药加工剂型中最早的一类，起源于 20 世纪 30 年代末期，主要是无机或植物性杀虫剂直接粉碎使用。到了 40 年代，随着有机杀虫剂的大量出现，不但有固体原药，液态原药也出现了。因此，填料除起稀释作用外还要有吸附原药的载体作用。吸附性强的矿物填料也得到了空前发展，填料工业的发展反过来又促进了粉剂的发展，从这一时期到 20 世纪 60 年代中期，粉剂一直是农药加工剂型中的主要品种。到了 70 年代初期随着环境保护要求的提高，粉剂的生产量呈下降趋势。如日本在 1970 年粉剂产量占各种制剂总量的 56.8%，1978 年下降到 41.4%，到 1980 年下降到 39.7%；一些发达国家如美国、德国等已经很少使用粉剂。我国 1981 年粉剂产量仍在 100 万吨以上，占各种制剂总量的 2/3。1983 年，国内禁止生产滴滴涕和六六六原药，粉剂的比重随之下降。截至目前，我国登记的粉剂仅剩几十种，大部分为杀虫剂。

一、粉剂的种类

　　粉剂一般分为两类：浓粉剂和田间浓度粉剂。浓粉剂的有效成分一般高于 10%，使用前需要稀释，主要供拌种、土壤中施用；田间浓度粉剂的有效成分含量低于 10%，可直接用于大田喷粉。按细度大小，粉剂可分为一般粉剂、无飘移粉剂、超微粉剂三大类。

一般粉剂（dustable powder），也称通用粉剂或粉剂，其粉粒细度平均直径 10～30μm。一般粉剂中 10μm 以下粉粒占有相当大的比例。实验证明最容易飘移的是粒径在 10μm 左右的粒子，因飘移较严重，它已逐渐被其他粉剂或剂型所代替。

无飘移粉剂（drift-less dustable powder），即不飘移或飘移少粉剂。粒径平均为 20～30μm，是 20 世纪 70 代初日本首先发明的。为克服传统粉剂的飘移性，将 10μm 以下微粒以机械筛除或加入聚凝剂如液体石蜡、淀粉糊等，将其凝结以减少飘移。

超微粉剂（fio-dust）是在由吸油率高的矿物微粉和黏土微粉所组成的填料中加入原药（其量约为普通粉剂的 10 倍）混合后，再经气流粉碎机粉碎到 5μm 以下的一种粉剂。撒布时粒子不凝集，以单一颗粒在空中浮游、扩散，然后均匀地附着在植株各个部位，因而防效好。此外，微粉剂不像熏烟剂那样，使用时需加热，因此受热易分解的各种农药如有机磷农药都可以加工成这种制剂。微粉剂可用常用的背负式动力喷粉机从户外向室内喷粉，具有施药简单、时间短、使用者安全等优点。这种粉剂由于粉粒细而易飘移，只能用在密闭的温室内，而不能在大田应用，粒子通过飘移扩散可均匀地附着在密闭植株枝叶的正面和反面，防效高，省时省工又安全。三种粉剂的物理性状参见表 3-1。

表 3-1　三种粉剂主要物理性状比较

项目	DL 粉剂	一般粉剂	FD 粉剂
细度	95%通过 320 目筛	95%通过 320 目筛	95%通过 320 目筛
平均粒径	20～25μm	10～30μm	<5μm
10μm 以下比例	<20%	50%左右	100%
容重	0.7～1.0	0.5～0.7	<0.1
浮游指数	8～11	44～46	>85
流动性	<30s	30～60s	—
吐粉性	>700mL/min	>1100mL/min	>1100mL/min

注：DL 粉剂为无飘移粉剂；FD 粉剂为超微粉剂。

二、粉剂的特点

（1）粒度与药效　粉剂的粒度通称为细度。粉剂的细度通常以能否通过某一孔径的筛目表示。现行的筛目有两种标准：筛目号数表示每英寸（1 英寸＝2.54cm）宽筛网的筛线数目，例如，200 号筛目的筛网，每英寸宽应有 200 条筛线，每平方英寸有 40000 个筛孔；筛目号数表示每平方厘米面积的筛网所有筛目个数，例如，1600 号筛目即每平方厘米面积的筛网有筛孔 1600 个，每厘米筛网有线 40 条。这两种标准中的前者较为普遍采用，其筛目号数与其筛孔内径见表 3-2。

表 3-2　筛目号数与其筛孔内径对照表（美国泰勒标准）

筛目号数	筛孔内径/μm	筛目号数	筛孔内径/μm	筛目号数	筛孔内径/μm	筛目号数	筛孔内径/μm
10	1680	32	500	80	177	200	74
14	1190	35	420	100	149	250	63
20	840	42	350	115	125	270	53
24	710	48	297	150	105	325	44
28	600	60	250	170	88	400	37

　　杀虫剂或杀菌剂的粉剂在使用时无论是喷粉或泼浇，粉粒的大小和分布对其效果有显著的影响。在一定粒径范围之内，原药粉碎愈细，生物活性愈高。如触杀性杀虫剂的粉粒愈小，则每单位质量的药剂与虫体接触面积愈大，则触杀效果愈强；在胃毒药剂中，药粒愈小愈易为害虫所吞食。因此，一方面要求药粒尽可能细，但另一方面，由于药粒过细，有效成分挥发加速，使药剂的持效期大为缩短，喷粉时容易飘移和容易从防治物上被风吹走而污染环境，反而会降低药效。所以，在确定粉剂的细度时，要根据原药的特性，权衡各方面的利弊，选择合适的粒径，以便充分发挥药效。

　　（2）流动性　粉剂的流动性常以坡度角表示，一般要求粉剂的坡度角在 65°～75°。坡度角大的粉剂流动性差，反之流动性好。粉剂流动性好，在粉碎过程中可避免机械的阻塞以及在包装过程中减少管路的阻塞，在使用时容易从喷粉器中喷出，并且喷出的粉剂不易絮结。

　　（3）容重　又称假密度，分疏松容重和紧密容重。在一定条件下，粉剂自由降落到一定体积的容器中，单位体积粉剂的质量称为疏松容量（g/cm^3）。按规定条件，将盛有粉剂的容器从一定高度反复跌落一定次数后，所测得的单位体积的质量称为紧密容重（g/cm^3）。

　　粉剂的容重决定包装袋的容积和仓库的大小。农药在地面覆盖度和被风雨所流失的程度、穿透叶丛能力、沉没水中之难易、加工处理和使用方便与否以及包装价格都受到粉剂容重的影响。粉剂的容重和所用填料的密度、有效成分的种类和浓度以及粉剂的细度有关。

　　（4）分散性　粉剂的分散性是指粉剂由喷粉器中喷出时粒子之间的分散程度，常以分散指数表示。

$$分散指数 = [(10-m)/10] \times 100$$

式中，m 为供测样品量，g。其为吹入一定气流后，玻璃过滤器中残留物的质量。

粉剂的分散指数大的，则粒子之间凝聚力小，易分散，适宜于喷粉器喷粉，喷出的粉粒分布也均匀；反之，分散指数过小，则粉剂粒子易于凝聚，难喷洒，喷出的粉粒分布均匀性亦差，因此要求一般粉剂的分散指数应大于 20。

（5）吐粉性　吐粉性是指在一定条件下，喷粉器的喷粉能力。要求一般粉剂的吐粉性大于 1100mL/min，吐粉性可用下式表示：

$$吐粉性＝校正指数×1min 内吐出量（mL/min）$$

（6）浮游指数　浮游指数表示粉剂飘移飞散的程度。浮游指数大的，粉剂容易飘移污染环境和邻近的作物，要求一般粉剂的浮游指数在 20～60，DL 粉剂要求小于 20，而利用浮游特性的微粉剂必须大于 85。

（7）水分　水分对粉剂的物理和化学性能有着重要的影响。粉剂中水分含量过高，在堆放期间不仅易结块，使粉剂失去流动性和分散性，给使用带来不便，而且还会加剧有效成分的分解，从而导致产品质量下降，药效降低。因此，必须严格控制粉剂中的水分含量。我国一般规定粉剂水分含量在 1.5% 以下。

（8）黏着性　黏着性是指粉剂黏附于防治对象上的能力，粉粒的大小和形状是影响黏着性的主要因素。黏着性好的粉剂能均匀地、牢固地黏附而不易被气流和雨水冲走，能充分发挥药效。为了增强粉剂的黏着性，可在粉剂中添加少量的黏着剂。

（9）稳定性　稳定性是指粉剂在贮存期间吸潮、结块和有效成分分解的程度。

粉剂不易被水湿润，也不分散或悬浮在水中，故不能加水作喷雾使用。粉剂因粉粗细小，易附着在虫体或植株上，而且分散均匀，易被害虫取食。粉剂使用方便，适于干旱缺水地区。因成本低，价格便宜，但附着性差，其残效期比可湿性粉剂、乳油的残效期要短，而且易污染环境。低浓度粉剂可直接喷粉用；高浓度粉剂供拌种、制作毒饵、土壤处理用。

三、粉剂的组成

粉剂一般由有效成分和填料组成。有的粉剂还含有少量的助剂，以增强粉剂的稳定性、黏着性和流动性。

（1）原药　杀虫剂、杀菌剂、除草剂和植物生长调节剂，都可加工成粉剂。从总体上讲，杀虫剂加工成粉剂比杀菌剂和除草剂多。加工成粉剂的原药一般是熔点较高的固体原粉，也有的是液态原油。

（2）填料或载体　一般要求含砂量低，以减轻磨损，酸碱度以不引起成分分解，不与有效成分发生化学反应为原则，一般在 5～7 范围内。主要填料如下：

① 硅藻土　其主要成分为 SiO_2，有的高达 90% 以上。硅藻土的结构为由蛋白石状的硅所组成的蜂房状晶格，有大量的微孔，有的孔径仅有几微米，比表面积很大。在粉碎过程中，随着粒度的减小而增加的面积对总面积影响很小。它具有假密度小、孔隙率大、吸附容量大的特性。因此，广泛用作制造高浓度粉剂或可湿性粉剂的填料，或者和吸附容量小的填料混合，用以调节粉剂的流动性。

② 滑石粉　又称为惰性粉。主要用作低浓度粉剂的填料，特别适合作有机磷粉剂的填料。由于它们的吸附容量小，不宜作为可湿性粉剂的载体。

③ 蒙脱石　蒙脱石在水中能吸附大量的水分子而膨润分裂成极细的粒子形成稳定的悬浮液。因此，它适合作可湿性粉剂的填料以及胶悬剂的黏度调节剂和分散剂，使胶悬剂体系稳定。大多数有机农药是极性有机化合物，可利用蒙脱石极大的内表面的吸附作用加工成高浓度粉剂。另外，这类填料表面积和阳离子交换容量大、吸水率大、活性点多，用它配制的有机磷粉剂贮藏稳定性差，所以不宜作为低浓度的有机磷粉剂的填料。

④ 膨润土　膨润土有大量的可交换阳离子和特大的表面积（一般在 250～500m^2/g），故有较高的吸附容量，可加工高浓度可湿性粉剂。同时，膨润土能大量吸附水分子，自身膨润分裂成极细的粒子，形成稳定的悬浮液，膨润土含砂量很少，一般都在 1% 以下，这些均对提高加工制剂的悬浮率大有好处。因此，膨润土是农药可湿性粉剂较好的载体。

⑤ 高岭土　一般用作低浓度粉剂的填料。但它的基本颗粒较之滑石、叶蜡石细，假密度小，孔隙率大，因此用它作液态或蜡状农药的填料时，在达到饱和吸附容量之前，有效成分的浓度也较之用滑石和叶蜡石为填料的高得多，因此它们也有可能作为较高浓度粉剂的填料。此外，即使它们的细粒结成块状，但在水中易分散，所以也很适合作可湿性粉剂的填料。

⑥ 陶土　我国农药粉剂和可湿性粉剂常用的载体。由于各地陶土所含成分极不相同，故其密度、硬度、含砂量和吸附性能等均不相同。一般来说，对吸附能力高，含砂量少的可作为可湿性粉剂的载体。考虑到我国陶土资源丰富，各地几乎都有，既可就地取材，又可降低成本，故可对其性能测定后，选择使用。

⑦ 凹凸棒土　其多孔性和高吸附容量，适合作高浓度粉剂和可湿性粉剂的填料。

⑧ 白炭黑　人工合成的水合二氧化硅，含二氧化硅 85% 以上。比表面积大，吸附容量和分散能力都很强。比表面积可高达 100～200m^2/g，吸油率可达 200mL/100g，故为农药可湿性粉剂的理想载体。白炭黑作为载体，价格较高，一般应用于高档高浓度的可湿性粉剂加工中，或与其他载体复配使用。

⑨ 复合填料　由两种或两种以上的填料配合而成。如用滑石粉为填料将液体

农药加工成粉剂时，可加入少量吸附容量大的硅藻土或白炭黑，以便于粉碎和防止结块；黏土类作粉剂的填料可加入少量的硅石（二氧化硅）以改善粉剂的流动性；用复合填料作颗粒剂的载体有时可以达到不同释放速度、延长药效和增加药效之目的；为调整粒剂在水中的崩散性和扩展性，常在黏土载体中加入膨润土；具有一定性质的填料在数量上不能满足时，有时也将2～3种填料混合使用。

（3）其他助剂　为了充分发挥有效成分的药效，保证制剂的质量、方便使用和满足生产工艺的要求，在生产粉剂时，可加适量的助剂。

① 抗飘移剂　常用的抗飘移剂主要有二乙二醇、二丙二醇、丙三醇、烷基磷酸酯、烷氧化磷酸酯类、丙三醇的环氧乙烷或环氧丙烷加成物、棕榈油、大豆油、棉籽油等植物油类。

② 分散剂　常用品种有烷基磺酸盐、萘磺酸盐、烷基萘磺酸盐、烷基酚聚氧乙基醚磺酸盐、脂肪醇环氧乙烷加成物磺酸盐和烷基酚等。

③ 黏着剂　常用的黏着剂品种有天然动植物产品如矿物油、豆粉、淀粉、树胶等；表面活性剂类型的黏着剂如烷基芳基聚氧乙基醚、脂肪醇聚氧乙基醚、烷基萘磺酸盐和木质素磺酸盐等。

四、粉剂的加工

1. 粉剂的加工方法

粉剂的加工方法，视原药和助剂的物理状态而定。如原药和助剂都是易粉碎的固态物，先将它们和填料按规定的配比进行混合、粉碎、包装；如果原药和助剂呈黏稠状，则将它们热熔后，再依次均匀地喷布于填料粒子表面，混合均匀后进行包装；如果原药和助剂都是液体状态，流动性又好，可直接喷布于填料粒子表面，混合均匀后进行包装；如配制混合粉剂，一种有效成分为固体，另一种为液体原油，先将固体原药和填料混合、粉碎后，再进行混合，同时在后混合过程中将液体原油喷入，混合均匀后再进行包装。

（1）直接粉碎法　将原药、填料、助剂一起粉碎混合而成。

（2）浸渍法　利用挥发性的溶剂如氯仿、丙酮、二甲苯、醇类等把原药溶解，然后与一定细度的粉状载体混拌均匀。由于溶剂价格贵，该法只在实验室内配制少量样品时使用。

（3）母粉法　先将原药和载体混合粉碎成高浓度的母粉，运输到使用地，再与一定细度的粉状载体混合成低浓度的粉剂出售使用。由于气流粉机等先进设备的使用和强吸附性填料的广泛应用，母粉法成为可能，而且具有明显的优越性，贮藏稳定性提高，避免长途运输大量填料而节省了运费。因此，粉剂的加工法趋向于母粉法。

2. 粉剂的加工工艺

粉剂加工工艺大体上分为：填料的干燥、冷却，填料、原药等的混配、磨细、混合，农药粉剂产品的包装，共计六道工序。其中填料的干燥和冷却一般是采用转筒干燥机和冷却机，整个干燥和冷却是连续操作。而混配、磨细、混合均系间歇操作，在混配工序中，其填料的计量和加入一般采用料斗半自动控制、机械投加的方式。液体原油的加入国内有的工厂在雷蒙机前加入，也有的在混合机内加入，由于采用压缩空气喷加的自动计量装置，操作人员脱离了添加原油的现场，较为安全。磨细工艺的主要生产设备是雷蒙机，其生产工艺大体为吹风型和吸风型两种。混合设备大都采用回转容器型的滚筒混合机，近几年来在我国发展了气流混合，有正压操作的沸腾混合，也有负压操作的真空混合。另外，新型混合设备——双螺旋锥形混合机和犁刀式混合机也开始使用。包装，以小口包装机为主，目前采用半自动化生产线进行后加工，整个农药粉剂加工生产工艺流程见图3-1。

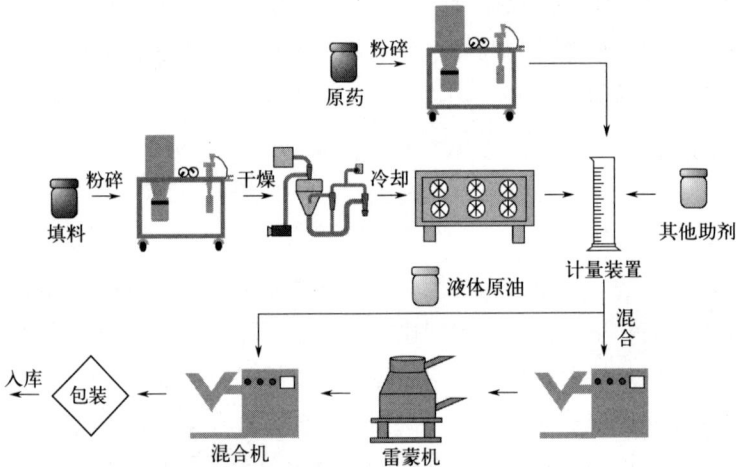

图 3-1　粉剂加工工艺流程图

（1）干燥　农药粉剂加工过程的第一道工序，主要任务是完成对农药粉剂填料的干燥。农药粉剂对水分含量要求较严，填料所含水分将直接影响到产品的质量，故填料的干燥是农药粉剂加工的重要环节。

农药粉剂加工的干燥基本上采用对流式干燥。主要设备为转筒干燥机、气流干燥机、立窑等。大部分工厂采用转筒干燥机，其干燥过程全部实现了连续化。

（2）冷却　农药粉剂加工中的第二道工序，目的是将干燥后的陶土进行降温，以利于下一步的粉碎、磨细。目前国内常用的冷却工艺主要有三种：料仓自然冷却、转筒冷却、气流冷却。

（3）混配　将农药原料、填料及其他助剂按一定的比例进行混配的一道工序。

计量的准确程度和混配的分散均匀程度将直接关系到产品的质量和工厂成本。国内均采用一步混配法，配好的物料也不经混合机混合，直接送入雷蒙机去粉碎、研磨。填料的称重一般采用料斗半自动计量方法。物料的进出称量斗全部采用星形给料机，物料的输送采用螺旋运输机和斗式提升机。磅秤上装有微动开关或水银触点，以自动发出计量结束信号。整个计量系统全都采用电器连锁进行控制，效果较好。

对于液体农药来说，有在进入雷蒙机前混配加入的，也有将原油直接喷入混合机进行混合，不再进行粉碎、研磨的。一般来说，原油在进入雷蒙机前加入，产品质量要好，但有毒物污染雷蒙机严重，特别对毒性大的农药来说，会使不安全因素增加。原油在混合机内喷加，有毒物污染的设备必然减少，检修时较安全。但其产品易形成小团，原油分布不均匀，故最好再增加一道粉碎和混合步骤，以提高产品质量。

（4）磨细　磨细是农药粉剂加工中的关键工序，是直接保证产品细度指标的重要一环。由于粉碎及研磨设备的不同，磨细生产工艺也不同。通常采用的粉碎与磨细设备有万能粉碎机、雷蒙机、超微粉碎机和气流粉碎机等。

（5）混合　在农药粉剂加工中，混合过程是控制农药中有效含量均匀分布的一个重要步骤。目前常用的混合设备分为回转容器型和固定容器型两大类。

（6）包装　经过上述加工后的产品，通过自动包装机进行定量包装。

五、粉剂的技术指标

根据中华人民共和国化工行业《农药粉剂产品标准编写规范》（HG/T 2467.4—2003）标准规定，农药粉剂的技术指标如下：

（1）外观　自由流动的粉末，不应有团块。

（2）有效成分含量（％）。

（3）杂质含量（％）。

（4）水分，一般要小于5％。

（5）pH值范围，根据实测结果而定。

（6）细度（通过75μm试验筛），一般要求≥98％或≥95％。

（7）热贮稳定性　一般要求（54±2）℃贮存14天，有效成分分解率≤10％。

1. 细度的测定方法

分为湿筛法和干筛法，是用一定目数的筛来筛分，通过筛上残留量与总重量来计算，计算公式如下：

$$X(\%)=[(m-m_1)/m]\times100\%$$

式中，m为粉剂样品的重量；m_1为筛上残余物的重量。

2. 流动性测定

将10～15g的粉剂样品放入漏斗中，用铅笔轻轻敲打1～2下漏斗的下口，如

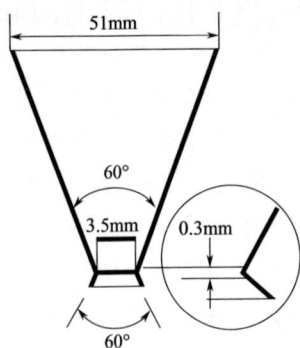

图 3-2 测定粉剂流动性装置

果粉剂开始流动（是指物质在标准漏斗连续成流、自由地流通至少 15s），此粉剂流动性指数为 0。如果此时不流动，则另称取（5±0.1）g 砂，摇动使其充分混合均匀（至少 5min），小心地倒入漏斗中，轻轻敲打漏斗下口，观察是否流动。若该混合物仍不能从小孔流出，放回玻璃瓶中，混入另一份（5±0.1）g 砂，如此重复直到流动为止。粉剂流动性测定方法见图 3-2。

3. 分散性指数测定

将被测样品在温度 20～25℃、湿度 60%～80% 的室内放置 2 天后，称取 50g，放入 200mL 烧杯中，搅拌均匀。在普通天平上称取 10g，移到玻璃砂过滤器中，并使表面尽可能平整。然后开启空压机，使达到最大压力，调节空气变换器活塞，使两次空气压力表数为 $1kg/cm^2$。把加入试样的玻璃砂过滤器装在指定位置上，全部连接好后，开启空压机，以 35L/min 的风量通气 11s，停机关闭阀门，取下并称量玻璃过滤器中的残留物重量（W），按下式计算分散指数：

$$分散指数(\%)=[(10-W)/10]\times100\%$$

4. 浮游指数的测定

将试样在散粉箱内散粉 30s，再将浮游在箱内的粗微粒子捕集到盛水的集尘管内，在波长 610nm 处测定透过率，按下式求出浮游性指数：

$$浮游性指数=100-透过率$$

由于分光光度计的机种不同，测定值有偏差，采用特殊的分光光度计或用标准粉剂进行比较测定，可消除由于机种的不同和散布条件的微小差别的影响，从而提高测定值的精确度。

第二节
可湿性粉剂

可湿性粉剂（wettable powder，WP）是由不溶于水的原药与载体、表面活性剂（润湿剂、分散剂等）、辅助剂（稳定剂、警色剂等）混合制成的粉碎得很细的易被水润湿并能在水中分散悬浮的粉状农药制剂。此种制剂在用水稀释成田间使用浓度时，能形成一种稳定的、可供喷雾的悬浮液。一般来说，可湿性粉剂是一种农药有效成分含量较高的干制剂。在形态上，它类似于粉剂；在使用上，它类似于乳油。可湿性粉剂顾名思义，是指可以湿法使用（即加水喷雾使用）的一种粉状制剂。但又因它能分散成稳定的悬浮液，也称为可分散性粉剂（dispersible powder）。

可湿性粉剂是一种有效成分含量高的干制剂，形态上类似于粉剂，使用上类似于乳油，也是我国农药四大基本剂型之一。这种剂型历史悠久，加工技术比较成熟，和乳油相比，它不需要有机溶剂和乳化剂。它又具有粉剂同样的优点，包装运输费用低，贮运安全方便等。

可湿性粉剂是农药剂型中历史最为悠久的基本剂型之一。农药剂型的发展是随着农药活性成分的发展和为了满足活性成分生物效果的发挥而发展起来的。在化学防治技术的初期（1883年以前），为了防治病虫或其他有害生物，人类主要依据经验而采取植物源（如烟草、百部、青蒿等）和矿物源（如硫黄、砒霜、雄黄等）物质进行简单加工（如研磨、捣碎等）后直接使用（粉剂的雏形）。直到1883年，Millardet在化学家Gayon的配合下对石灰和硫酸铜反应产物的化学和毒理学性质进行了详细的研究之后，发现把这种胶状的杀菌剂均匀喷洒可以获得满意的防治效果，促使了农药剂型的研究并逐步形成了可湿性粉剂的雏形。波尔多液研究所取得的巨大成功，极大地推动了近代化学防治时期无机农药的广泛应用和对农药剂型加工原理的研究；这一时期，人类已经研究明确了波尔多液的优异防效与胶状颗粒在植物叶面上的黏附能力有关，并开始较为系统地研究通过具有润湿性能助剂的应用改善药液在靶标上的黏附量。

第二次世界大战后，农药可湿性粉剂得到发展和广泛应用。有机氯、有机磷、氨基甲酸酯、拟除虫菊酯等有机合成农药品种得到了广泛应用，彻底改变了农药工业的品种结构，使世界农药由无机时代进入有机时代。大量有机合成农药品种的面世，大量高活性高效品种的诞生，促使农药剂型研究工作者必须正确分析不同性质的品种，并及时回答在农药使用量由每亩几百克降到几十克的情况下，如何使农药很好地均匀分布到田间作物或有害生物上这一实际问题。在这种压力下，在其他科学技术（特别是化学、涂料、染料和医药工业）日益发展的背景下，不同领域科学技术的分享，促进了农药可湿性粉剂的诞生和空前发展。随后专用载体填料，高效合成功能助剂品种的不断出现，气流粉碎技术的发展和清洁生产工艺的应用等，使得农药可湿性粉剂的研发体系更加完善。杀虫剂、杀菌剂、除草剂中很多有效成分大量加工成可湿性粉剂，其中包括了许多有机磷、氨基甲酸酯、拟除虫菊酯类农药，还包括了许多在常温贮藏条件下为液体原油的农药。大量商品化助剂和性能测试手段的标准化，使农药可湿性粉剂产品性能得到大幅度提升。反映可湿性粉剂产品质量的两个主要技术指标标准要求不断提高：润湿时间普遍要求小于1min，悬浮率也逐渐要求高于80%。1983年我国停产六六六、滴滴涕之前，粉剂和可湿性粉剂为主导剂型，1981年二者占到了农药总产量的83.0%；1983年以后乳油和可湿性粉剂成为主导剂型，长期以来占农药总剂型的60%以上。这一时期，农药可湿性粉剂是农药产品产量和生产产量最大的基本剂型之一。

进入 21 世纪后，能源、环境、健康等问题日益突出并引起社会高度关注，对农药的管理也逐渐从过去的注重质量逐步转向注重安全。原有加工成可湿性粉剂剂型的农药有效成分逐步向悬浮剂、水分散粒剂等剂型多元化方向发展。

一、可湿性粉剂的组成

1. 原药

可湿性粉剂兑水稀释后多用于叶面、土表及水面喷雾。一般来讲，用同一种农药防治同一种害虫，可湿性粉剂优于粉剂；持效性方面优于可溶粉剂；触杀效果略差于乳油。防治卫生害虫时，对墙壁进行滞留性喷雾，其防效要优于乳油。

固体原药，熔点较高，易粉碎，适宜加工成粉剂或可湿性粉剂，根据剂型加工理论和经验，一般固体原药（熔点 80℃以上）可以优先选择加工成可湿性粉剂等固体制剂，液体原药或低熔点（熔点 80℃以下）固体原药不主张优先选择加工成可湿性粉剂。如需制成高浓度或需喷雾使用时，则应加工成可湿性粉剂，但很少加工成乳油。如果原药不溶于常用的有机溶剂或溶解度很小，那么该原药大多加工成可湿性粉剂。大多数杀菌剂原药都是固体，且不溶于常用的有机溶剂，化学性质稳定，故大多加工成可湿性粉剂。

原油如需制成中等浓度及以下的制剂，也可加工成可湿性粉剂，但更高浓度的可湿性粉剂很难加工。

防治卫生害虫用的杀虫剂，主张加工成可湿性粉剂。主要考虑到采用滞留性喷雾时药效高、持效长的特点，并可避免有机溶剂对人的危害。

近年来，由于大量优质助剂的开发和商品化、标准化载体及高吸油率合成载体的生产，加工设备和技术的成熟，可湿性粉剂的研制、开发更加完善。目前，杀虫剂、杀菌剂、除草剂的很多品种大量加工成可湿性粉剂。不但原粉大量加工成可湿性粉剂，原油也成批地生产可湿性粉剂。因此，仅从技术可行性的角度来看，可以说，大多数农药均可加工成可湿性粉剂。

2. 主要助剂

可湿性粉剂的主要助剂有润湿剂、分散剂、稳定剂等。

（1）润湿剂　按来源不同，润湿剂可分为两类，即天然产物润湿剂和人工合成润湿剂。茶枯、皂角粉、无患子粉、蚕沙等属于天然产物润湿剂，该类润湿剂来源方便，但效果不如人工合成润湿剂。人工合成润湿剂是指人工合成的用作润湿剂的表面活性剂。按照合成润湿剂的化学结构，可分为阴离子型和非离子型两类。

① 阴离子型表面活性剂的润湿剂：硫酸盐类如月桂醇基硫酸钠，磺酸盐类如十二烷基苯磺酸钠、拉开粉、单烷基苯聚氧乙烯基醚丁二酸磺酸钠等。

② 非离子型表面活性剂类的润湿剂：如月桂醇（基）聚氧乙烯基醚（JFC）、辛基酚聚氧乙烯基醚等。

（2）分散剂　分散剂的种类较多，常用的分散剂有以下几种：亚硫酸纸浆废液及其干涸物；以木质素及其衍生物为原料的一系列磺酸盐；以萘和烷基萘的甲醛缩合物为基础的一系列磺酸盐；一部分分子量较大的硫酸盐（SOPA）；环氧乙烷与环氧丙烷的共聚物及另外两类，即水溶性高分子物质和无机分散剂等。

（3）其他助剂　如渗透剂、展着剂、稳定剂、抑泡剂、防结块剂、警色剂、增效剂、药害减轻剂等。

3. 载体

载体是农药可湿性粉剂必不可少的原料。使用载体的目的主要是将农药原药、助剂均匀地吸附、分布到载体的粒子表面，使农药稀释成为均匀的混合物。目前我国可湿性粉剂的载体主要有膨润土、高岭土、活性白土、凹凸棒土、硅藻土、白炭黑等，有时还将载体复配使用。

二、可湿性粉剂的加工

1. 可湿性粉剂的粉碎

可湿性粉剂剂型加工的最基本要求是把农药有效成分及其配方组分加工成规定细度的微细颗粒，而可湿性粉剂微细颗粒的细度是通过粉碎来完成的。

（1）可湿性粉剂的细度　联合国粮农组织（FAO）长期以来要求可湿性粉剂细度（湿筛法）为 89% 以上通过 $75\mu m$ 标准筛（即 200 目标准筛），我国一般要求可湿性粉剂细度（湿筛法）为 95% 以上通过 $44\mu m$ 标准筛（即 325 目标准筛），这是对可湿性粉剂细度的最基本要求。在实际加工中，随着粉碎及加工技术的发展，农药发达国家对可湿性粉剂细度的要求已经远远高于 FAO 标准，例如，日本要求 $5\sim7\mu m$，美国要求 $3\sim5\mu m$。

（2）可湿性粉剂的粉碎　可湿性粉剂的粉碎过程，一般就是利用外加机械力部分破坏物质间的内聚力，使农药有效成分及配方组分的大颗粒变小颗粒，即将机械能转变为表面能的过程。可湿性粉剂早期主要使用雷蒙机，目前普遍使用气流粉碎机。

2. 可湿性粉剂的分散

流动性是可湿性粉剂加工与使用中必须面对和正确解决的关键问题，也是可湿性粉剂产品的重要技术指标。粉碎使可湿性粉剂粒径大幅度减小的同时，也促使可湿性粉剂颗粒表面积大幅度增加，这种颗粒表面积增加的最直接效应就是颗粒间相互作用复杂化，从而带来可湿性粉剂分散体系的稳定性问题。

（1）可湿性粉剂颗粒间的相互作用　可湿性粉剂剂型加工所追求的是尽可能小

的颗粒细度和尽可能大的比表面积，带来的直接结果就是粉碎前后体系中颗粒间相互作用力的巨大变化。

（2）可湿性粉剂的分散　可湿性粉剂的分散主要指可湿性粉剂制剂分散体系颗粒间的分散和可湿性粉剂使用中兑水分散。此处指前者。

可湿性粉剂分散体系颗粒间的分散实质上属于气-固分散体系的颗粒分散，颗粒在空气中的分散途径有机械分散、干燥处理和颗粒表面处理，机械分散就是指用机械力把颗粒聚集块打散；干燥处理主要是去除因潮湿空气或物料含水过高在颗粒间造成的液桥作用力，可湿性粉剂加工过程中干燥物料或控制水分含量也是避免颗粒团聚和解决制剂流动性的有效手段；最有效的手段是加入分散剂等表面活性物质，其原理是在粉碎过程中加入的这些表面活性物质可以和粉碎颗粒表面不断形成吸附，并产生足够强的双电层静电排斥或空间位阻排斥效应，减小甚至消除了颗粒间的黏附作用力，从而有效地解决了可湿性粉剂体系中的颗粒分散问题。

可湿性粉剂的生产工序大体上可分为：填料的干燥、冷却，原药、填料和其他助剂的混配、磨细、混合，可湿性粉剂产品的包装，共计六道工序。其中填料的干燥和冷却一般采用滚筒干燥机和冷却机，整个干燥和冷却采用连续操作。而混配、磨细、混合均系间歇操作。在混配工序中，其填料的计量和加入一般采用料斗半自动计量、机械投加的方式，而固体原药和助剂的计量加入，基本上是手工操作。磨细工序的主要生产设备是雷蒙机，其生产工艺大体为吹风型、吸风型和全排风型三种。近几年来也使用超微粉碎机进行粉碎，虽产品质量有所提高，但因从填料加工开始，到成品产出的整个生产过程仅是二次粉碎、一次混合，故产品的细度和悬浮率与国外仍有较大差距。混合大都采用滚筒混合机进行混合，近年来也在推广使用双螺旋锥形混合机等新型设备。农药可湿性粉剂典型的生产流程如图 3-3 所示。

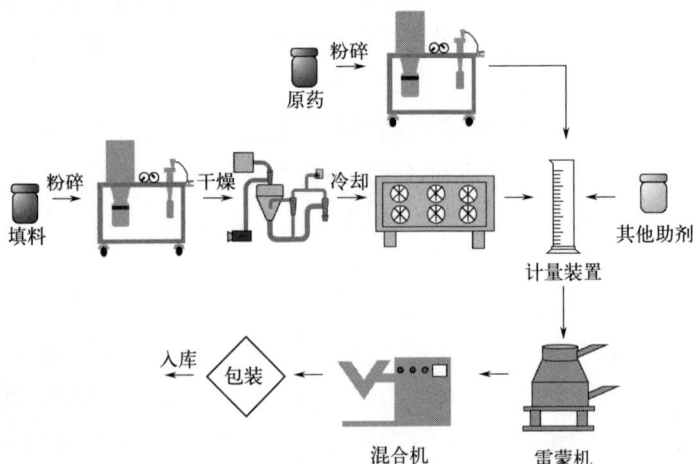

图 3-3　可湿性粉剂加工流程图

三、可湿性粉剂的加工实例

实例一：40％虫螨脒可湿性粉剂

原药：虫螨脒（含量97％）	41.245％
分散剂：Morwet D-425	3.5％
润湿剂：Morwet EFW	1.5％
载体：高岭土	加到100％

实例二：80％莠去津可湿性粉剂

原药：莠去津	80％
分散剂：Morwet D-425	2.00％
润湿剂：Morwet EFW	1.00％
载体：高岭土	加到100％

实例三：50％百菌清可湿性粉剂

原药：百菌清	53.0％
分散剂：Morwet D-425	3.00％
润湿剂：Morwet EFW	2.00％
载体：高岭土	加到100％

注：Morwet D-425 为烷基萘磺酸甲醛缩聚物的钠盐；Morwet EFW 为烷基萘磺酸盐和阴离子湿润剂的混合物。

四、可湿性粉剂的性能指标

可湿性粉剂的性能是根据药效、使用情况、贮藏情况、运输情况等各方面要求提出的，主要是流动性、润湿性、分散性、悬浮性、起泡性、物理和化学贮藏稳定性、细度、水分含量等。这些性能也是评价可湿性粉剂质量的主要因素。

（1）流动性　流动性通常以坡度角表示，坡度角越大，流动性越差；反之，流动性好。可湿性粉剂的流动性通常用流动指数来表示，即为了产生"流动"，必须往一份样品中加入石英砂的份数（以重量计）。流动指数越高，流动性越差；反之，流动性越好。

（2）润湿性　包括两个内容：一是指药粉倒入水中，能自然润湿下降，而不是漂浮在水面；二是指药剂的稀释悬浮对植株、虫体及其他防治对象表面的润湿能力。由于植株、虫体等表面上有一层蜡质，如果润湿性不好，则药剂就不能均匀地覆盖在施用作物和防治对象上，并造成药液流失。

为了解决可湿性粉剂的润湿性，必须加入润湿剂。因此，影响润湿性的主要因素是原药的类型、用量和润湿剂的类型、用量。后者选得适当，就足以克服表面张力的影响，而获得良好的润湿性。可湿性粉剂的润湿性通常以润湿时间来表示，润湿时间越长，润湿性越差；反之，润湿性越好。联合国粮农组织的标准为 $1\sim2min$（完全润湿时间）。

(3) 分散性　指药粒悬浮于水介质中，保持分散成细微个体粒子的能力。分散性与悬浮率有直接关系，分散性好，悬浮性就好；反之，悬浮性就差。可湿性粉剂粒子越细，表面自由能越大，越容易发生凝聚现象，从而降低悬浮能力。为了克服凝聚现象，主要手段是加入分散剂。因此，影响分散性的主要因素是原药和载体的表面性质及分散剂的种类、用量。后者选得适当，就可以阻止药粒之间的凝集，从而获得好的分散性。分散性的好坏以悬浮率高低来衡量，悬浮率越高表示分散性越好；反之，则差。

(4) 悬浮性　指分散的药粒在悬浮液中保持悬浮一定时间的能力。影响悬浮性的主要因素是制剂的粒径大小和粒谱宽窄。粒径越小，粒谱越窄，悬浮性就越好；反之，悬浮性就越差。对可湿性粉剂来说，$5\mu m$ 以下的粒子越多，就越有好的悬浮性。但是多数农药都是有机物质，黏韧性较大，不易粉碎成很细的粒子，所以采用气流粉碎机进行粉碎是提高悬浮性的重要途径之一。此外，选择适合的分散剂，也可以达到提高悬浮性的目的。因为分散剂使粒子在水中很好分散不发生团聚，自然提高了悬浮性。悬浮性的好坏以悬浮率来表示，悬浮率越高，悬浮性越好。

(5) 细度　指药粉粒子的大小。通常用筛析法测定粒子大小和粒度分布，即以能否通过某一孔径的标准筛目来表示其粒子大小。我国采用泰勒标准筛（见表 3-2）。我国可湿性粉剂过去要求细度≥95％通过 300 目筛，其平均粒径一般在 $20\sim30\mu m$，粒子粗，悬浮率低，产品质量差，随着粉碎机械的改变、助剂的开发，可湿性粉剂的质量将会得到很大的提高。

(6) 水分　指可湿性粉剂中含水量的多少。水分对其物理和化学性能都有重要影响。若可湿性粉剂中水分含量过高，在堆放期间易结块，而且流动性降低，给使用带来不便，过高的水分还会加剧有效成分的分解，导致产品质量下降，药效降低。我国目前采用≤2％的标准。

(7) 起泡性　通常以可湿性粉剂配制成稀释液，搅拌均匀1min 的泡沫体积来表示。泡沫体积越大，起泡性越大；反之，起泡性越小。可湿性粉剂要求低起泡性。联合国粮农组织的标准为泡沫体积小于 25mL，个别制剂小于 45mL。我国尚未控制这一指标。

(8) 贮藏稳定性　指制剂在贮藏一定时间后，其物理、化学性能变化的程度。变化越小，贮藏稳定性越好；反之，贮藏稳定性越差。通常将其分为物理贮藏稳定性和化学贮藏稳定性。

物理贮藏稳定性指产品在存放过程中，药粒间互相黏结或团聚所引起的流动性、分散性和悬浮性的降低。提高物理贮藏稳定性的办法是选择吸附性能高、流动性好的载体，确定适当的原药浓度和加入合适的润湿剂和分散剂。

化学贮藏稳定性指产品在存放过程中，由于原药或载体的不相容性，引起原药的分解，使制剂的有效成分含量降低，降低得越多，说明化学贮藏稳定性越差。提高化学贮藏稳定性的办法是选择活性小的载体，提高原药浓度和加入合适的稳定剂。

通常用热贮稳定性来检验产品的质量，联合国粮农组织（FAO）规定（54±2）℃存放14天，其悬浮率、润湿性均应合格，有效成分含量与贮前含量相差在允许范围内，分解率一般不得超过5％。

第三节

可溶粉剂

可溶粉剂（water soluble powder，SP）是指在使用浓度下，有效成分能迅速分散而完全溶解于水中的一种剂型。外观呈流动性粉粒。此种剂型的有效成分为水溶性，填料可为水溶性，也可为非水溶性。

一、可溶粉剂的发展

从20世纪60年代起，这种剂型得到了发展，发现最早、产量较大的品种是德国拜耳公司生产的80％敌百虫可溶粉剂，继后有美国切夫隆（Chevron）公司生产的50％、75％乙酰甲胺磷可溶粉剂、氰胺公司生产的65％野燕枯可溶粉剂、日本武田药品工业株式会社生产的50％杀螟单可溶粉剂（巴丹），以及瑞士山道士公司生产的50％杀虫环可溶粉剂等。我国农药制剂工作者也从60年代就开始了可溶粉剂的研究，如80％敌百虫可溶粉剂和75％乙酰甲胺磷可溶粉剂等。

目前农药剂型正向着水性、粒状和环境相容的方向发展。而高浓度可溶粉剂正符合这一发展趋势，因而很有发展前途。但是可溶粉剂也只是剂型的一个方面，不可能完全取代其他剂型。因为适用于加工成可溶粉剂的原药毕竟有限，即使是水溶性好的农药，也要根据施药方式、作物生长期、作用机制等加工成多种剂型使用，以便做到经济、合理、安全用药。

二、可溶粉剂的特点

可溶粉剂是在可湿性粉剂的基础上发展起来的一种农药剂型，该剂型的原药必须溶于水或在水中溶解度较大，配方中载体或填料也溶于水（允许有少量不溶于水但与水亲和性较好、细度较高的填料），在形态和加工上与可湿性粉剂类似。

能加工成可溶粉剂的农药是常温下在水中有一定溶解度的固体农药，如敌百虫、吡虫啉、草甘膦等；也有一些农药在水中难溶或溶解度很小，但当转变成盐后能溶于水中，也可以加工成可溶粉剂使用，如多菌灵盐酸盐、杀螟丹盐酸盐、杀虫环草酸盐、吡虫啉盐酸盐等。

可溶粉剂浓度高，贮存时化学稳定性好，加工和贮运成本相对较低；由于它是固体剂型，可用塑料薄膜或水溶性薄膜包装，与液体剂型相比，可节省包装费用、运输费用；它用过的包装容量也不像包装瓶那样难以处理，在贮藏和运输过程中不易破损和燃烧，比乳油安全。该剂型呈粉粒状，其粒径视原药在水中的溶解度而定。如水溶性好的乙酰甲胺磷加工成可溶粉剂，其粒径可适当大一些，以避免使用时从容器中倒出和用水稀释时粉尘飞扬。就某一特定的制剂而言，要求细度均匀、流动性好、易于计量、在水中溶解迅速、有效成分以分子状态均匀地分散于水；又因该剂型不含有机溶剂，不会因溶剂而产生药害和污染环境，在防治蔬菜、果园、花卉以及环境卫生的病、虫、草害时颇受欢迎。

三、可溶粉剂的组成

可溶粉剂是由水溶性原药、相关助剂和填料经加工制成的颗粒状制剂。该制剂用水稀释成田间使用浓度时，有效成分能迅速分散并完全溶解于水中，供喷雾使用。由于可溶粉剂是供加水溶解后喷雾用，所以商品制剂虽然外观是粉状，但配制好的药液是溶液状态而不是悬浮液。这种制剂的物理稳定性好，便于贮存和运输，使用也很方便。与可湿性粉剂相比，这种制剂不存在喷雾药剂微粒沉降不均匀的问题，也不会发生药液堵塞喷头的问题。

能加工成可溶粉剂的农药，大多是常温下在水中有一定溶解度的固体原药，如草甘膦；也有一些农药在水中难溶或溶解度很小，但转变成盐后能溶于水，也可加工成可溶粉剂使用，如草甘膦铵盐。

可溶粉剂的制剂有效成分含量可达 50%～90%不等，取决于农药原药在水中的溶解率和溶解速度。与可湿性粉剂相似之处是在制剂中也需要添加湿润剂，有些也需要配加消泡剂等助剂。可溶粉剂的粉粒细度规格可以比较粗，但是为了保证制剂的溶解速度和计量取药的方便和准确，通常也要求粉粒细度达到 98%以上通过 200 目标准筛。

可溶粉剂中的填料可用水溶性的无机盐（如硫酸钠、硫酸铵等），也可用不溶于水的填料（如陶土、白炭黑、轻质 $CaCO_3$ 等），但其细度必须 98%通过 320 目筛。这样，在用水稀释时能迅速分散并悬浮于水中，喷雾时，不致堵塞喷头。制剂中的助剂大多是阴离子型、非离子型表面活性剂或是两者的混合物，主要起助溶、分散、稳定和增加药液对生物靶标的润湿和黏着力等作用。

我国已经生产的可溶粉剂比较重要的有98%甲哌鎓可溶粉剂、80%草甘膦铵盐可溶粉剂、75%乙酰甲胺磷可溶粉剂等。植物生长调节剂赤霉素也可加工为可溶粉剂使用。随着农药剂型多样化发展，可加工成可溶粉剂的农药品种越来越多。

四、可溶粉剂的加工

加工可溶粉剂有喷雾冷凝成型法、粉碎法和喷雾干燥法。现将每种方法所要求的原药性能、状态和应用实例列于表3-3中。

（1）喷雾冷凝成型法　德国拜耳公司生产的80%和90%敌百虫可溶粉剂是用95%左右的结晶敌百虫配合填料等助剂经气流粉碎而制得。我国敌百虫工业品大多在88%左右。对这一质量的块状原药采用气流粉碎工艺需要多次粉碎，实施起来比较困难，而且也不能解决敌百虫原药热熔包装工人中毒问题。因此，安徽省化工研究院采用喷雾冷凝成型法，于1978年完成了1500t/年的80%敌百虫可溶粉剂的中试鉴定。该工艺的原理是将熔融敌百虫（或乙酰甲胺磷）与填料等助剂调匀的同时不断降低料温，使之形成无数的微晶。这样，物料从气流式喷嘴喷出的瞬间，只要塔的高度使得雾滴在塔内停留的时间大于雾滴和气体间完成热交换所需时间，即可在塔底得到粉粒状产品。

表3-3　可溶粉剂的加工方法

方法	原药的性能和状态要求	应用实例
喷雾冷凝成型法	合成的原药为熔融态或加热熔化后而不分解的固体原药，它们在室温下能形成晶体，在水中有一定的溶解度	敌百虫、乙酰甲胺磷、吡虫清等
粉碎法	原药为固体，在水中有一定的溶解度	敌百虫、乙酰甲胺磷、杀虫环、野燕枯等
喷雾干燥法	合成出来的原药大多是其盐的水溶液，经干燥不分解而得固体物	杀虫双、多菌灵盐酸盐、杀虫脒盐酸盐等

（2）粉碎法　粉碎所采用的粉碎机有超微粉碎机和气流粉碎机。制备高浓度可溶粉剂大多采用气流粉碎机，对一些熔点较高的原药也可以采用超微粉碎机。

气流粉碎是利用高速气流的能量来加速被粉碎的粒子（原药、填料和相关助剂）的飞行速度（往往达到数百米每秒），利用粒子之间的高速冲击以及气流对物粒的剪切作用，而将物流粉碎至10μm以下。被压缩的高速气流通过喷嘴进入粉碎室时，绝热膨胀，温度低于常温，是"冷粉碎"方式，物料温度几乎不会上升，所以特别适合用来将低熔点的原药加工成高浓度的可溶粉剂或高浓度母粉。实例如下：

实例一：75%乙酰甲胺磷可溶粉剂　　　　　　　　　　组成（质量分数）/%

乙酰甲胺磷原药（有效成分含量95%）　　　　　　　　78.9

湿润剂 W	1.0
分散剂 S	2.0
白炭黑	18.1
实例二：50％杀虫环可溶粉剂	组成（质量分数）/％
杀虫环原药（有效成分含量84％）	59.5
无机盐	7.0
表面活性剂（烷基酚磺酸钙盐、聚氧乙烯三甘油酯）	20
白炭黑	13.5
实例三：50％杀螟丹可溶粉剂	组成（质量分数）/％
杀螟丹盐酸盐（以有效成分100％计）	50.0
惰性成分	50.0

（3）喷雾干燥法　合成原药盐的水溶液（如杀虫双、单甲脒等），或经过酸化处理转变成盐的水溶液（如多菌灵盐酸盐），经过脱水干燥，得到固体物。采用滚筒干燥机、真空干燥机或箱式干燥机脱水，所得块状产品，再经粉碎，方可得到可溶粉剂；采用喷雾干燥，在完成干燥脱水的同时，也可制得可溶粉剂。其原理为：原药盐的水溶液，经雾化成雾滴，在干燥塔中沉降，只要它在塔内停留的时间大于水蒸发完成热交换所需时间，便可收集到粉粒状物料。

五、可溶粉剂的质量检测

控制可溶粉剂的主要技术指标有细度、水中全溶解时间、水分、贮藏稳定性等。性能不同的原药，技术指标的要求也不完全相同。这些指标中以水中全溶解时间和热贮藏稳定性最为重要。因为高浓度可溶粉剂的最大优点是在于它溶解迅速和在贮藏期有效成分分解率小，这样才能方便使用和保证产品质量。对细度的要求应根据原药的溶解性能和所采用的工艺而定。

（1）有效成分含量　参照有关原药或已有制剂中的有效成分含量的测定方法进行。

（2）细度　用干筛法和湿筛法进行测定。对细度为98％通过200目筛的可溶粉剂，采用干筛法；对细度为98％通过320目筛的可溶粉剂，采用湿筛法。详细操作步骤按照 GB/T 16150—1995《农药粉剂、可湿性粉剂细度测定方法》进行。

（3）可溶粉剂中有效成分全溶解时间的测定　称取 5.0g 样品于 1000mL 的烧杯中，放置在（25±1）℃恒温槽中，加入 25℃的蒸馏水 500mL（相当于稀释 100倍），立即打开秒表，同时开启搅拌器，以 60～70r/min 的速度搅拌，分别于2min、3min、4min…吸取上层液 10mL，分析溶液中有效成分的含量不再增加时的时间，即为全溶解时间。

（4）热贮稳定性 称取一定量的试样，密封于棕色广口瓶中或安瓿瓶中，置于一定温度的恒温箱中贮藏，到规定的时间取出样品，冷至室温后称取试样，测定有效成分的含量，按下式计算分解率（X）。

$$X = \frac{I_a - I_b}{I_a} \times 100\%$$

式中，I_a 为贮藏前试样中有效成分的含量，％；I_b 为贮藏后试样中有效成分的含量，％。

一般来说，可溶粉剂易吸潮，多采用防水性能强的复合塑料膜包装。对一些臭味大的可溶粉剂最好使用铝箔或其复合膜的材料包装；对毒性大的可溶粉剂，如灭多威，美国曾采用水溶性的薄膜作其内包装袋，这样，在使用时可将小包装袋直接投入水中，以避免粉尘对操作人员的接触毒害。总之，对可溶粉剂的包装，要根据其特性，选择合适的包装材料，以保证产品的质量和使用者的安全。

第四节 ▦▦▦

颗 粒 剂

颗粒剂（granule，GR）是由农药原药、载体及相关助剂混合，经过一定的加工工艺而成的粒径大小比较均一的松散颗粒状固体制剂。颗粒剂为具有一定粒径范围、可自由流动、含有效成分的粒状制剂。一般可分为可溶性颗粒剂、悬浮型颗粒剂和泡腾性颗粒剂，若粒径在 $105 \sim 500 \mu m$ 范围内，又称为细粒剂。

一、颗粒剂的特点

颗粒剂是农药的主要剂型之一，用于防治地下害虫、禾本科作物的钻心虫和各种蝇类幼虫。颗粒剂使用方便，效率高，可控制农药有效成分的释放速度，延长持效期。相对于粉剂和喷雾液剂等其他剂型，颗粒剂有许多显著的特性。第一，施药具有方向性。由于颗粒剂粒度大，下落速度快，施药时受风影响小，可实现农药的针对性施用。第二，由于制剂粒性化，能将高毒农药制剂低毒化，使颗粒剂可以通过直接撒施的方式施用。

20 世纪 60 年代后期开始，由于环保科学的发展，为避免农药粉剂撒布时微粒飘移对环境和作物的污染，农药颗粒剂在全世界得到普遍的推广应用。颗粒剂的研究在我国亦具有较长的历史，其使用日趋普遍。特别是近年来，随着我国经济的高速增长和农药科技的迅猛发展，农药颗粒剂研究与生产的体系日臻完善，质量大幅提高，并形成了具一定生产规模的农药剂型。

颗粒剂是传统的农药剂型，近年来，随着功能材料、缓释技术以及加工工艺的不断更新迭代，土壤生态环境的持续恶化，土传病害的频发，地下害虫的猖獗，颗粒剂的优势得到进一步的展现，得到市场和种植户的追捧，发展势头强劲，焕发出新的生机。

二、颗粒剂的组成

1. 原药

一般凡能加工成粉剂的原药均能加工成颗粒剂。农药原药主要可分为固体原药和液体原药，按其理化性质来选择配方和造粒方法，目前已有近一半的原药品种可制成颗粒剂。

2. 载体

指农药制剂中荷载或稀释农药的惰性物质。它们的结构特殊，具有较大的比表面积，吸附性能强。农药载体的主要作用：一是作稀释剂，二是作吸附剂、增稠剂等。为了防止农药制剂在储运和使用过程中与载体分层，农药载体还必须有一定的吸附性和胶体性能。

（1）植物类　常见的有大豆、烟草、玉米棒芯、谷壳粉、稻壳、胡桃壳、锯木粉等。

（2）矿物类　包括：①元素类，如硫黄。②硅酸盐类，如高岭石族、蒙脱石族、滑石等。③碳酸盐类，如方解石和白云石等。④硫酸盐类，如石膏等。⑤氧化物类，如生石灰、镁石灰、硅藻土等。⑥磷酸盐类，如磷灰石等。⑦凹凸棒土，如凹凸棒石、海泡石等。⑧未定性的浮石。⑨工业废弃物，如煤石、干石等。

（3）合成载体类　包括沉淀碳酸钙水合物、沉淀碳酸钙、沉淀二氧化硅水合物等无机物和部分有机物。

3. 其他相关助剂

（1）黏结剂　凡是具有良好的性能，能将两种相同或不同的固体材料连接在一起的物质都可称为黏结剂。通常将黏结剂分为亲水性黏结剂和疏水性黏结剂两大类。亲水性黏结剂，系具有水溶性和水膨胀性的物质。包括天然黏结剂（淀粉、糊精、阿拉伯胶、骨胶及明胶等）、无机黏结剂（水玻璃、石膏等）以及合成黏结剂（聚乙烯醇、聚乙二醇、聚醋酸乙烯酯等）。疏水性黏结剂，系溶于有机溶剂及热熔性的物质。包括松香、虫胶、沥青、乙烯-醋酸乙烯共聚合物等。用包衣造粒法、挤出造粒法、流化床造粒法、转动造粒法及压缩造粒法造粒时，都需要加入黏结剂。

（2）助崩解剂　指能加快粒剂在水中崩解速度的物质。多种无机电解质如 $(NH_4)_2SO_4$、NH_4HCO_3、$NaCl$、$MgCl_2$、$AlCl_3$、$CaCl_2$ 等以及尿素和阴离子表面活性剂均具有这一作用。

（3）分散剂　是降低分散体系中固体或液体粒子聚集的物质。为使粒子在水中很好地崩解、分散，通常加入少量的分散剂。天然分散剂如皂荚、茶籽饼、无患子、酸法纸浆废液等。合成分散剂主要为表面活性剂类物质，如烷基苯磺酸盐、木质素磺酸盐等，利于药剂扩散。

（4）吸附剂　在用液体原药造粒时，为使粒剂流动性好，需要添加吸附性高的矿物质、植物性物质或合成品的微粉末以吸附液体。这一类物质具多孔性，吸油率高，有利于延长残效。吸附剂的代表性物质有白炭黑（$SiO_2 \cdot n\,H_2O$）。此外，硅藻土、碳酸钙、无水芒硝、微晶纤维等也可作吸附剂使用。

（5）润滑剂　在挤压造粒时，为降低阻力可添加 0.2% 左右润滑油，起到润滑作用。

（6）溶剂或稀释剂　在造粒时，为将原药溶解、低黏度化，改善原药的物性或进行增量以达到均匀吸附的目的，通常加入溶剂或稀释剂。一般选用重油、煤油和石脑油等廉价易得的高沸点溶剂作溶剂或稀释剂。

（7）稳定剂　延缓和防止原药分解及其制剂自发劣化的辅助剂。如表面活性剂、醇类、有机酸（碱）类、酯类、糠醛及其废渣等都对农药有效成分（主要为有机磷酸酯类）有一定的抑制分解作用。

（8）着色剂　为便于与一般物质区别，起警戒作用，同时能对产品进行分类，因而在颗粒剂配方中加着色剂。对不同类别的农药粒剂，国内目前大多采用：杀虫剂-红色，除草剂-绿色，杀菌剂-黑色。红色可用大红粉、铁红、酸性大红等，绿色可用碱性绿、铅铬绿、酞菁绿等，黑色可用炭黑、油溶黑等，紫色可用碱性紫5BN（甲基紫）等。

三、颗粒剂的加工

当农药颗粒剂的组成成分确定后，为达到不同的造粒目的，需选择相应的粒剂加工方法，即造粒工艺。在生产实践中，造粒工艺是由比较复杂的综合工艺操作所构成的，包括造粒操作、前处理操作和后处理操作等部分。如输送、筛分计量、混合、捏合、溶解以及熔融等操作过程就属于造粒工艺的前处理，而干燥、碎解、除尘、除毒以及包装等操作过程则属于造粒工艺的后处理。造粒工艺的基本原理可分为自足式造粒和强制式造粒两类。自足式造粒，系利用转动（振动、混合）、流化床（喷流床）和搅拌混合等操作，使装置内物料自身进行自由的凝集、披覆造粒，造粒时需保持一定的时间。强制式造粒，系利用挤出、压缩、碎解和喷射等操作，由孔板、模头、编织网和喷嘴等机械因素使物料经强制流动、压缩、细分化和分散冷却固化等而造粒。各种造粒方法的造粒原理及特征见表3-4。

表 3-4　各种造粒方法的造粒原理及特征

造粒方法	造粒原理	特征
包衣造粒法	自足式	粒子表面湿润粉体的凝集
挤出成型造粒法	强制式	由螺旋挤出湿润粉体压缩成型
吸附造粒法	自足式＋强制式	分散的液滴被多孔的粒子吸附
流化床造粒法	自足式	流化床内粒子液滴附着的凝集
喷雾造粒法	强制式	溶液、熔融液经雾化分散成细粒,经干燥或冷却成型
转动造粒法	自足式	转动(振动、混合)中湿润粉体的凝集
破碎造粒法	强制式	将加工成的块状物再破碎成需要的粒度
熔融造粒法	强制式	熔融液经喷雾冷却固化
压缩造粒法	强制式	将粉体经模孔或轧辊压缩成型

下面介绍几种主要的农药颗粒剂加工方法。

1. 包衣造粒法

又称包覆法,以载体颗粒为核心,外面包覆黏结剂,利用包衣剂使药剂被牢固地黏着或包于颗粒载体上,使药剂层与黏结剂相互浸润而得到粒状产品的加工过程。包衣造粒依原药性状、黏结剂种类、载体种类和包衣装置等有不同的分类(见图 3-4)。

包衣造粒过程受多方面的影响。一是受原药性状的影响。如液体原药由于流动性好而易于均匀包覆,操作周期短;而固体原药由于流动性差,结果恰好与之相反。二是受黏结剂的影响。如黏结剂的用量会对工艺操作和产品质量造成直接影响,用量过少则包衣不平,造成脱落,而用量过多会使颗粒发黏,影响操作。三是受包衣温度、时间以及包衣装置筒体填充度等工艺操作条件的影响。特别是包衣温度和时间,是影响工艺操作的主要因素。

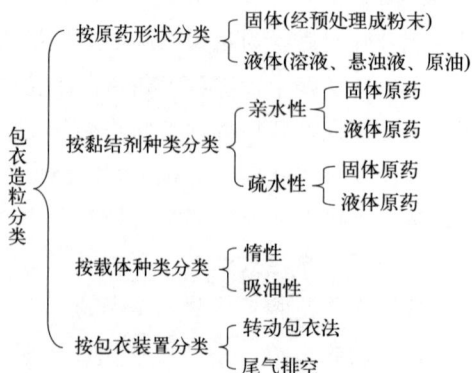

图 3-4　包衣造粒分类

包衣造粒工艺主要分为载体处理、黏结剂处理、包衣、干燥、包装等几个部分（见图 3-5）。载体先经破碎、筛分达到所需的粒径范围，水分控制在 1.0％～1.5％。

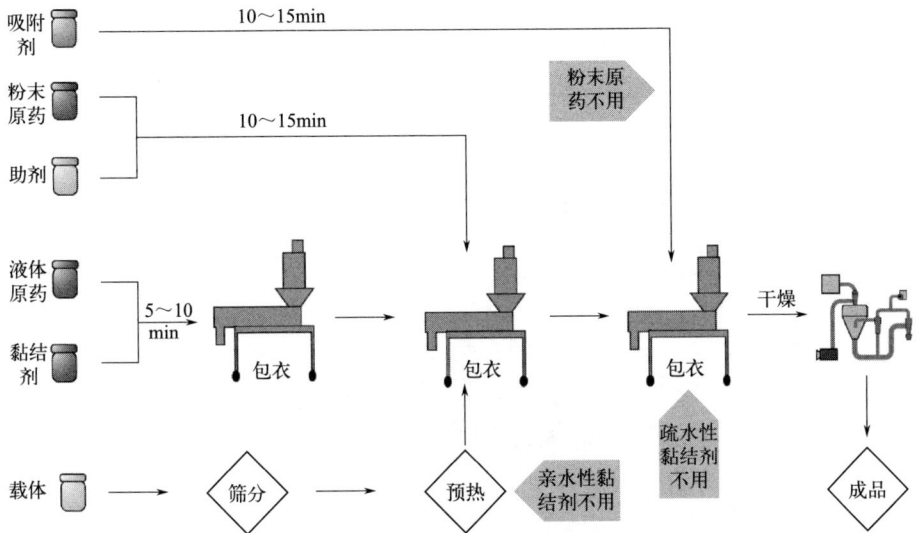

图 3-5　包衣法工艺流程图

① 采用亲水性黏结剂包衣　将经筛分处理的常温载体加入黏结剂液，黏结剂液包覆于载体表面，外面再包上粉末状药剂。在这个操作过程中，必须保证黏结剂液层与粉末药剂层包覆均匀，两层互相胶结，包覆牢固。同时，协调载体、黏结剂与粉末药剂的配比关系，使包衣过程良好。

② 采用疏水性黏结剂包衣　经筛分处理的载体通过预热达到一定的温度，将黏结剂熔融后包涂于载体表面，外面再包上粉末状药剂。随着物料温度逐步下降，熔融态黏结剂逐渐凝固而将药剂黏结牢固。在操作过程应注意载体预热温度，严格掌握包衣过程的温度变化，保证包衣操作稳定，产品质量良好。

包衣法对药剂的要求不太苛刻，不但适用于性质稳定的药剂，也适用于性质不太稳定的药剂，而且更适用于加工高毒农药粒剂，以提高施药安全性。同时，包衣法工艺较为简单，产品成本较低，适于大规模生产。因此，包衣法在国内外发展十分迅速，是农药粒剂造粒的主要方法之一。

2. 挤出成型造粒法

挤出成型造粒方式有干法造粒和湿法造粒两种。干法造粒是将原药、载体和其他辅助剂均匀混合后，经挤压、破碎、整粒，制成所需颗粒的过程。湿法造粒则是将原药、载体和其他辅助剂混合均匀后加水捏合，经挤出制成一定大小的颗粒，再经干燥、整粒、筛分而得到颗粒产品的过程，粒子性状一般为球形或柱形。在农药工业领域，挤出成型造粒方式大多为湿法造粒。

挤出成型造粒的填料来源广泛，粒径大小和物理化学性质可以自由调节，有效成分调节幅度大，适应性广。由于其主要操作集中在加水捏合和干燥处理，因此，对水和热敏感的原药需慎用此工艺。挤出成型造粒工艺流程长（见图3-6），适宜大量生产，是目前国内外应用比较多的农药粒剂生产工艺之一。

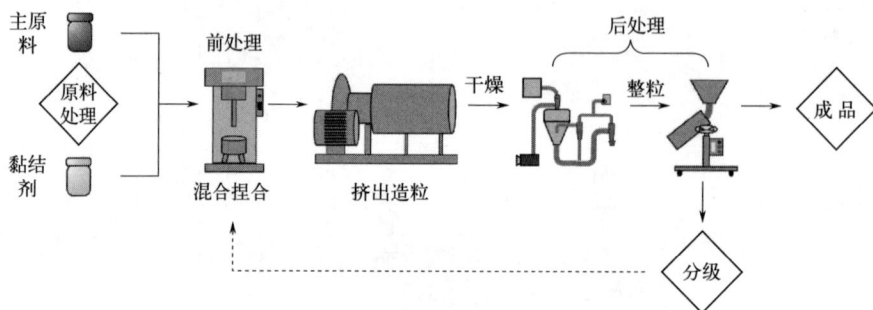

图 3-6　挤出成型造粒法工艺流程图

3. 吸附造粒法

把液体原药（或固体原药溶解于溶剂中）吸附于具有一定吸附能力的颗粒载体中的一种生产方法。常用的载体有浮石、珍珠岩等矿物的加工品和经挤出成型、破碎造粒造出的颗粒。原油的加入可采用喷雾法、滴加法或一次投入法。吸附造粒法的分类主要依据原药性状、载体的形态以及载体的制备方法等（图3-7）。就原药形态而言，液态、油剂或水剂原药最宜采用吸附造粒法。固态原药在经溶解或熔融成液态后，也可以采用吸附造粒法。

图 3-7　吸附造粒法的分类

（1）破碎造粒吸附法工艺　适用于油状或水溶液原药（生产低含量产品）。工艺流程如图3-8所示。

（2）挤出造粒吸附法工艺　适用于油状或溶解及熔融的液状原药（生产高含量产品）。工艺流程如图3-9所示。

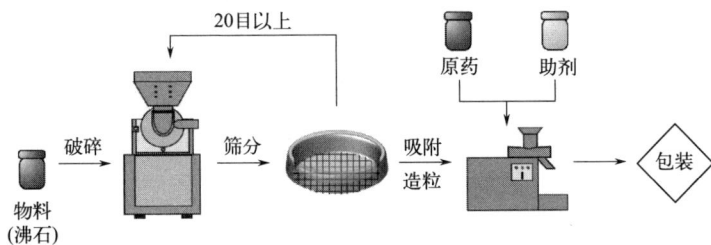

图 3-8　破碎造粒吸附法工艺流程图

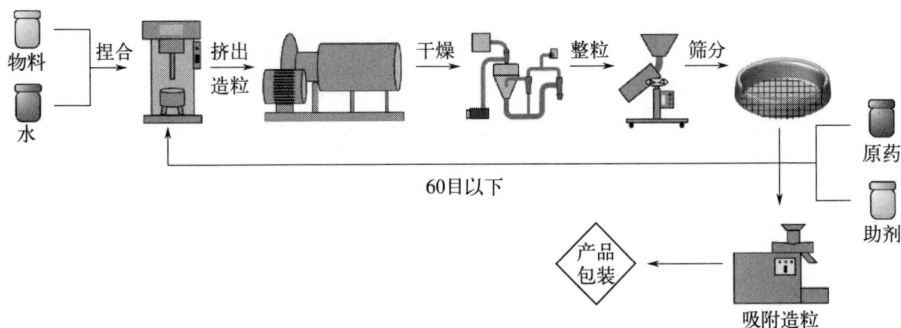

图 3-9　挤出造粒吸附法工艺流程图

4. 流化床造粒法

利用流化床床层底部气流的吹动使粉料保持悬浮的流化状态，再把水或其他黏合剂雾化后喷入床层中，粉料经过沸腾翻滚逐渐聚结形成较大颗粒的方法。在一台设备中可以完成充分混合、凝集成粒、干燥、分级，短时间内可完成造粒的过程（图 3-10）。所得产品具有多孔性、吸油率高、易崩解的特点。

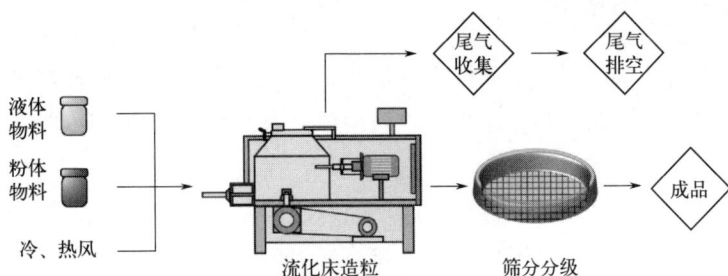

图 3-10　流化床造粒工艺流程图

流化床造粒从进料开始到颗粒制品排出，这一过程是封闭运行的，没有异物混入。所得制品粒度分布较为均一，并且从溶液或熔融液可以直接得到粒状产品。与其他造粒方法相比，流化床造粒能够得到溶解性能好的制品，并可连续化生产。一般而言，小批量生产可以采用间断式造粒，大批量的则以连续式造粒为宜。

5. 喷雾造粒法

将溶液、悬浊液和熔融液等液体形态物料向气流中喷雾，在液滴与气流间进行热量与物质传递而制得球状粒子的方法。喷雾干燥法（在造粒操作的同时进行干燥操作）和喷雾冷却法（经空气冷却固化）是喷雾造粒最常用的方法。喷雾造粒可依工艺流程、喷雾与气体流向以及雾化方法予以分类（表 3-5）。

表 3-5　喷雾造粒法的分类

类别		特征
按工艺流程系统	开放式	载热体在系统中仅使用一次,不循环使用
	封闭循环式	载热体在系统中组成封闭循环回路
	自惰循环式	系统中存在自制惰性气体装置
	半封闭式	介于开放式和封闭式之间
按喷雾与气体流向	并流型	液滴与热风呈同方向(垂直和水平)流动
	逆流型	液滴与热风呈反相流动
	混合流型	液滴与热风呈混合交错流动
按雾化方法	压力式喷雾	利用机械使液体具有较高压力进入回转室形成旋转型回转
	离心式喷雾	通过圆盘中心离心力作用达到微粒化目的
	气流式喷雾	以压缩空气或水蒸气为动力,通过高速气流使液体分散为细雾滴

喷雾造粒法造粒速度快，生产过程较为简单，所得产品大部分造粒后不需要再进行粉碎和筛分，且具有良好的分散性、流动性和溶解性，适于杀虫粒剂、杀菌粒剂、除草粒剂的连续化大规模生产。

四、颗粒剂的质量检测

颗粒剂产品必须达到规定的标准才能投入使用，因此，为保证粒剂产品质量，必须加强监测，严格执行其相应质量控制指标。农药粒剂产品的质量控制指标主要有以下几点。

（1）有效成分　有效成分含量的测定随农药的品种而异。在考虑原药稳定的情况下，确定其有效成分的下限值。对于除草剂、植物生长调节剂等易产生药害的品种，为保证使用安全，应同时规定有效成分的上限值。

（2）粒度　粒径下限与上限的比应不大于 1：4，在产品标准中应注明具体粒度范围。

测定农药粒剂粒度一般采用筛分法。将标准筛上下叠装，大粒径筛置于小粒径筛上面，筛下装承接盘，同时将组合好的筛组固定在振筛机上，准确称取一定量的粒剂试样（具体可参照相应标准，精确至 0.1g），置于上面筛上，加盖密封，启动振筛机振荡一定时间（具体可参照相应标准），收集规定粒径范围内筛上物称量。试样的粒度 W_1（％）按下式计算：

$$W_1 = \frac{m_1}{m} \times 100\%$$

式中，m 为试样的质量，g；m_1 为规定粒径范围内筛上物质量，g。

（3）堆积密度　堆积密度由粒剂的配方和粒度来决定，在一般情况下为 1.0g/mL 左右。

（4）水分　一般要求在 3％以下，对不稳定的原药规定在 1％以下。检测方法按 GB/T 1600—2021 中的方法进行。

（5）脱落率（硬度）　不同的造粒方法用不同的指标来衡量，挤出成型法造粒（解体型）用硬度表示，一般硬度≥85％（即破碎率≤15％），而对包衣法（非解体型）则采用脱落率表示，一般产品脱落率≤5％。

准确称取已测过粒度的试样 50g，放入盛有一定数量（具体可参照相应标准）的钢球或瓷球的标准筛中，将筛置于底盘上加盖，移至振筛机中固定后振荡 15min，准确称取接盘内试样质量（精确至 0.1g）。试样的脱落率 W_2（％）按下式计算：

$$W_2 = \frac{m_2}{m} \times 100\%$$

式中，m 为试样的质量，g；m_2 为接盘中试样的质量，g。

（6）热贮稳定性　通过不加压热贮试验，使产品加速老化，预测常温贮存产品性能的变化。

将 20g 试样放入具密封盖或瓶塞的玻璃瓶中，使其铺成平滑均匀层，置玻璃瓶于（54±2）℃恒温箱或恒温水浴中，贮存 14d。取出玻璃瓶，放入干燥器中，使试样冷至室温，在 24h 内完成对有效成分含量等规定项目的测定。

（7）热压稳定性　取 10g 粒剂样品放入特制的热压器中，其负荷量为 60g/cm^2。然后放入（50±1）℃恒温箱中贮存 24h，观察粒剂形态变化。如经热压贮存后，样品无结块、黏结等现象，则为良好。

第五节
水分散粒剂

水分散粒剂（water dispersible granule，WG）又叫干悬浮剂（dry flowable，DF）或粒型可湿性粉剂（granule type wettable powder）。使用时放入水中，能较

快地崩解、分散，形成高悬浮的分散体系。国际农药工业协会联合会（GIFAR）将其定义为：在水中崩解和分散后使用的颗粒剂，被认为是 21 世纪最具发展前景的绿色农药剂型之一。

虽然水分散粒剂加工技术较复杂，投资费用较大，成本较高，但是其突出的安全性、优良的综合性能和对环境保护的有利性，是其他剂型无法比拟的，因此，剂型的市场份额仍在不断扩大，其市场前景十分诱人，发展前景较好。在英国和其他欧洲发达国家，所有登记的农药剂型产品有约 10% 是水分散粒剂，而美国几乎是 20%，且近些年呈上升趋势。

我国的水分散粒剂的研究进度落后于发达国家。20 世纪 90 年代以前国内企业登记水分散粒剂产品寥寥无几，绝大多数为国外企业在我国登记；截止到 1999 年底，在登记有效期内的 23 个水分散粒剂产品中，属于国外企业的有 22 个，国内企业只有 1 个，仅占 4.3%。但在进入 21 世纪以后，水分散粒剂在我国得到快速发展，专利数量出现爆发性增长，研发和登记的产品种类不断增多，在制剂中的占比显著提升。截至 2022 年 4 月 30 日，我国登记并处于有效状态的水分散粒剂产品共有 2459 个，涵盖杀虫（螨、螺）剂、杀菌（线虫）剂、除草剂、植物生长调节剂 4 大类农药，其中微毒、低毒、中毒产品分别有 295 个、2053 个、111 个，没有高毒、剧毒产品，毒性普遍不高。

一、水分散粒剂的特点

水分散粒剂是在可湿性粉剂（WP）和悬浮剂（SC）的基础上发展起来的新剂型。由于 WP 粒度很细，生产和使用过程中都会出现粉尘飞扬现象，不仅直接危害人畜健康，而且造成环境污染。为避免上述现象的发生，20 世纪 70 年代出现了悬浮剂。将不溶于水的固体农药加工成水中可分散的液体制剂，平均粒径仅几微米、悬浮率高、药效好，很快便被用户所接受。但在存放过程中常常出现分层、沉淀，再加上包装量大，贮运不方便等，农药加工工作者作了进一步研究，推出更理想的新型水分散粒剂。水分散粒剂是颗粒剂的一种，具有粒剂的性能，但又区别于一般粒剂（水中不崩解型），即它能均匀分散在水中，这一点类似于可湿性粉剂，但又不像可湿性粉剂会出现粉尘飞扬现象。水分散粒剂具备很多优点：

① 不使用有机溶剂，没有粉尘飞扬，降低了对环境的污染，对作业者安全，使剧毒品种低毒化。

② 与可湿性粉剂和悬浮剂相比，有效成分含量高，产品相对密度大，体积小，便于包装、贮存和运输。

③ 贮存稳定性和物理化学稳定性较好，特别是对在水中不稳定的农药，制成此剂型比悬浮剂要好。

④ 颗粒的崩解速度快，对水温和水质适应能力强，颗粒触水即被湿润，并在沉入水下的过程中迅速崩解。

⑤ 颗粒在水中崩解后，很快分散成极小的微粒，崩解搅动后，经 325 目湿法过筛，筛上残留物不大于 0.3%。

⑥ 悬浮稳定性较好，配制好的药液当天没用完，次日经搅拌能重新悬浮起来，不影响药效。

⑦ 分散在液体中的颗粒只需稍加搅拌，细小的微粒即能很好地分散在液体中，直到药液喷完能保持均匀性。

⑧ 水分散粒剂与可湿性粉剂、悬浮剂等剂型及液体化肥和微量元素具有良好的掺和性。

世界上最早的水分散粒剂农药产品是 20 世纪 80 年代由先正达公司生产的莠去津除草剂和美国杜邦公司生产的嗪草酮除草剂。当时水分散粒剂剂型的有效成分含量很低而且生产制造成本较高，受到工艺和技术水平的限制，需采用特定的农药有效成分（高熔点、低水溶性，如莠去津）才能进行加工。水分散粒剂农药产生后受到国外的广泛关注，在 20 世纪末成为安全、环保和可替代可湿性粉剂和悬浮剂而大规模发展起来的新剂型，随着农药新助剂的不断开发和使用，以及造粒工艺技术和设备的不断进步，目前从技术上无论是亲水的、亲油的，还是固体原粉或是液体原油，都可以加工成水分散粒剂。

二、水分散粒剂的组成

水分散粒剂通常由以下几部分组成：有效成分 50%～90%；润湿剂 1%～5%；分散剂和黏结剂 5%～20%；崩解剂 0%～15%；其他添加剂 0%～2%；填料补充至 100%。水分散粒剂由农药有效成分、其他辅助剂和填料经混合、粉碎后造粒而成，水分散粒剂入水后快速崩解、分散，搅动后能形成高悬浮的分散体系。在造粒过程中需要黏结剂的黏和作用，入水时需要润湿剂的润湿作用，需要崩解剂的快速崩解，通过分散剂的分散作用而形成高悬浮的分散体系。

（1）原药　加工成水分散粒剂的农药原药可以是杀虫剂、除草剂、杀菌剂、除藻剂等；也可以是固体原粉或液体的原油。

（2）分散剂　分散剂可促进难溶于水的固体颗粒等分散介质在水中均匀分散，同时也能防止固体颗粒的沉降和凝聚。分散剂在水分散粒剂中的主要作用：①分散剂对颗粒剂崩解的促进作用。②颗粒剂在水中崩解后，分散剂可使其活性物的粒子分散开。③分散剂可以防止活性物的粒子发生聚结和絮凝而生成大颗粒沉淀，同时搅拌后还能使沉淀物重新悬浮，以尽量减少沉淀引起的故障。④在喷药桶中分散剂能使溶液保持均匀分散的状态，以确保喷洒的农药是均匀一致的。

目前，水分散粒剂配方中常用的分散剂有木质素磺酸盐、萘磺酸盐、聚羧酸盐、萘磺酸盐甲醛缩合物、脂肪酰胺-N-甲基牛磺酸盐、烷基硫酸盐、烷基磺基琥珀酸盐等阴离子表面活性剂；脂肪醇聚醚、烷基聚醚等非离子表面活性剂。一般来说，对某一活性物所选用的分散剂，须经试验才能找到理想的品种。从分散机理来说，高分子分散剂在制备水分散粒剂时，可吸附在农药颗粒表面，通过高分子提供的空间位阻或增强农药颗粒所带电荷来达到组织药粒凝聚，促使分散状态稳定，从而提高分散体系的稳定性的目的。

国外开发了一些水分散粒剂专用表面活性剂：已有商品化的农用萘磺酸盐类表面活性剂，如 Akzo Nobel 公司的 Morwet®系列，包括萘磺酸盐单剂和萘磺酸盐混合剂，具有良好的润湿分散作用，特别是 Morwet D-425，是用于可湿性粉剂、悬浮剂、水分散粒剂的标准的分散剂；Diamond Shamrock 公司开发的 Sellogen 系列助剂；还有 Huntsman 公司开发的烷基磺酸盐类复合型表面活性剂 WLNO 系列等；羧酸盐类阴离子表面活性剂 Tersperse®系列等。还有一些针对特定的原药而开发的相应的专用表面活性剂，如 PE75 是乙磷铝水分散粒剂的专用助剂，马来酸酐低聚物和 α-甲基苯乙烷低聚物组成的交替共聚物用于西玛津水分散粒剂中作分散剂，具有优良的分散效果。

（3）润湿剂　在水分散粒剂中的润湿作用是指水溶液以固-液界面代替水分散粒剂表面原来的固-气界面的过程。润湿剂能够降低体系的表面张力或界面张力，使水将固体药物表面浸润，从而达到润湿的目的。因此，润湿剂的润湿能力不仅与其自身化学结构有关，还和固-液界面的界面张力有关。界面张力越小，其润湿的难度越低。润湿剂还与水分散粒剂的分散性有关，大多数的农药都是非极性的，添加润湿剂可以减小农药与液体间的界面张力，有助于分散剂吸附在农药颗粒上起到稳定分散的作用（图 3-11），使得制剂的分散度增大，稳定性增加。

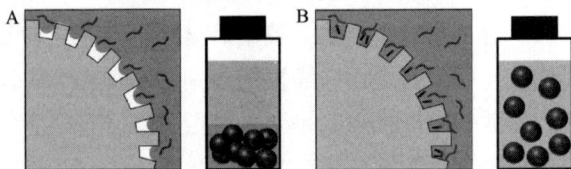

图 3-11　添加润湿剂后，分散剂在农药颗粒上的变化
（A）分散剂未能吸附在农药颗粒上；（B）添加润湿剂后分散剂吸附在农药颗粒上

润湿剂常用的有木质素磺酸钠、十二烷基硫酸钠等，但随着制剂有效含量的不断增加，常用湿润剂的润湿效果已不能满足水分散粒剂剂型加工的要求，高表面活性、绿色环保的新型润湿剂是研究的主要方向：有机硅类表面活性剂降低溶液表面张力的能力远远高于常规表面活性剂，能极大促进药剂扩散，甚至可使药剂通过气孔进入植物组织。有机硅助剂在降低药剂用量、提高药剂耐雨水冲刷能力方面优于

常规表面活性剂。有机氟类表面活性剂是迄今为止所有表面活性剂中表面活性最高的一种，一方面可以使表面张力降至很低的数值，另一方面用量很少。α-磺基脂肪酸甲酯（MES）是由天然动植物油脂经酯交换、磺化后制得的阴离子表面活性剂，对皮肤温和，生物降解性好，属于绿色环保型表面活性剂。

（4）黏结剂　某些农药粉末本身不具有黏性或黏性较小，水分散粒剂的造粒过程中需要加入黏性物质使其黏合起来，这时所加入的黏性物质就称为黏结剂。常用的黏结剂有明胶、聚乙烯醇、聚乙烯吡咯烷酮、聚乙二醇、糊精、可溶淀粉等。水溶性的黏结剂如聚乙二醇在配制分层型水分散粒剂中是必不可少的。它将水溶性农药或预配制的水分散性农药包覆住形成颗粒，适用于物理性质和化学性质不相同的农药复配。

黏结剂不仅起黏结作用，同时对制剂的性能有明显的影响。在配方中不加入黏结剂，造粒破碎率升高，润湿性和崩解性均受到影响；加入过量的黏结剂，黏度增加，颗粒虽吸水膨胀但浮于液面，润湿性差。所以应选用适宜的黏结剂，并控制其用量。

（5）崩解剂　崩解剂是为加快颗粒在水中崩解速度而添加的物质，具有良好的吸水性，吸水后迅速膨胀并崩解在水中，而且它可完全分散成原来的粒度大小。它的分子吸收水后膨胀成较大的粒度，或膨胀成弯曲形状并伸直，直至水分散粒剂颗粒被分散成较小的碎片。由于崩解机制是机械性的，所以在长期贮存或不合理贮存过程中是不容易失效的，而不像现在有时使用的润湿剂在贮存中是有可能降低效率的。

常用的崩解剂有多种无机电解质，如氯化钙、硫酸铵、氯化钠等，还有羧甲基纤维素钠、可溶淀粉、膨润土、聚丙烯酸乙酯等。现在崩解剂的发展趋势是与表面活性剂复配，如在制备除草剂和植物生长调节剂水分散粒剂时，将固体表面活性剂十二烷基磺酸盐和硫酸铵混合，使制剂的分散效果提高。

（6）隔离剂　又叫防结块剂，配方中加入防结块剂是为了防止加工过程中结块，它与最终产品的性能无关。在制造中使颗粒包上很薄一层细粒，防止颗粒互相黏结，它的作用就像一薄层滑动滚珠，使各颗粒间容易滑动，而且不加外力如振动就可以流动。

最常用的隔离剂是硅胶。硅胶有两种，一是研磨的无定形硅胶，另一种是气溶硅胶。前者是从饱和溶液中沉出再研磨，粒度在 $2\sim100\mu m$ 之间；气溶硅胶是使二氧化硅熔融、升华，收集它的烟雾而成，它的粒度比其他方法制得的细度更小，在 $0.005\sim0.02\mu m$ 之间。气溶硅胶的表面积大，遮盖力强，虽然价格高，但作隔离剂时用量很少。

三、水分散粒剂的配制

农药的物理化学性质、作用机理及使用范围不同，对应的水分散粒剂的配制方法也不同，进而加工工艺路线也不同。

(1) 水溶性农药及盐化后的水溶性农药　这类农药分为液体和固体，液体的有杀虫双、草甘膦等，固体的有杀虫单、烯啶虫胺等。磺酰脲类高活性农药，几乎都不溶于水，可是很多品种能与 Na^+、K^+、Li^+ 成盐，变成水溶农药。液体农药可直接喷在或吸附在基质上，进行造粒得到水分散粒剂。这里的基质是指除活性成分以外的水分散粒剂的各要素，而这种基质本身，事前已制成了可湿性粉剂或悬浮剂。固体农药与基质混合粉碎，再进行造粒。

(2) 水不溶性农药　不管是固体的，还是液体的，都可直接配制水分散粒剂。它的前体，一种是先制成可湿性粉剂，另一种先制成悬浮剂。有的先将有效成分预制成悬浮剂，然后再喷入粒基上制成水分散粒剂；有的与粒基充分混合，再用摇摆造粒或者挤压造粒。

例如，先将代森锰锌预制成 40％悬浮剂，然后将水溶性杀菌剂乙磷铝（<200目）加入制成的黏稠浆物，含水量 20％以下，再进行挤压造粒，其悬浮率>80％，搅拌下在水中分散时间 3min。按照同样道理，先将吡虫啉预制成悬浮剂，然后加入水溶性杀虫单，制成 20％水分散粒剂，分散性好，悬浮率高。

(3) 微囊型的水分散粒剂　把一种或多种不溶于水的农药封入微囊中，再将多个微胶囊集结在一起而形成的水分散粒剂。这种功能化的水分散粒剂与其他水分散粒剂不同，突出特点为：①降低有效成分分解率；②缓慢释放，降低药害，延长持效期；③可使不能混用或不能制成混剂的农药混用或制成混剂。

例如，国外生产的甲草胺、莠去津水分散粒剂混剂的配制：将甲草胺与多亚甲基聚苯基异氰酸酯（PAPI）于静止的混合器中混合，加到含木质素磺酸盐（Reax 88B）的液体中，通过高剪切作用的均质分散器形成水包油乳液，向该乳液流中加入六亚甲基二胺（HMD），将其混合液通到静止混合器中进行囊化反应，生成甲草胺微囊悬浮液。胶囊直径 $1～50\mu m$ 的水悬液与莠去津悬液混合成均匀的悬液加入凝集助剂，通过 100 目过滤器进行喷雾干燥，得到甲草胺、莠去津水分散粒剂混剂。

(4) 分层的水分散粒剂　利用水溶性的聚乙二醇类作为结合剂，将水溶性农药或预制的水分散性农药包裹于本身具有水溶性或水分散性的颗粒基质上。这种水分散粒剂，生产方法简单，它主要适用于物理性质或化学性质不同的农药混合制剂。例如二氯喹啉酸除草剂在酸性条件下稳定，磺酰脲类除草剂在碱性条件下稳定，二者混在一起，会加速分解，若采用分层包裹，则可避开干扰，得到稳定的水分散粒剂。

优选的结合剂有水溶性聚乙二醇（分子量一般在 3000～8000）固体及其衍生物（如酯或醚），分子量过高的会降低溶解速率。此外，呈液态的低分子量的聚乙二醇或丙二醇的聚合物及其衍生物也较理想。很多物质可用作颗粒载体基质，如尿素、硝酸铵、糖、硝酸钾（钠）以及水溶性固体农药等。

（5）用热活化黏结剂配制的水分散粒剂　它是由热活化黏结剂（HAB）的固体桥，把快速水分散性或水溶性农药颗粒组合物与一种或多种添加剂连在一起的固体农药颗粒组成的团粒，其粒度在 $150\sim4000\mu m$，并具有至少 10% 的空隙，而农药颗粒混合物粒度在 $1\sim50\mu m$，以防止过早出现沉淀，甚至造成喷嘴/筛孔阻塞。

HAB 是指含有一种或多种可迅速溶于水的表面活性剂。HAB 必须符合五项条件：熔点范围在 $40\sim120℃$；可溶于水且 HLB 值为 $14\sim19$；可在 50min 内溶于轻度搅拌的水；具有至少 $200mP\cdot s$ 的溶化黏度；软化点和凝固点之间温差不大于 $5℃$。

四、水分散粒剂的加工

水分散粒剂的制造方法很多，可分为"湿法"和"干法"造粒。

湿法造粒：将农药、助剂等，以水为介质，在砂磨机中研细，制成悬浮剂，然后进行造粒，其方法有喷雾干燥造粒、流动床干燥造粒、冷冻干燥造粒等。

干法造粒：就是将农药、助剂等一起用气流粉碎或超微粉碎，制成可湿性粉剂，然后进行造粒，其方法有转盘造粒、挤压造粒、高速混合造粒、流动床造粒和压缩造粒等。常用的方法有喷雾造粒法、转盘造粒法和挤压造粒法等。

（1）喷雾造粒法　喷雾造粒分为两个工序：首先将原药与分散剂、湿润剂、崩解剂和稀释剂等一起在水中研磨得到需要的粒径，再加入其他所需助剂，调整其浓度和黏度，得到喷雾用的浆料，然后将浆料经喷嘴雾化成微小的液滴，射入喷雾容器（或塔）内，热空气与喷射滴并流或逆流进入干燥器。干燥所需的热空气由鼓风机吸入过滤器和加热器进入喷雾的容器，干净的热空气与料浆在造粒设备内与物料混合并蒸发料浆中的水分，得其产品，工艺流程见图 3-12。

本流程的关键是控制喷雾干燥的温度和粒径大小。一般喷雾温度控制在 $100\sim160℃$。温度太低，颗粒来不及干燥，造成黏壁或者"拉稀"现象；温度太高，对原药稳定性不利，而且浪费资源。粒径大小取决于喷嘴和气流速度。

（2）转盘造粒法　国际市场上销售的水分散粒剂，多数都用此法生产。分两道工序：①将原药、助剂等制造超细可湿性粉剂（载体多为各种土类和白炭黑等）。②向倾斜的旋转盘中，边加可湿性粉剂，边喷带有黏结剂的水溶液进行造粒（也可将黏结剂提前加入可湿性粉剂中）。造粒过程分为核生成、核成长和核完成阶段，最后经过干燥、筛分可得水分散粒剂产品，其工艺流程如图 3-13。

（3）挤压造粒法　首先制造超细可湿性粉剂，与转盘造粒前步相同，然后将可湿性粉剂与定量的水（或含有黏结剂），同时加入捏合机中捏合，制成可塑性物料，

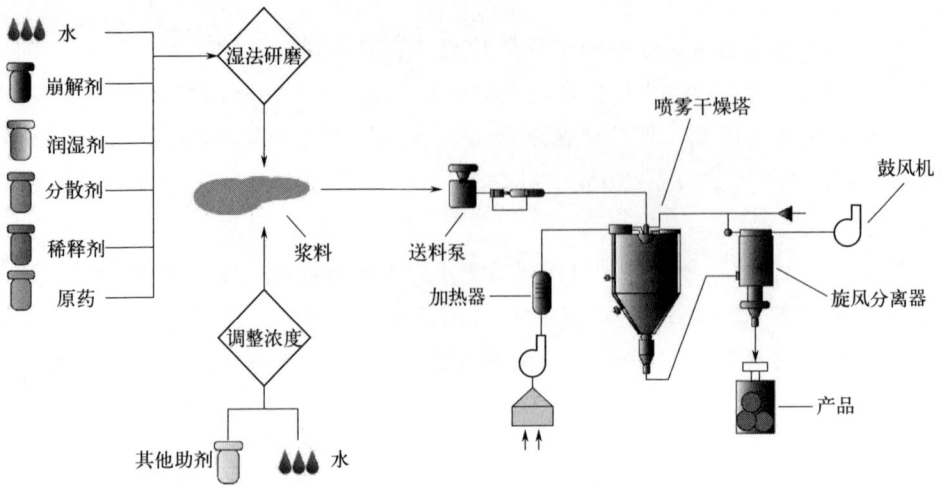

图 3-12 喷雾造粒工艺流程图

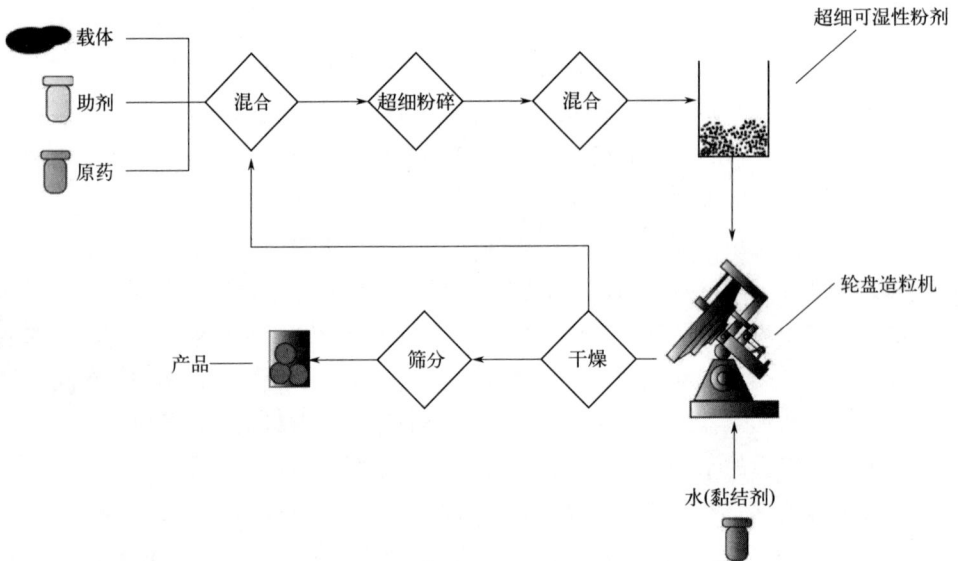

图 3-13 转盘造粒工艺流程图

其中水分含量在 15%～20%，最后将此物料送入挤压造粒机，进行造粒，通过干燥、筛分得到水分散粒剂产品，其工艺流程如图 3-14。

（4）高强度混合造粒　有研究认为喷雾造粒、转盘造粒等方法还有不足之处，如有粉尘、生产能力低、操作不易自动控制，因此提出了制造水分散粒剂的最新方法——高强度混合造粒法。它的基本设备是一个垂直安装的橡胶管，橡胶管中间装有垂直同心的高速搅拌器，搅拌轴上有一定数量的可调搅拌叶片，就像透平机一样，胶管内还装有一套能上下移动的设备，对橡胶管做类似按摩的动作。

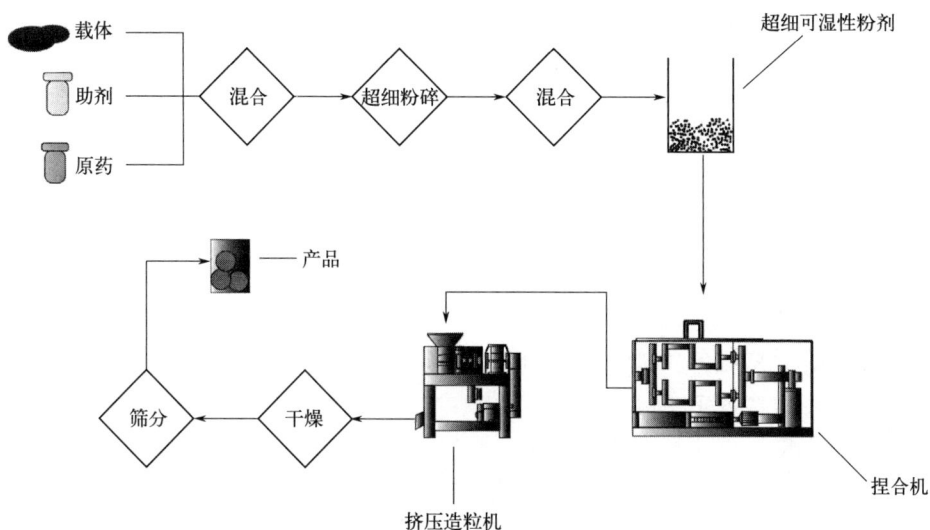

图 3-14 挤压造粒工艺流程图

根据配方要求，将配好、研细的水分散粒剂的粉料加入管子，粉料经搅拌器的作用在管内流动，水喷在流动的粉料上，由搅拌叶子产生高速剪切力造成粉粒极大的湍流，滚在一起形成小球粒，有一些粉料被甩到管壁并附着在那里，但管壁的柔性蠕动装置可使刚刚黏上的物料立即掉下，搅拌叶片将壁上掉下来的薄片打成碎粒，加入的粉料和水碰上碎粒时，碎粒起晶核的作用，团聚成较大的颗粒，干燥后得水分散粒剂。团粒的大小可用成粒机主轴的转速、装在该主轴上的叶片的迎击角以及所加液体的数量等因素加以控制。

五、水分散粒剂的加工实例

实例一：5.7%甲氨基阿维菌素苯甲酸盐（甲维盐）水分散粒剂

甲维盐（72.5%）	7.86%
382	5.0%
3800	1.0%
801	4.0%
1903	2.0%
六偏磷酸钠	1.5%
乳糖	12.0%
硫酸铵	20.0%
玉米淀粉	补足

性能指标：无雾化、无拉丝，15 次崩解。

实例二：50％醚菌酯水分散粒剂

醚菌酯（98％）	51.0％
SD-819	5.0％
SR-02	2.0％
SR-01	2.0％
淀粉	10.0％
硅藻土	15.0％
硫酸铵	15.0％

性能指标：要过气流粉碎机。在标准硬水中悬浮率93％。入水后缓慢掉粒，雾化拉丝。崩解次数10次。

实例三：80％戊唑醇水分散粒剂

戊唑醇（97％）	82.3％
SD-819	2.0％
SD-661	8.0％
SR-05	2.0％
玉米淀粉	补足

性能指标：要过气流粉碎机。悬浮率＞92％，崩解时间＜30s，持久起泡性＜25mL。

实例四：50％吡蚜酮水分散粒剂

吡蚜酮（97.5％）	51.3％
SD-819	2.0％
SD-661	8.0％
SR-05	2.0％
硫酸铵	20.0％
填料 TSD	10.0％
高岭土	补足

性能指标：粒径1mm，悬浮率97.4％，崩解时间＜60s，持久起泡性＜25mL。

六、水分散粒剂的质量指标

水分散粒剂是在可湿性粉剂和悬浮剂的基础上发展起来的颗粒剂，所以水分散粒剂的质量标准及检测方法和可湿性粉剂和悬浮剂有些类似。

1. 水分散粒剂的质量要求

水分散粒剂应具备以下基本性质，技术质量指标见表3-6。

表 3-6　水分散粒剂的技术质量指标

指标名称	指标标准
悬浮率/%	≥85
润湿时间/s	≤30
pH(1%水溶液)	根据具体品种而定
持久起泡性/mL(1min)	≤25
水中崩解性/次	≤20
水分含量/%	≤2.5
分解率/%	≤5
热贮藏稳定性[(54±2)℃,14d]	指标基本不变

（1）颗粒的润湿、崩解速度快　水分散粒剂遇到水体会立即被湿润并在沉到桶底之前几乎全部崩解开。FAO 要求润湿时间低于 30s。

（2）均匀的分散性　颗粒剂崩解后很快分散，稍加搅拌即能均匀分散在水中。崩解后粉粒细度不应超过加工该剂型的粉体细度 $300\mu m$，以便能通过药桶中的滤网和防止堵塞喷头。

（3）悬液稳定性　分散在液体中的粉粒应稍加搅拌即能很好悬浮在液体中，直到药液喷完也能保持很好的悬浮性。一般要求 1～2h 内分散体系稳定，FAO 要求水分散粒剂悬液半小时内悬浮率大于 85%。

（4）再悬浮稳定性　配好的药液如果一时未喷完，放置一段时间后，沉在底部的药粒经搅拌亦能重新在水中悬浮。一般要求 24h 后能良好再分散。

（5）无粉尘　制造出的水分散粒剂中只有极少的细粉。颗粒要有足够的强度，经得起贮运中的磨损而不被破坏。

（6）颗粒的流动性好　颗粒粒度应均匀、光滑，容易从容器中倒出，在高温、高湿条件下贮存颗粒不互相黏结、不结块。

（7）贮存稳定性　产品贮存 1 年或 2 年后应该保持原有性能，即使在农户或商业贮存条件不好时，也能质量不变。

2. 水分散粒剂的质量检验方法

（1）分散性　测定分散性有三种方法。

① 量桶混合法。加 98mL 去离子水或选用载体（硬水等）于 100mL 量筒，称取 2g（或标签使用剂量）加入量筒内，颠倒 10 次，每次约 2s，记录 30、60min 时的沉积物；60min 后再颠倒 10 次，使完全分散，静置 24h 后，记录沉积物再分散而颠倒的次数，颠倒次数低于 10 者通常认为合格。

② 量筒混合过滤法。检验分散性的最常用方法。该法只讲特定时间的分散性，30min 后滤出沉淀，确定悬浮率，主要缺点是不能提供再分散性。

③ 长管实验。它强调水分散粒剂极度稀释系统。这种稀释作用通过加大较大粒子间的距离以缩小范德华力，随着水分散粒剂在水中的极度稀释，只有分散剂对分散起作用。取 1.0g 样品于 50mL 烧杯中，加入 30mL 要求的硬度的水，搅拌3min 得浆液，取浆液 5mL 于 50mL 量筒，再用 45mL 水稀释，颠倒 10 次（2s 1次），转入倾斜玻璃管（1.8cm 内径，长 120cm，含 80cm 高要求硬度的水）侧面，用少量水清洗量筒，5min 和 15min 后记录管底沉积物，超过 0.5mL 则不合格。

（2）润湿性　刻度量筒试验法测得的润湿性具有代表性。取 500mL 342mg/L硬水于 500mL 刻度量筒中，用称量皿快速倒入 1.0g 样品于量筒中，不搅动，记录99％样品沉入筒底的时间。

（3）崩解性　以测定崩解时间长短来表示，一般规定小于 3min。向含有90mL 蒸馏水的 100mL 具塞量筒（内高 22.5cm，内径 28mm）中于 25℃下加入样品颗粒（0.5g，250～1410μm），之后夹住量筒中部，塞住筒口，以 8r/min 的速度绕中心旋转，直到样品在水中完全崩解。

（4）颗粒细度　湿法筛分（通常要求湿筛试验 65μm≥98％）按《农药粉剂、可湿性粉剂细度测定方法》（GB/T 16150—1995）中湿筛法进行；按 MT 166 水分散粒剂（WG）分散后的湿筛试验（CIPAC 方法）。

干法筛分（通常要求湿筛试验 65μm≥95％）按《农药粉剂、可湿性粉剂细度测定方法》（GB/T 16150—1995）中干筛法进行；按 MT 160 水分散粒剂（WG）的干法筛分（CIPAC 方法）。

（5）持久起泡性　规定量的试验与标准硬水混合，静置后计算出泡沫体积。

主要参考文献

[1] 边立峰，王国君. 农药水分散粒剂发展综述[J]. 现代农业科技，2016(4)：149-150.

[2] 戴权. 固体制剂研发思路及策略[J]. 安徽化工，2012(4)：4-6.

[3] 冯建国，张小军，于迟，等. 我国农药剂型加工的应用研究概况[J]. 中国农业大学学报，2013，18(2)：220-226.

[4] 海文. 农药水分散粒剂的市场发展[J]. 精细化工原料及中间体，2010(8)：25，30.

[5] 韩玉莉. 农药水分散粒剂登记开发情况综述[J]. 中国农药，2013，9(8)：34-38.

[6] 华乃震. 农药水分散粒剂的开发和进展[J]. 现代农药，2006，5(2)：32-37.

[7] 黄建荣. 现代农药剂型加工新技术与质量控制实务全书[M]. 北京：北京科大电子出版社，2004.

[8] 凌世海. 固体制剂[M]. 3 版. 北京：化学工业出版社，2003.

[9] 刘刚，张雪冰，程琳琳，等. 我国农药水分散粒剂产品登记现状与改进建议[J]. 植物医学，2022(1)：119-124.

[10] 刘广文. 农药水分散粒剂[M]. 北京：化学工业出版社，2009.

[11] 刘广文. 现代农药剂型加工技术[M]. 北京：化学工业出版社，2013.

[12] 任天瑞，戴权，张雷. 农药制剂与加工[M]. 北京：化学工业出版社，2019.

[13] 沈晋良. 农药加工与管理[M]. 北京：中国农业出版社，2002.

[14] 石得中. 中国农药大辞典[M]. 北京：化学工业出版社，2008.

[15] 史爱民. 农药水分散粒剂专利技术现状及其发展趋势综述[J]. 安徽农业科学，2015，43(8)：79-82.

[16] 屠豫钦，李秉礼. 农药应用工艺学导论[M]. 北京：化学工业出版社，2006.

[17] 屠豫钦. 农药剂型与制剂及使用方法[M]. 北京：金盾出版社，2007.

[18] 王世娟，李璟. 农药生产技术[M]. 北京：化学工业出版社，2008.

[19] 王彦华，王鸣华，张久双. 农药剂型发展概况[J]. 农药，2007，46(5)：300-304.

[20] 吴学民，徐妍. 水分散粒剂理论与配方研究[J]. 中国农药，2010(4)：7-13.

[21] 夏建波，杨长举，黄启良，等. 水分散粒剂中助剂的性能及发展分析[J]. 现代农药，2008，7(3)：1-3，20.

[22] 徐汉虹. 植物化学保护学[M]. 5版. 北京：中国农业出版社，2017.

[23] 袁会珠. 农药使用技术指南[M]. 北京：化学工业出版社，2004.

第四章

液体制剂

第一节 ■■■
可溶液剂

可溶液剂（soluble concentrate，SL）指一类可以加水溶解形成真溶液的均相液态剂型。在可溶液剂中，药剂以分子或离子状态分散在介质中，介质可以是水、有机溶剂或水与有机溶剂的混合物。其中，以水作溶剂的可溶液剂亦称水剂（aqueous solution，AS）。在国际市场上，通常将二者统称为可溶液剂。一般认为，在水中溶解度大于 1000mg/L 的农药适宜于制备可溶液剂，因为它所需添加的极性溶剂较少，甚至可以不加或少加助溶剂。

一、可溶液剂的特点

可溶液剂是一种均一、透明的液体制剂，其农药有效成分以分子状态溶解在溶剂中，使用后有效成分能够快速充分地发挥作用，加工生产也较为方便。但是，大多数农药原药只是具有一定的水溶性而溶解度并不大，因此，不便配制高浓度水剂农药，如杀虫双水剂、助壮素水剂。有些农药原药，如赤霉素在水中的溶解度比较小，但在有机溶剂（乙醇）中的溶解度较大，可加工成乙醇溶液制剂，使用时加水稀释至低浓度后，有效成分仍可快速完全溶解于水中，成为均相的水溶液。

鉴于可溶液剂是以水及相关溶剂为介质，因此其农药原药必须在介质中保持稳定，即不发生分解失效现象。同时，存放期间应避免高温和阳光暴晒，如农药水剂应注意防止水分蒸发，否则液剂的浓度会升高，导致计量出现误差。

可溶液剂，特别是水剂，与环境相容性好，制造工艺简单。随着人们环保和安全意识的增强，绿色制剂成为重要发展方向。作为一种环境友好剂型产品，水剂的数量正在显著增加。截至 2023 年底，我国已登记在册的农药产品约 4.6 万个，其中水剂约占 6%。

二、可溶液剂的组成

可溶液剂包括农药原药、溶剂及助剂三部分。

（1）农药原药 用于配制可溶液剂的农药原药必须溶于水或不溶于水但能制成水溶性盐，或溶于与水互溶的有机溶剂中。

（2）溶剂 通常为水和水溶性有机溶剂及其复合溶剂。

常用的助溶剂很多，一般分为两类：一类是某些有机酸的钠盐，如苯甲酸钠、水杨酸钠、柠檬酸钠、对羟基苯甲酸钠、对氨基苯甲酸钠、氯化钠等；另一类是某些酰胺，如烟酰胺、异烟酰胺、乙酰胺、乙二胺、脂肪胺以及尿素等。

（3）助剂 可溶液剂的助剂相对简单，具有基于制剂在作物表面的润湿、展着、渗透等功能，另外还需要加入防冻、防霉等助剂。

可溶液剂中通常选用的极性溶剂和增溶剂为酰胺类，如 DMF；酮类，如环己酮、N-甲基吡咯烷酮；直链或支链的醇以及特殊结构的某些极性溶剂等。

三、可溶液剂的加工

能溶于水的农药原药可以直接配制成水剂，但大多数农药原药难溶于水或溶解度低，因此，必须通过一定的加工配制，才可能成为可溶液剂。总体上，可溶液剂的加工方法较为简单（图 4-1），包括物理方法和化学方法两类。

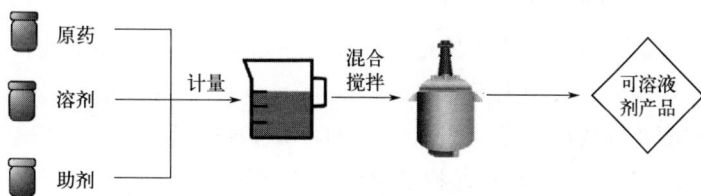

图 4-1 可溶液剂的加工流程

（1）物理方法 即根据农药有效成分的物理特性及各功能团的结构组成，寻找溶解介质，利用增溶作用、助溶作用及其助剂的功能配制成可溶液剂。

（2）化学方法 即改变农药有效成分结构，增大在介质中的溶解度，以方便配制所需规格的可溶液剂。一般是利用酸碱中和反应原理，将其与酸或碱作用，成为可溶性盐。对于一些难溶于水和极性有机溶剂的中性农药，为提高其在水中的溶解度，常在分子结构中引入磺酸基团或羧酸基团。但是，改变化学结构必须遵循一个基本原则——不能降低农药本身的活性。

在实际生产过程中，一种可溶液剂的产生，往往综合利用上述物理方法和化学方法。如草甘膦原药 25℃时在水中的溶解度仅为 1.2g，且不溶于一般有机溶剂。为配制成相应的水剂，就必须将其变为盐，41%草甘膦水剂即是由草甘膦与异丙胺成盐所得，此即化学加工过程。异丙胺盐虽然完全溶解于水，但其单一的水剂不能充分发挥药效，必须加入相应的助剂，此即物理加工过程。

四、可溶液剂的加工实例

实例：68%草甘膦异丙胺盐可溶液剂

加工方法：按照总份量 1000 份计。向反应釜中加入草甘膦（97%含量）519.4份、水 161.6 份，混合搅拌至浆液状，向浆液中滴加异丙胺（70%含量）289 份，加入过程中控制温度在 30～40℃，滴加完毕后 50～60℃下保温 2～3h，然后加入7.5 份烷基糖苷、22.5 份椰油酰胺丙基二甲胺，继续搅拌至物料均一透明，即得68%草甘膦异丙胺盐可溶液剂。

五、可溶液剂的质量指标

可溶液剂是一种可溶性的真溶液，包含多种化学物质，除农药原药外，还有相当数量的溶剂及助剂。加工成制剂后，要经过冷贮、热贮、运输等，因此必须对产品质量进行监控。

（1）有效成分　通过定性鉴别试验确定可溶液剂有效成分。除少数品种为化学法分析外，绝大多数采用气相色谱和液相色谱等仪器方法。有效成分含量以 g/kg、g/L 表示，不能小于规定值。

（2）水分含量　若水介质含量对产品有物理化学等质量影响，则需明确其水分含量的范围；若无影响，则无需界定。

（3）酸碱度及持久起泡性　酸碱度以 H_2SO_4/NaOH 计，以 g/kg 表示，或用pH 值范围表示。持久起泡性，即特定时间下的泡沫体积（mL），按《农药持久起泡性测定方法》（GB/T 28137—2011）执行。泡沫量过多，势必造成喷洒药液的有效成分含量分布不均，从而影响施药效果。

（4）稳定性及水互溶性　稳定性需符合相关要求，包括 0℃稳定性［(0±2)℃，7d 后］及快速贮存稳定性［(64±2)℃，14d 后］。水互溶性采用标准硬水（342mg/L）稀释测定，要求均一且无析出物。

（5）黏度及表面张力　测定黏度时，由于非牛顿流体对于不同的仪器、不同的转子、不同的转速测定结果都有很大的差异，因此，在制定黏度指标时需标明仪器及转子。表面张力通常采用白金环法测定。

第二节

乳 油

乳油（emulsifiable concentrate，EC）是由农药原药（原油或原粉）按一定比例溶解在有机溶剂中，再加入一定量的农药专用乳化剂，制成的均相透明油状液体，和水能形成相对稳定的乳状液，这种油状液体称为乳油。

一、乳油的发展

自瑞士科学家米勒发现滴滴涕（DDT）的杀虫活性并在农业上使用后，农药乳油剂型至今已有七十余年的历史。因其具有活性好、易加工、成本低等优点，迅速发展成为农药的重要剂型。早期滴滴涕用肥皂或硫酸化（或磺化）蓖麻油作乳化剂。配成的乳油黏度很大，流动性能差，乳化分散性能不好，乳化剂的用量也很大，一般配制 25％滴滴涕乳油，乳化剂的用量高达 30％。这种乳化剂由于水分含量高而不适于配制有机磷农药乳油。20 世纪 40 年代中期，醚型非离子表面活性剂开始用于配制农药乳油；到 1954 年，醚型非离子表面活性剂如烷基酚聚氧乙烯醚、苄基联苯酚聚氧乙烯醚等，在农药乳化剂中已占主要地位，进一步改善和提高了农药乳油的质量，但仍然存在乳化剂用量较大、自动乳化分散性差等缺点。1955 年在农药乳化剂中出现了油性的十二烷基苯磺酸钙与非离子表面活性剂相互搭配的混合型农用乳化剂，从而使农药乳油进入了一个新的发展阶段。这种混合型乳化剂不但用量明显减少，而且具有良好的自动乳化分散性能，适应范围广泛，可用于配制各种农药乳油，也使乳油真正成为农药的重要剂型。

20 世纪 60 年代以前，我国也使用硫酸化蓖麻油配制 25％滴滴涕乳油。20 世纪 60 年代初期开始研制开发各种新型农药乳化剂及其应用技术，70 年代已形成相当的生产规模，并解决和掌握了乳化剂的应用技术和乳油的配方技术，到 80 年代在农用乳化剂的品种和产量上已基本上能满足各种农药品种配制乳油的需要。

1963 年以前，即六六六、滴滴涕禁用之前，我国农药乳油的产量约占农药制剂总产量的 10％。六六六、滴滴涕停产以后，有机磷农药曾一度成为我国农药杀虫剂的主体，乳油的产量急剧增加，1987 年统计乳油占农药制剂总产量的 25.8％，其中有机磷农药占乳油产量的 80％以上。后来，新合成的拟除虫菊酯类农药品种和各种混配农药制剂也都加工成乳油使用，使得乳油产量占农药制剂总产量的 20％以上，销售额占 50％以上，到 2000 年达到高峰，有数据统计国内该制剂的产量曾占整个杀虫剂产量的70%左右，占整个剂型的40%左右，到2018年乳油在主要农药制剂产品中的占比则下降到32.6%。

由于乳油中大量使用污染性强的甲苯、二甲苯溶剂，以及一些污染强的乳化剂，乳油这种产品对环境的负面影响逐渐显现出来。这些溶剂具有闪点低、易燃易爆的危险，对人和环境还存在一定的安全风险，在农药使用过程中进入环境后，不仅可能造成严重的环境污染而且损害人体健康，导致生物慢性中毒等。随着人民群众生活质量的提高，对环境质量和食品安全提出了更新更高的要求，限制或禁止使用该剂型提上议事日程。1987年，二甲苯已被美国国家环保局（USEPA）确定为有毒物质，1992年美国政府出台了禁用甲苯、二甲苯等有机溶剂用于农药制剂的规定；此后，欧洲国家相继出台了类似的规定；2002年菲律宾政府发布不允许使用甲苯和二甲苯配制乳油农药的规定；2006年2月我国台湾地区农业委员会对二甲苯、苯胺、苯、四氯化碳、三氯乙烯等农药产品中使用的38种有机溶剂进行了限量管理（表4-1）。

表4-1　农药乳油中有害溶剂限量的要求

溶剂类别	限量值/%	
	中国大陆	中国台湾
苯（benzene）	≤1.0	≤1.0
甲苯（toluene）	≤1.0	≤1.0
二甲苯（xylene）	≤10.0	≤10.0
乙苯（ethylbenzene）	≤2.0	≤2.0
甲醇（methanol）	≤5.0	≤30.0
N,N-二甲基甲酰胺（DMF）	≤2.0	≤30.0
萘（naphthalene）	≤1.0	—

2014年，工信部出台了HG/T 4576—2013《农药乳油中有害溶剂限量》标准，对苯、甲苯、二甲苯、乙苯、甲醇、N,N-二甲基甲酰胺（DMF）和萘等7种溶剂作了限量要求，与中国台湾地区规定的农药产品中有机溶剂的限量相比，工信部对乳油中有害溶剂限量标准的要求更加严格。2015年中国农药管理部门组织专家曾研讨对甲醚、壬基酚等9种禁用助剂和苯、甲苯等75种限用助剂加强管理，起草了《农药助剂禁限用名单》，也表明助剂管理需要结合发展现状，进一步完善管理条例。

中国对乳油这种剂型的登记也开始采取了一些限制性的措施，在2009年2月13日，工信部颁布了中华人民共和国工业和信息化部［2009］第29号公告，自2009年8月1日起不再颁发农药乳油产品批准证书。主要有以下三点内容：①针对新申报的乳油产品"不再颁发农药乳油产品批准证书"，暂不包括换发农药生产批准证书的乳油产品。②正在农业部农药检定所办理农药登记手续的乳油产品，仍可申报农药生产批准证书，符合条件的，在 2009 年 8 月 1 日前可以颁发农药生产批准证书。③对于农业用药需要且只能配制成乳油剂型的农药原药，在相关科学实验的基础上，工信部将会同其他农药管理部门协商解决办法。2017 年环保监管力度加大。十九大政策的环保导向，使得全国各地的很多企业的乳油产品进入限产、停产的状态，转换使用环保溶剂，或将乳油转换成其他环保剂型势在必行。

针对乳油遇到的问题，农药工作者选择对环境友好、生物降解性好的绿色表面活性剂和溶剂应用于农药乳油产品生产。如多元醇类酯（尤其是醇类的磷酸化三酯类）、醚类、酮类、水不溶的醇类、聚乙二醇类和植物油类代替石油基溶剂。国外公司采用结构完全不同于二甲苯的有机物作为乳油的溶剂，如吡咯烷酮和丁内酯系列，它们已被美国环保局获准用以代替二甲苯等有害溶剂。近年我国使用菜籽油、棉籽油、松节油、大豆油等植物油作溶剂也取得良好效果。

二、乳油的分类

（一）按乳油入水后形成的乳状液分类

乳油入水后形成的乳状液可分为两种类型，即水包油（O/W）型和油包水（W/O）型，两种类型乳状液的区别主要取决于乳化剂的亲水亲油平衡值（HLB）和油相/水相的比例，水包油型是水相较多的体系，选用 HLB 较大的乳化剂；油包水型是油相较多的体系，选用 HLB 较小的乳化剂。常见的绝大多数农药乳油都属于水包油型乳油，加水形成的乳状液为水包油型乳状液。但两者在一定条件下可以相互转变，如当乳油在搅拌下加水时，水开始以微小的粒子分散在油中，成为油包水（W/O）型乳状液，继续加水到一定程度后，乳状液变稠，随着水量的增加黏度急剧下降，转相为水包油（O/W）型乳状液（图 4-2）。

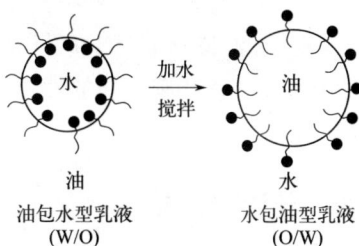

图 4-2　油包水型乳液向水包油型乳液的转变

（二）按乳油注入水中的物理状态，可分为以下两种类型

（1）可溶性乳油　可溶性乳油常见于多种有机磷农药乳油，当乳油加入水中后，有效成分自动分散，迅速溶于水中（溶解所需的时间越短，则分散性越好，一般在 10min 以内，以 3～5min 内全部溶解为好），形成灰白色或淡蓝色云雾状分散，搅拌后呈透明胶体溶液。在这种情况下，有效成分呈分子状态溶于水中，乳油微粒的直径在 0.1μm 以下。这种乳浊液的稳定性和对受药表面的湿润与展着性都很好。

（2）乳化性乳油　此乳油加到水中后成乳状液。乳化性乳油加入水中，其有效成分主要存在于油珠内，乳状液的稳定性一般较差。大致可分为以下三种情况：①稀释后乳液外观有蛋白光，摇动后有附在玻璃壁上的现象，呈淡蓝色。油球直径一般在 $0.1\sim1\mu m$ 之间，这种乳油一般稳定性好。②稀释后像牛奶一样的乳浊液，油珠直径在 $1\sim10\mu m$ 之间，乳液稳定性一般是合格的，但有些要经过测定才能确定是否合格。③有的乳油加入水中后，成粗乳状分散体系，油珠直径一般大于 $10\mu m$，乳浊液易浮油或沉淀，这种乳液使用时易发生药害或药效不好。

三、乳油的特点

① 乳油对原药有较宽的适应性。农药原药包括固体农药和液体农药在内，多数都难溶或不溶于水，但易溶于二甲苯等有机溶剂中。相当一部分原药，特别是有机磷遇水容易分解或在水中不稳定，但在有机溶剂中都常常是稳定的。

② 乳油是真溶液，是透明的均相的油状液体，一般都具有良好的化学和物理稳定性，在常温密闭条件下，长时间贮存也不易发生分解、浑浊、分层、沉淀等现象，低温又不易冻结，即乳油具有极佳的贮藏性能。

③ 乳油一般能制成较高含量，在施用时直接兑水稀释，使用较方便。

④ 乳油经稀释后喷施在靶标上，药液能很好地黏附、展着在作物体表面或病虫草体上，不易被雨水冲刷流失，持效期长。且药剂容易浸透至植物表皮内部，或渗透至病菌、害虫体内，极大增强了药剂的防效，即乳油的生物活性好。

⑤ 乳油加工较容易，无需特殊的设备和专门的机械。

⑥ 乳油特别适合于农药的复配，农药复配是农药剂型加工的重要内容，通过复配可以显著改善农药的性能，如扩大应用范围、降低毒性、延缓抗性、提高防治效果等。

四、乳油的组成

乳油主要由农药原药、溶剂和乳化剂组成。某些乳油中还需要加入适当的助溶剂、稳定剂和增效剂等其他助剂。有效成分是主体，其他成分应当根据农药的品种、理化性质和使用技术进行合理选择，以保证乳油制剂的加工质量。

（一）农药原药

在常温下是固体的称为原粉，如烯啶虫胺原粉；在常温下是液体的，则称为原油，如氟氯氰菊酯原油。原药是乳油中有效成分的主体，它对最终配成的乳油有很大的限制和影响。因此在配制前，首先要全面地了解原药本身的各种理化性质、生物活性及毒性等。原药的物理性质主要是物态（如是固体或液体）、有效成分含量、杂质主要组分、在有机溶剂和在水中的溶解度、挥发性、熔点和沸点等。化学性质主要是有效成分的化学稳定性：包括在酸、碱条件下的水解性（半衰期）、光化学和热敏稳定性；与溶剂、乳化剂和其他助剂之间的相互作用等。生物活性包括有效成分的作用方式、活性谱、活性程度、选择性和活性机制等。毒性主要指急性毒性，包括急性经口、经皮和吸入毒性。在配制混合乳油时，还需了解两种（或多种）有效成分的相互作用，包括毒性和毒力。在上述各项性能中，以原药纯度、在有机溶剂中的溶解度和化学稳定性最重要。

农药的品种很多，各品种之间的理化性质差别很大，有的可以加工成乳油，有的则不能加工成乳油。例如，有些固态原药如福美双、乙基磷酸铝等，在各种溶剂中溶解度都很小，找不到一种理想的溶剂将其溶解，因此很难加工成乳油。还有一些品种如甲萘威、灭多威等在常用的溶剂中溶解度很小，只有在某些特殊的溶剂如环己酮、二甲基甲酰胺中溶解度较大，这类农药若要加工成乳油成本太高，实际也不适合加工成乳油。一般来说，油溶性的或极性小的液态原药加工成乳油比较合理。例如，大多数有机磷农药、拟除虫菊酯和部分氨基甲酸酯类农药可以被加工成乳油，凡是水溶性强的固态原粉，如含有各种杂环结构的农药品种，加工成乳油就比较困难，由此可见，一种农药能否加工成乳油，在很大程度上取决于原药的理化性质，其中最重要的是溶解度。另外，原药质量的好坏，对乳油质量影响很大，有效成分含量低，杂质含量高，特别是极性强的杂质含量高就很难制成合格的产品。

乳油中有效成分含量的高低，主要取决于农药原药在溶剂中的溶解度和施药要求。一般的要求是以乳油在变化的温度范围内，仍能保持均一稳定的溶液为准，从中选出一个经济合理的含量。乳油中有效成分的含量在一般情况下越高越好，高浓度的制剂不但可以节省溶剂和乳化剂的用量，而且可以节省包装材料，减少运输量，从而降低乳油的成本。但如果含量过高，在常温下可能是合格的，但在低温条件下，可能就会出现结晶、沉淀和分层，致使已配制好的乳油不合格；对于一些高效甚至超高效药剂，为使用方便也常加工成低含量的乳油。但如果含量过低，则必会造成溶剂、乳化剂和包装材料的浪费。因此，选择一种经济合理的含量是很重要的。农药乳油的含量一般在50％以上（以质量分数计），对某些特殊用途的农药品种或某些高档产品，根据需要和综合平衡，含量也可以低一些，但最好控制在20％以上。当然，目前一些高效或超高效药剂，因成本与药效的原因也可制成低含量的乳油。

另外，乳油的含量与原药的纯度有关，如果原药纯度很低，杂质很多，那么即使用理想的溶剂和乳化剂也无法制成高浓度乳油，因此制备乳油的原药应当是纯度越高越好。

（二）溶剂

起溶解（固体原药）和稀释（液体原药）作用，在乳油制剂中占比较大，农药乳油制剂生产中需要使用大量的有机溶剂，含量一般在30％～60％，其品种主要有苯、甲苯、二甲苯、甲醇、二甲基甲酰胺等，现在已经有一些改性植物油和植物油在使用。

根据乳油的理化性能、贮运和使用要求，乳油中的溶剂应具备对原药有足够大的溶解度，对有效成分不起分解作用或分解很少；对人、畜毒性低，对作物不会产生药害；资源丰富，价格便宜；闪点高，挥发性小；对环境和贮运安全等条件。常用溶剂的品种如下：

1. 芳烃溶剂

芳烃溶剂主要有苯、甲苯、二甲苯等，由于毒性和环境问题，该类溶剂将被限量使用或逐步禁用。

混合二甲苯是三种异构体二甲苯的混合物，这种溶剂对大数农药原药都有较好的溶解度，闪点在 25～29℃，在化学上惰性，对有效成分稳定性好，适用于配制各种农药乳油。另外，这类溶剂资源丰富，价格便宜，是目前使用最多、用量最大的农药溶剂。缺点是对某些水溶性或极性较强的农药品种溶解度较低，需要加适当助溶剂，才能保证乳油在较低的温度条件下不会产生结晶或沉淀。

甲苯是一种较好的农药溶剂，它不但具有二甲苯溶剂的许多优点，而且对某些农药的溶解性能比二甲苯还要好一些。但闪点较低（4.4℃），蒸气压（25℃时为 3.8kPa）比二甲苯高。在二甲苯短缺或溶解度不理想时，可以代替二甲苯使用。甲苯的毒性比二甲苯稍高，比纯苯低。

2. 非芳烃溶剂

（1）生物源溶剂　生物源溶剂主要是从动植物中提取的低毒类天然产物，原料易得，可生物降解，对环境污染小。主要有大豆油、玉米油、丁香油、桂皮油、松节油、松脂基植物油等。其中大豆油、玉米油等溶剂成本低，对环境安全，但对农药原药的稳定性和溶解性较差，在应用过程中通常会进行甲酯化或甲基化改性，从而改善其溶解性和稳定性。松脂基植物油主要由萜类化合物及脂肪酸单烷基酯组成，其在各方面的性能与芳烃类溶剂相当，是替代乳油中芳烃类有机溶剂的理想溶剂之一。

（2）矿物源溶剂　矿物源溶剂是从石油中加工得到的芳烃类或烷烃类物质，包括矿物油、磺化煤油及溶剂油等。矿物油是由石油精炼所得液态烃的混合物，主要为饱和的环烷烃与链烷烃混合物，本身可作为农药使用。磺化煤油是通过将煤油一部分氢原子取代为磺酸基团得到的一种溶剂，由于其毒性小、资源充足、环境相容性好，可以作为传统乳油中芳烃溶剂的替代物。埃克森美孚公司生产的高沸点重芳烃溶剂油，如 Solvesso-100（S-100）、Solvesso-150（S-150）和 Solvesso-200（S-200）系列溶剂等，闪点更高，分子量较大，由于其毒性比甲苯、二甲苯低，且对多种农药具有较好的溶解性能，因此可作为乳油中甲苯、二甲苯的替代品。

（3）人工合成溶剂　人工合成溶剂是通过人工合成的方法得到的对农药溶解性

能较高、低毒安全的有机溶剂，可替代农药乳油中有害的有机溶剂，如乙酸仲丁酯、乙二醇二乙酸酯、低共熔溶剂等。

（三）乳化剂

乳化剂具有界面活性，能在两种不相溶的液体的界面上形成单分子层，降低其界面张力。其极性基团趋向于水相，非极性基团趋向于油相，形成定向排列。

乳化剂是配制乳油的关键助剂。其功能是通过对原药的乳化、分散、增溶、润湿而促使农药在使用时充分发挥效力。在乳油的配制生产中，如果对乳化剂的选择不适当，就无法配制出合格的产品。

农药乳油中的乳化剂至少应有乳化、润湿和增溶三种作用。乳化作用主要是使原药和溶剂能以微小的液滴均匀地分散在水中，形成相对稳定的乳状液，即赋予乳油良好的乳化性能。增溶作用主要是改善和提高原药在溶剂中的溶解度，增加乳油的水合度，使配成的乳油更加稳定，制成的药液均匀一致。润湿作用主要是使药液喷洒到靶标上能完全润湿、展着，不会流失，以充分发挥药剂的防治效果。按乳化剂分子的亲水性功能基团可分为以下几类：

（1）非离子型乳化剂（non-ionic emulsifiers） 在水溶液中不产生离子的一类乳化剂，其分子中的亲水基是羟基和醚键。配制农药乳油制剂常见的品种有：①蓖麻油聚氧乙烯醚，由蓖麻油与环氧乙烷缩合而成，商品代号为 By、EL、"宁乳"等，根据不同的环氧乙烷聚合量，又命名为不同的序号，如 By110、By130 等；②斯盘（Span）系列和吐温（Tween）系列乳化剂；③二苄基联苯酚聚氧乙烯醚，由二苄基联苯酚与环氧乙烷缩合而成，商品代号为农乳 300 号；④烷基酚聚甲醛聚氧乙烯醚，由烷基酚与甲醛聚合后再与环氧乙烷缩合而成，商品代号为农乳 700号；⑤三苯乙基苯酚聚氧乙烯醚，由三聚苯乙烯与苯酚聚合后再与环氧乙烷缩合而成，商品代号为农乳 400 号。

（2）阴离子乳化剂（anionic emulsifiers） 在水溶液中产生带负电荷的有机离子，并呈现界面活性的乳化剂，主要有：①十二烷基苯磺酸钙，十二烷基苯经磺化后再经中和形成钙盐而成，商品代号为农乳 500 号；②土耳其红油，以蓖麻油为原料，经硫酸化后，再经中和为钠盐而成，又名硫酸化蓖麻油，20 世纪 50 年代在中国曾大量用于配制鱼藤酮乳剂和滴滴涕乳油；③十二烷基聚氧乙烯基硫酸钠，以十二烷醇为原料，先与环氧乙烷缩合，再经硫酸化后中和为钠盐。

（3）阳离子乳化剂（cationic emulsifiers） 在水溶液中产生带正电荷的有机离子，并呈现表面活性的乳化剂，为铵盐及季铵盐类化合物，如氯化十八烷基铵。

（4）混合型乳化剂 用一种阴离子型乳化剂单体与 1～2 种非离子型乳化剂单体，根据被乳化农药的特性，按不同比例混合配成的乳化剂。非离子型乳化剂、阴离子乳化剂及阳离子乳化剂均系乳化剂单体，实际配制农药乳油时，为提高乳液稳定性和节省乳化剂用量，多采用混合乳化剂，其中还含有一定量的有机溶剂。混合型乳化剂有一定的适用范围。目前配制农药乳油常用的乳化剂主要是混合型乳化剂。商品化的农药乳油都有各自的专用乳化剂，如合成拟除虫菊酯类农药乳油的专用乳化剂是 2201。

乳化剂是配制农药乳油的关键成分。根据农药乳油的要求，乳化剂应具备下列条件：首先是能赋予乳油必要的表面活性，使乳油在水中自动乳化分散，稍加搅拌后能形成相对稳定的乳状液（药液），喷洒到作物或有害生物体表面上能很好地润湿、展着，加速药剂对作物的渗透性，但需保证对作物不产生药害。其次对农药原药应具备良好的化学稳定性，不应因贮存日久而分解失效；对油、水的溶解性能要适中；耐酸，耐碱，不易水解，抗硬水性能好；对湿度、水质适应性能广泛，此外不应增加原药对哺乳类动物的毒性或降低对有害生物的毒力。

在农药乳油中，乳化剂的选择是一个非常重要而又非常复杂的问题，一方面是化学结构上的适应性，即非离子乳化剂品种的选择。例如，多苯核醚类非离子型乳化剂，对磷酸酯结构的农药品种适应性能比较好，而对有机氯农药品种的适应性很差。根据经验，大多数有机磷农药品种应选用多苯核为母体的醚型表面活性剂为主体，如农乳 Bp、农乳 600、农乳 Bc、农乳 Bs 等，对大多数有机氯农药与一些菊酯类农药品种应选用 By 和 OP 型乳化剂单体。另一方面是农药的 HLB 值与乳化剂的 HLB 值相适应，即非离子乳化剂单体聚合度的选择。每种乳化剂单体的聚合度或 HLB 随农药品种的不同而有不同的要求，对亲水性较强或要求 HLB 值较高的农药品种，如敌敌畏，要求聚合度或 HLB 值高一些；一般应在 4.5 以上。对于亲油性较强或要求 HLB 值较低的农药品种，如马拉硫磷，乳化剂的 HLB 应低一些，一般在 2.5 以上。乳化剂在乳油中有乳化、分散、增溶和润湿等作用，从实践经验来看，其中最重要的是乳化作用。自 20 世纪 60 年代以来，配制农药乳油所使用的乳化剂主要是混配型的，即由一种阴离子型乳化剂和一种或几种非离子型乳化剂的混配而成的混合物。这是因为混配型乳化剂可以产生比原来各自性能更优良的协同效应，从而可以降低乳化剂的用量，更容易控制和调节乳化剂的 HLB 值，使之对农药的适应性更宽，配成的乳状液更稳定。

（四）其他助剂

主要是助溶剂（co-solvents）、稳定剂（stabilizers）、增效剂（synergists）等。

助溶剂是能提高农药原药在主溶剂中溶解度的辅助溶剂，大多数助溶剂本身就是有机溶剂，但加少量即可提高主溶剂的溶解能力。助溶剂的作用是提高和改善原药在主溶剂中的溶解度，使配成的乳油在低温条件下更加稳定，不会出现分层现象或析出沉淀。助溶剂常用于配制乳油和油剂，以提高乳油和油剂的有效成分浓度，尤其是在配制高浓度乳油和超低容量油剂时，须选用一定的助溶剂。大多数助溶剂极性比较强，较常用的有醇类如甲醇、异戊醇，酚类如苯酚、混合甲酚等，乙酸乙酯、二甲基亚砜等也是很好的助溶剂，与原药和主溶剂均有很好的相容性。助溶剂大部分都是重要的有机溶剂和化工原料，而且价格比普通有机溶剂高，一个较好的助溶剂用量应在 5% 以下。

稳定剂是能够减缓或防止农药在储运过程中有效成分分解或发生物理不稳定现象的助剂。提高物理稳定性主要是防止乳油发生结晶、絮凝、沉降、分层等不稳定现象。提高化学稳定性主要是防止乳油有效成分发生光解、水解、氧化等不稳定现象。稳定剂主要有烷基（芳基）磷酸酯、亚磷酸酯类、多元醇、烷基（芳基）磺酸酯及其取代铵盐、取代环氧化物等。

增效剂是指本身基本无生物活性，但与农药混用时，能够改善药液生物活性的化合物。按照增效原理，可将增效剂分为两类，一类是通过增加农药药液在防治对象上的附着性、渗透性等提高防效；另一类多为多功能氧化酶、羧酸酯酶等生物解毒酶的抑制剂，主要通过抑制或弱化靶标（害虫、杂草、病菌等）对农药的解毒作用，延缓农药在防治对象体内的代谢速率，从而增强农药防效。常用的增效剂主要有增效醚、增效胺、增效磷等。

五、乳油的加工

乳油的加工按照选定的配方，将原药溶解于有机溶剂中，再加入乳化剂等其他助剂，在搅拌下混合溶解，制成单相透明的液体（图 4-3）。乳油的制备一般包括的几个步骤：

① 有效成分含量的选定，主要取决于原药在有机溶剂中的溶解度。一般制成 50%～80% 乳油，某些特殊用途或高效农药产品，有效成分含量可以降低，如 2.5% 溴氰菊酯乳油。

② 调制工艺。调制乳油的主要设备是调制釜，它由带夹套的搪瓷玻璃反应釜、搅拌器和冷凝器等组成。如果原药在常温下是流动性能好的液体，可按照选定的配方，将原药、乳化剂和溶剂依次投入调制釜中，开动搅拌机进行混溶，一般情况下不需要加热或冷冷。但在冬季较冷的地区，或夏季较热地区，要根据气温变化情况适当加热或冷却。如果原药是固体或常温下流动性较差的液体，可先将原药和大部分溶剂投入调制釜中，在搅拌下使原药溶解在溶剂中，有时为了加快原药的溶解速度，可以适当加热，但加热温度不应高于溶剂的沸点，待原药部分溶解后，再投入乳化剂和剩余的溶剂，继续搅拌直至混合均匀。

③ 过滤。配好的乳油中往往含有少量或微量来自乳化剂和原药的不溶性杂质，悬浮在乳油中。由于含量很少，又不易被肉眼发现，所以往往不会引起人们的注意，但贮存日久就会出现明显的絮状物，悬浮在乳油的中下部，严重地影响乳油的

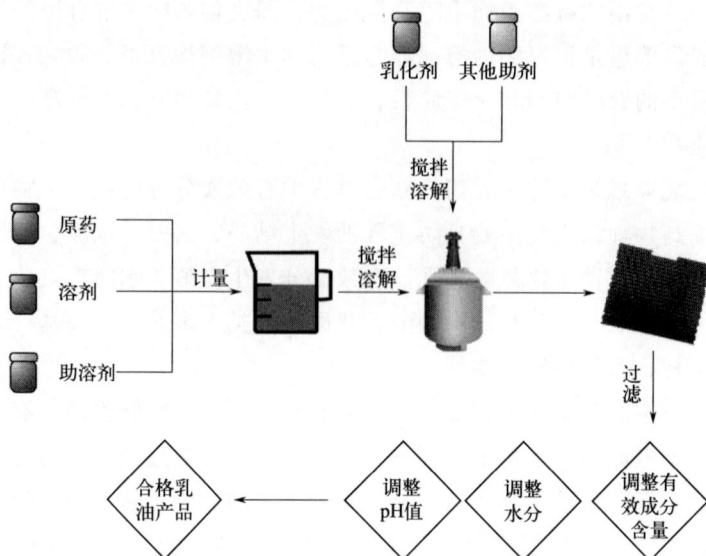

图 4-3　乳油加工流程图

外观质量。因此，过滤是乳油生产中一道重要的工序。

④ 调整混合均匀后的物料。将温度调节到室温，取样分析有效成分含量、水分含量、pH 值以及乳化性能等指标，如不合格，应进行调整。

乳油的调制虽然很简单，但必须按照操作规程严格操作，特别注意水分含量的控制，因为水分能加速大多数农药的分解速率，水分含量过高，乳油的贮存稳定性就很差，甚至会出现乳油失效变质现象。

六、乳油的加工实例

实例一：1.8％阿维菌素乳油

阿维菌素油膏	1.8％
DMF	5.0％
油酸甲酯	10.0％
农乳 HY-204B	9.0％
农乳 HY-207	3.0％
二甲苯	补足

实例二：10％高效氯氟氰菊酯乳油

高效氯氟氰菊酯	10.0％
甲基吡咯烷酮	2.0％
农乳 700#	1.0％
农乳 500#	5.5％

农乳 1601#   4.5%

松脂油 ND-45   补足

实例三：10%高效氯氟氰菊酯乳油

高效氯氟氰菊酯   10.0%

甲基吡咯烷酮   2.0%

农乳 700#   1.0%

农乳 500#   5.5%

农乳 1601#   4.5%

松脂油 ND-45   补足

实例四：900g/L 乙草胺乳油

乙草胺   900g/L

农乳 HY-5617   90～100g/L

甲醇   补足

实例五：5%唑螨酯乳油

唑螨酯   5.0%

农乳 HY-536H   5.0%

二甲苯   补足

七、乳油的质量检测

（一）农药乳油的基本要求

① 乳油应是清晰透明的油状液体，在常湿条件下保质期内不分层、不变质，仍保持原有的理化性质和药效。

② 乳油放入水中应能自动乳化分散，稍加搅拌就能形成均匀的乳状液；乳状液应有一定的经时稳定性，通常要求在 3h 内不会析出油状物或产生沉淀。

③ 对水中溶解性固体含量和水温应有较广泛的适应性，一般要求在水温 15～30℃、水中溶解性总固体 100～1000mg/L 的条件下，乳油的乳化性能和稳定性不应发生显著变化。

④ 乳油加水配成的乳状液喷洒到作物或有害生物体上应有良好的润湿性和展着性，并能迅速发挥药剂的防治效果。

（二）乳油的质量标准

乳油的质量好坏直接影响药效的发挥和防治效果，如果乳油的乳化分散性能不好，那么配制成的乳状液就会因粒子太粗而不稳定，容易产生分层现象或析出沉淀，这样不但不能达到预期的防治效果，而且容易产生药害。为了充分地发挥药剂的防治效果，保证产品的质量和提高产品的竞争能力，必须建立乳油的质量标准。

农药乳油的质量标准，因各个国家的要求不同而不完全一致，同一国家对不同农药品种，也有不同的要求，概括起来主要有下列内容：

① 有效成分含量应不低于规定的含量。

② 外观应为单相透明液体，无可见悬浮物或沉淀。

③ 自发稳定性应符合规定的标准。

④ 乳化稳定性应符合规定的要求。

⑤ 酸、碱度应符合规定的要求。

⑥ 水分含量应符合规定的标准。

⑦ 热贮藏试验乳油经高温（一般54℃左右）贮存一定时期后，有效成分分解率应小于规定量。

⑧ 冷贮试验乳油经低温贮存后，仍符合上述各项要求。

⑨ 闪点应符合贮存、运输安全规定。

⑩ 表面张力、接触角、渗透性等应符合规定的标准。

（三）乳油质量的检测方法

乳油质量检测包括有效成分含量和物理性能两个方面。其中有效成分含量因品种的不同测定方法不一样，一般可以参照原药的分析方法进行。下面重点介绍几种物理性能的测定方法。

（1）乳化分散性　我国试用的方法是用注射器将1mL乳油，在距离水面2cm高处，慢慢地加到装有硬水的烧杯里，观察乳化分散状态。评价方法见表4-2。

表 4-2　乳油乳化性评价标准

分散状态	乳化状态	评价记号
能迅速自动均匀分散	稍加搅动呈蓝色或苍白色透明乳状液	一级
能自动呈白色云雾分散	稍加搅动呈蓝色半透明乳状液	二级
丝状分散	搅动后呈蓝色的不透明乳状液	三级
呈白色微球状下沉	搅动后呈白色不透明乳状液	四级
呈油珠状下沉	搅动时能乳化,停止搅动即分层	五级

（2）乳化稳定性　我国采用的方法是在250mL烧杯中，加入100mL温度为25～30℃，水中溶解性总固体342mg/L的硬水，用移液管吸取乳油样品，在搅拌下慢慢地加到硬水中（按产品规定的浓度），配成100mL乳状液。乳油加完后，继续以2～3r/s的速度搅拌30s，并立即将乳状液移到清洁、干燥的100mL量筒中，再将量筒于恒温水浴中，在25～30℃温度下，静置1h，取出观察乳状液分离情况，如果在量筒中没有浮油、沉淀或沉油析出，则乳化稳定性为合格。

（3）热贮藏试验　将供试乳油密封在玻璃容器里，在（54±1）℃贮存14天后，取出样品进行分析测试，经贮存后的乳油，有效成分应符合规定的指标，供试乳油样品从恒温器取出以后，应在 24h 内做完有关测试项目。

（4）冷贮试验　将样品置于 0℃下贮存 7 天后，无结晶析出，无分层现象为合格；如有析出物，但在室温下很快消失亦为合格。

（5）酸度、氢离子浓度测定　pH 计测试酸碱度。

（6）含水量的测定　化学滴定法（卡尔·费休法）、共沸法。

八、乳油的包装

农药乳油是有毒的有机溶剂，因此在产品的包装、贮存和运输等方面，都必须严格按照 GB 3796—2018《农药包装通则》、GB 4838—2018《农药乳油包装》和 GB 190—2009《危险货物包装标志》等规定进行，保证乳油产品在正常的贮运条件下安全可靠，不受任何损伤，在两年内能正常贮存和运输。

1. 包装材料及其技术要求

（1）内包装按规定应选用合格的玻璃瓶、铝制瓶或聚四氟涂层的塑料瓶。不能直接用聚氯乙烯之类的塑料瓶包装，因为乳油中的有机溶剂乳化剂及农药原油对这些材料都有腐蚀作用。同时必须加内塞和外盖，保证乳油在贮运过程中不会渗漏。每瓶必有标签，粘贴在瓶身中部。

（2）外包装按规定应选用符合危险品包装箱标准的木箱，或符合国家标准的农药用钙塑箱，也可以采用农药用纸箱标准的双面瓦楞纸箱，但不允许使用普通箱和柳条箱。

2. 标志和说明

（1）内包装标志　产品标签是内包装的标志，应牢固、醒目。按规定农药乳油的产品标签应包括农药通用名称，有效成分及含量，剂型（应与外包装的名称、颜色相同）；产品规格，净重及注册商标；农药产品标准号，品种登记号和产品生产许可证号（或证书号）；产品毒性标志，使用说明和注意事项；产品批号，生产日期和有效期；生产厂名称，地址，邮政编码，电话等内容，还应有可回收包装物标识、包装物不应随意丢弃标识和包装物追溯编码。在标签下边，按农药类别加一条与底边平行、不褪色的特征标志条，除草剂为绿色，杀虫剂为红色，杀菌剂为黑色，杀鼠剂为蓝色，植物生长调节剂为深黄色。

（2）外包装标志　其通常直接印刷在包装箱上。箱的 5 面和 6 面的下部（图 4-4），左上角标示商标，中上部标产品名称和剂型；产品名称上面自左至右依次标农药登记证号或临时登记证号、生产许可证号和产品标准号。5 面和 6 面的下部标生产厂（公司）名称，名称下面是生产厂（公司）地址、电话、传真和邮政编码，包装物追溯编码等。箱的 2 面和 4 面上部标

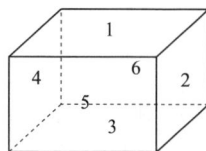

图 4-4　包装箱各部位识别

毒性和其他危险性标识，中下部标包装单位及组装量净含量、箱体规格 ［长×宽×高(mm×mm×mm)］ 以及生产日期或（和）批号和保证期。

3. 农药包装物的回收

农药是现代农业生产的基本生产资料，随着农药使用范围的扩大、使用时间的延长，农药包装废弃物成为了人类一个不可忽视的农业生态污染源。农药包装物包括塑料瓶、塑料袋、玻璃瓶、铝箔袋、纸袋等几十种包装物，其中有些材料需要上百年的时间才能降解。此外，废弃的农药包装物上残留的不同毒性级别的农药本身也是潜在的危害。

（1）国外对农药包装物的回收处理有立法强制执行，如巴西、匈牙利等；有的行业倡导执行，如加拿大、美国；有的行业倡导与国家监管并行，如比利时、德国、澳大利亚、法国等。

（2）近几年中国也开始尝试用各种方案对农药包装废弃物进行管理。

《中华人民共和国固体废物污染环境防治法》规定，农药生产销售单位、使用者承担农药包装废弃物污染防治责任，国家鼓励扶持社会企业从事有利于环境保护的废弃物处理工作，对包装物进行充分回收和合理利用。

第三节

水 乳 剂

农药的水乳剂（emulsion，oil in water，EW）也称浓乳剂（concentrated emulsion，CE），是不溶于水的原药液体或原药溶于不溶于水的有机溶剂所得的液体分散于水中形成的一种农药制剂。外观为不透明的乳状液。油珠粒径通常为 $0.7\sim20\mu m$。水乳剂对人、畜和植物低毒，对环境友好，随着配方技术的完善，水乳剂将获得较快发展。

一、水乳剂的特点

水乳剂有水包油型（O/W）和油包水型（W/O）两类。农药水乳剂有实用价值的是水包油型，即油为分散相，水为连续相，农药有效成分在油相。与乳油相比，由于不含或只含有少量有毒易燃的苯类等溶剂，无着火危险，无难闻的气味，对眼睛刺激性小，减少了对环境的污染，提高了对生产、贮运和使用者的安全性。以水为基质，乳化剂用量 2%～10%，与乳油的近似，增加了一些共乳化剂、抗冻剂等助剂，有些配方在经济上已经可以与相应乳油竞争。有不少试验证明，药效与同剂量相应乳油相当，而对温血动物的毒性明显降低，对植物比乳油安全。与其他农药或肥料的可混性好。由于制剂中含有大量的水，容易水解的农药较难或不能加工成水乳剂。贮存过程中，随着温度和时间的变化，油珠可能逐渐长大而破乳，有效成分也可能因水解而失效。一般来说，油珠细度高的乳状液稳定性好，为了提高细度有时需要特殊的乳化设备。水乳剂在选择配方和加工技术方面比乳油难。

二、水乳剂的组成

水乳剂常含有有效成分、溶剂、乳化剂或分散剂、共乳化剂、水、抗冻剂、消泡剂、抗微生物剂、密度调节剂、pH 调节剂、增稠剂、着色剂和气味调节剂等。

（1）有效成分　农药剂型种类很多。一种农药能否加工成水乳剂，加工成水乳剂之后，与其他剂型比较，在经济上和应用方面有否优越性，应认真考虑。水溶性高的农药对乳状液稳定性影响很大，不能加工成水乳剂。一般来说，用于加工水乳剂的农药的水中溶解度希望在 1000mg/L 以下。有机磷、氨基甲酸酯等类农药容易水解，但通过乳化剂、共乳化剂及其他助剂的选择，如能解决水解问题，也可加工成水乳剂。熔点很低的液态原药可直接加工成水乳剂。熔点较高者溶于适当溶剂，也可加工成水乳剂。适合加工成乳油的农药，如能以水全部或部分代替溶剂而加工成水乳剂是受欢迎的。

（2）溶剂　有些液态农药在低温条件下会析出结晶，有的常温下就是固体，要将它们配成水乳剂，还需借助于溶剂。所用溶剂应当理化性质稳定、不溶于水、闪点高、挥发性小、无恶臭、低毒、不污染环境、廉价、容易得到。加工者正在积极寻找甲苯、二甲苯等有害溶剂的代用品。N-长链烷基吡咯烷酮溶解能力强，有表面活性，低毒，可生物降解，对环境安全，是一类值得注意的优良溶剂。

（3）乳化剂　水乳剂中，乳化剂的作用是降低表面和界面张力，将油相分散乳化成微小油珠，悬浮于水相中，形成乳状液。乳化剂在油珠表面有序排列成膜，极性一端向水，非极性一端向油，依靠空间阻隔和静电效应，使油珠不能合并和长大，从而使乳状液稳定化。该膜的结构、牢固和致密程度以及对温度的敏感性决定着水乳剂的物理和化学稳定性。因此，乳化剂的选择是水乳剂配方研究的关键。

环氧乙烷-环氧丙烷嵌段共聚物的混合物、聚氧丙烯嵌段、乙氧化烷基苯醚、乙氧化烷基醚、烷基苯磺酸钙、环氧乙烷-脂肪伯胺缩合物、烷基聚乙二醇醚、烷基苯基聚乙二醇醚、聚氧乙烯山梨糖醇酐酯、聚氧乙烯脂肪酸酯等乳化剂，用量在10％以内。

（4）分散剂　聚乙烯醇、阿拉伯树胶等分散剂与增稠剂配合也可配制低温和冻熔稳定性良好的水乳剂。

（5）共乳化剂　共乳化剂是小的极性分子，因有极性，在水乳剂中，被吸附在油水界面上。它们不是乳化剂，但有助于油水间界面张力的降低，并能降低界面膜的弹性模量，改善乳化剂性能。丁醇、异丁醇、十二烷醇-1、十四烷醇-1、十八烷醇-1、十九烷醇-1、二十烷醇-1 等链烷醇类均可作共乳化剂，用量 0.2%～5%。

（6）抗冻剂　常用的抗冻剂有乙二醇、丙二醇、甘油、尿素、硫酸铵、NaCl、$CaCl_2$ 等。一般用乙二醇，用量 3%～10%。

（7）消泡剂　常用的是有机硅消泡剂，用量 0.1%。

（8）抗微生物剂　如果配方中含有容易被微生物降解的物质如糖类等，需加入抗微生物剂，以防变质。常用抗微生物剂有 2-羟基联苯、山梨酸、苯甲酸、苯甲醛、对羟基苯甲醛、对羟基苯甲酯。1,2-苯并异噻唑啉-3-酮（BIT）抗微生物谱广，不含甲醛，在广泛的 pH 范围内有效，对温度稳定性好，不和增稠剂反应，已被 EPA 和 FDA 批准用于水乳剂和水悬剂作抗微生物剂。

（9）pH 调节剂　除了一般的无机和有机酸碱作 pH 调节剂外，用磷酸化表面活性剂调节 pH 值稳定效果好，不容易出现结晶。

（10）密度调节剂　通常的无机盐、尿素等可作密度调节剂。

（11）增稠剂　常用增稠剂有黄原胶、聚乙烯醇、明胶、硅酸铝镁、CMC、海藻酸钠、阿拉伯酸胶、聚丙烯酸、无机增稠剂等。

（12）着色剂和气味调节剂　为了区别于其他物品，水乳剂中可加着色剂，如偶氮染料和酞菁染料。对于家庭卫生用药，可加香味油调节气味。

此外，配水乳剂用水的水质比较重要，有的配方要求用去离子水，以提高制剂的稳定性。

三、水乳剂的加工

通常将原药、溶剂和乳化剂、共乳化剂加在一起，使溶解成均匀油相。将水、抗冻剂、抗微生物剂等混合在一起，成均一水相。在高速搅拌下，将水相加入油相或将油相加入水相，形成分散良好的水乳剂。

根据加工时油和水的投料顺序，水乳剂的加工方法分为正相乳化法（图 4-5）和反相乳化法（图 4-6）两种，正相乳化是在高剪切作用下，油相加入水相中；反相乳化法相反，水相加入油相中，该法控制难度较大。

分散相细度对水乳剂稳定性影响很大。一般来说，油珠越小稳定性越好，通常搅拌可使分散相达到要求细度。配制设备可选用带普通搅拌的搪瓷釜。配方分散乳化能力弱，则需选用具有高剪切搅拌能力的均化器和胶体磨。以聚乙烯醇为分散剂，加增稠剂使水乳剂稳定的配方中，使用均化器才能使分散相达到所要求的细度。

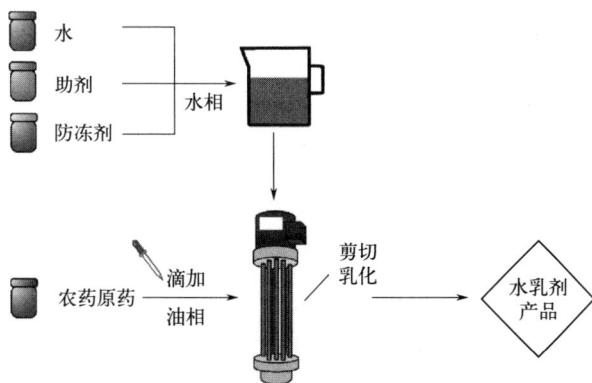

图 4-5 水乳剂正相乳化法加工流程图

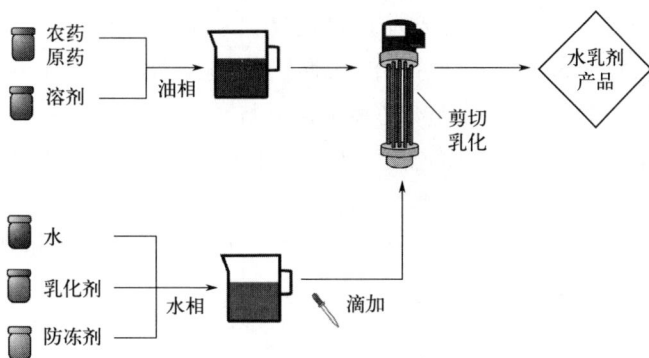

图 4-6 水乳剂反相乳化法加工流程图

加工通常在常温下进行，也有加热到 60～70℃进行加工的，由配方分散难易情况决定。

四、水乳剂的加工实例

实例：40％毒死蜱水乳剂配方

毒死蜱	40％
二甲苯	15％
TERIC 200	2.5％
TERMUL 1283	2.5％
MEG-乙二醇	5.0％
黄原胶	0.06％
水	补足

反相加工方法：毒死蜱原药用二甲苯溶解，加亲油乳化剂 TERMUL 1283 混合均匀成 A 液，水、亲水乳化剂 TERIC 200 混合成 B 液，A 液慢慢加入 B 液中均

质混合，再加增稠剂黄原胶水溶液、防冻剂 MEG-乙二醇、消泡剂等，均质混合均匀即成均匀的乳状液。

正相加工方法：将 B 液慢慢加入 A 液中，开始为 W/O 体系，随着 A 液不断增加，体系变成 O/W，再加增稠剂水溶液、防冻剂、消泡剂等，均质混合成均匀的乳状液。

五、水乳剂的质量指标

（1）有效成分含量　水乳剂的含量不低于标签标定的含量。

（2）外观　水乳剂外观为稳定均一的乳状液，长期贮存后允许少量分层，轻微摇动或搅动应是均匀的易流动液体。

（3）粒度分布　粒度分布与产品的稳定性关系密切。为确保产品的质量稳定性，应用粒度仪如 Malvern 粒度分析仪或动态光散射仪测定产品的粒度。

（4）pH 值　pH 值对于水乳剂的稳定性，特别是有效成分的化学稳定性影响很大。具体数值应视不同产品而定。可用 pH 计按农药有关标准方法测定。

（5）黏度　可用黏度计测定水乳剂的黏度。

（6）倾倒性　倾倒性的指标目的在于减少使用时药剂的浪费和对环境的污染。倾倒后残余物比例、洗涤后残余物比例应低于标准规定，一般情况下倾倒后残余物比例和洗涤后残余物比例分别为≤5％和≤1％。

（7）乳液稳定性　我国不同地区水质不同，在田间应用时，按推荐剂量兑水稀释后，上无浮油，下无沉淀。

（8）持久起泡性　在田间施药兑水稀释时，若起泡性过强，会使得水量不足，导致药剂浓度过高。因此，在兑水 1min 后，泡沫体积应低于标准规定值，一般为 25mL。

（9）湿润性和黏附能力　湿润性关系到药剂喷施后药液在作物和靶标表面的铺展程度，是影响药效的关键因素之一。黏附能力是药剂喷施后叶片上药液的最大稳定持留量与单位面积上药液沉积量的比值，关系到药剂的有效利用率。使用接触角测试仪测定药液在作物的接触角和表面张力，从而评价药剂的湿润性。喷雾后，计算作物叶片单位面积上药液沉积量和叶片单位面积药液滞留量的比值，从而评价药剂的黏附能力。

（10）热贮稳定性　（54±2）℃贮存 14d，有效成分分解率低于或等于 5％是合理的。作为水乳剂还应不分出油层，维持良好的乳状液状态。只分出乳状液和水，轻轻摇动仍能成均匀乳状液算合格；只有分出油层才算不合格。也可于 50℃贮存 1 个月后进行观察，确定是否合格。

具体方法：取适量样品，密封于玻璃瓶中，于（54±2）℃恒温箱中贮存 14d

后，取出，分析热贮前后有效成分含量，计算分解率；观察是否出现油层和沉淀，确定产品热稳定性是否合格。

（11）低温稳定性 可将适量样品装入瓶中，密封后于0℃、-5℃或-9℃冰箱中贮存1周或2周后观察，不分层无结晶为合格。

（12）冻融稳定性 这是为预测水乳剂在恶劣环境下长期贮存稳定性和贮存期限的方法。将试样置于冻融试验容器中，在（-10±2）℃保持18h，之后将试样升温至（20±2）℃保持6h，如此往复4个循环，取出，恢复至室温。取样进行有效成分含量、pH值、倾倒性等指标测试，以此来评价水乳剂的冻融稳定性（参考国家标准GB/T 43273—2023《农药冻融稳定性测定方法》）。

第四节 ▊▊▊

微 乳 剂

微乳剂（micro-emulsion，ME），是农药原药分散在含有大量表面活性剂的水溶液后，所形成的透明的或半透明的溶液。农药微乳剂分散质点的粒度很小，通常为$0.01\sim0.1\mu m$，可见光能够通过微乳液。农药微乳剂是水包油型（O/W）。

一、微乳剂的特点

农药微乳剂是农药有效成分或其有机溶剂溶液和水在表面活性剂存在下形成的热力学稳定、各向同性、光学透明或半透明的分散体系，是微乳液科学研究与发展的重要分支。微乳剂具有超低界面张力、出色的增溶和超乎想象的界面交换能力。微乳剂的特点表现如下：

（1）有效成分的高度分散性 农药微乳剂兑水稀释，在表面活性剂作用下被高度分散在水中，分散液滴粒径在$0.01\sim0.1\mu m$范围内，远小于传统剂型乳油兑水稀释所形成乳状液的颗粒粒径（$0.1\sim10\mu m$）。所以农药微乳剂是成功实现农药有效成分使用过程中高度分散的少见剂型之一。

（2）分散体系的热力学稳定性 微乳液与普通乳状液的根本区别在于：微乳液分散相质点小，外观透明或近乎透明，属于热力学稳定体系；普通乳状液分散相质点大，外观不透明，属于热力学不稳定体系。微乳剂分散体系属于热力学稳定的微乳液体系，使用中兑水稀释自发形成的二次分散体系同样属于热力学稳定的微乳液体系，农药有效成分分散液滴间不会发生凝聚作用，能保持较高的稳定性，可长期放置而不发生相分离。

（3）较高的农药有效利用率　微乳体系由于含有高浓度的表面活性剂可以对不溶或难溶于水的农药有效成分起到增溶作用，通过增溶增加了原药与昆虫及植物表皮间的浓度梯度，有助于农药成分向昆虫及植物组织半透膜渗透，提高药效；还可有效地降低表面张力，改善雾滴和靶标之间的相互作用，使雾滴到达植物叶面后不发生反弹，利于其在植物表面的黏附、润湿和铺展，从而提高药液的吸收效率。另外，许多微乳剂农药液滴在蒸发浓缩时生成黏度很高的液晶相，能牢固地将农药黏附在植物表面上不易被雨水冲刷掉，这是微乳剂较同等含量的其他剂型药效明显提高的一个重要因素。

（4）良好的环境相容性　微乳剂以水为连续相，不用或很少使用对人类自身和环境有害的有机溶剂，既节省了资源又保护了环境，有利于生态环境质量的改善；水无色、无味、无毒，借助表面活性剂的作用将农药有效成分有效地包覆起来，淡化了农药气味，降低了对生产者和使用者的毒性；另外水不易燃、不易爆也增加了农药制剂在生产、贮运过程中的安全性。

（5）生产加工成本低　微乳剂以水为基质，会降低有机溶剂的使用量，产品成本低。由于微乳液可自发形成，加工工艺简单，加工成本较低。

二、微乳剂的组成

微乳剂的有效成分、乳化剂和水是微乳剂的三个基本组分。为了制得符合质量标准的微乳剂产品，根据需要有时还加入适量溶剂、助溶剂、稳定剂和增效剂等。

（1）有效成分　微乳剂配制技术要求高，难度较大，并非所有农药品种都能配成微乳剂。原药最好是液态农药，因其流动性好，便于配制，贮藏也较稳定。如原药为黏稠状或固态时，则可选择溶解度大而不会影响药效和配制效果的溶剂，将其溶解为溶液后再用。农用微乳剂含量一般为 5％～50％。

（2）乳化剂　微乳剂中的乳化剂在 HLB 8～18 范围挑选。离子型或非离子型均可，实际应用中更多的是两种类型表面活性剂的复配。

阴离子乳化剂常用的有：烷基苯磺酸钙盐（或镁、钠、铝、钡盐等）、$C_8 \sim C_{20}$ 烷基硫酸钠盐、苯乙烯聚氧乙烯醚硫酸铵盐等。非离子乳化剂常用苄基联苯酚聚氧乙烯醚、苯乙基酚聚氧乙烯（$n = 15 \sim 30$）醚、苯乙基酚聚氧乙烯聚氧丙烯醚、联苯酚聚氧乙烯醚、国产农乳 300 号、国产农乳 700 号等。

（3）溶剂　当配制微乳剂的农药成分在常温下为液体时，一般不用有机溶剂，若农药为固体或黏稠状时，需加入一种或多种溶剂，将其溶解成可流动的液体。可选择非极性溶剂如芳烃、重芳烃、石蜡烃、脂肪酸的酯化物、植物油等，也可根据需要选择某些极性溶剂，如醇类、酮类、N,N'-二甲基甲酰胺（DMF）等。

（4）助乳化剂　助乳化剂的作用是提高乳化剂对农药活性物的增溶量，或推动油水界面张力的下降。一般选择低分子量的醇类如丁醇、辛醇、异丙醇、异戊醇、甲醇、乙醇、乙二醇、丙三醇或低级二元醇的聚合物等。

（5）稳定剂　一般用量为 0.5%～3.0%。常用稳定剂有 3-氯-1,2-环氧丙烷、丁基缩水甘油醚、苯基缩水甘油醚、甲苯基缩水甘油醚、聚乙烯基乙二醇二缩水甘油醚等或山梨酸钠等。

（6）防冻剂　因微乳剂中含有大量水分，如果在低温地区生产和使用，需考虑防冻问题。一般加入 5%～10% 的防冻剂，如乙二醇、丙二醇、丙三醇、聚乙二醇、山梨醇等。这些醇类既有防冻作用，又有调节体系透明温度区域的作用。

（7）防腐剂　可在苯甲酸、山梨酸、柠檬酸及其盐类中挑选。

（8）消泡剂　一般选用有机硅类、有机硅酮类居多，也可根据需要在长链醇、脂肪酸、聚氧丙烯、甘油醚中选择。

（9）水及水质要求　用蒸馏水制备微乳剂是最理想、最稳定的，但成本高，又不宜大量贮备，所以对量大的产品不易实现。软化水是将天然水处理后制得的，一般采用沉降法和阳离子交换法除去天然水中的钙离子和镁离子等阳离子，使水软化，还可以再经阳离子交换得到较纯净的水。软化水，有时称去离子水，用于配制微乳剂具有既经济又稳定的优点，处理设备简单易行、便于推广。

三、微乳剂的加工

微乳剂一般不需添加增稠剂、触变剂，对制剂不需进行流变学性能调节。一般也不出现聚结等不稳定现象。制备工艺简单，生产中按配方从原辅料储罐中抽取物料，添加到调制釜中调配，配以一般框式或桨式搅拌器，边搅拌边进料，制成透明制剂。

无需像水乳剂生产中用均化器或高速搅拌器对物料施加高强度的剪切力。微乳液配制过程中无明显的吸热放热现象。因此在一般情况下，微乳剂配制釜无需配套供热或冷却、冷冻系统，适宜在各种规模的农药企业普及和推广。根据微乳剂的配方组成特点及类型要求，可选择相应的制备方法。

（1）将乳化剂和水混合后制成水相（此时要求乳化剂在水中有一定溶解度，有时也将高级醇加入其中），然后将油溶性的农药在搅拌下加入水相，制成透明 O/W 型微乳剂，加工方法如图 4-7 所示。

（2）可乳化油法　将乳化剂溶于农药油相中，形成透明液（有时需加入部分溶剂），然后将油相滴入水中，搅拌成透明的 O/W 型微乳剂。或相反，将水相滴入油相中，形成 W/O 型微乳剂。形成何种类型的微乳剂还需看乳化剂的亲水亲油性及水量的多少，亲水性强时形成 O/W 型，水量太少时只能形成 W/O 型。加工流程见图 4-8。

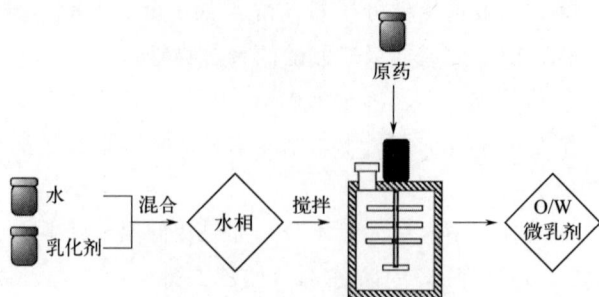

图 4-7　常规微乳剂加工流程图

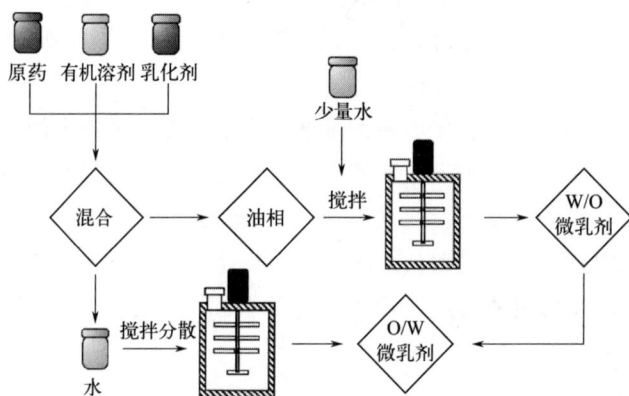

图 4-8　可乳化油法加工流程图

（3）转相法（反相法）　将农药与乳化剂、溶剂充分混合成均匀透明的油相，在搅拌下慢慢加入蒸馏水或去离子水，形成油包水型乳状液，再经搅拌加热，使之迅速转相成水包油型，冷至室温使之达到平衡，经过滤制得稳定的 O/W 型微乳剂。该法流程见图 4-9。

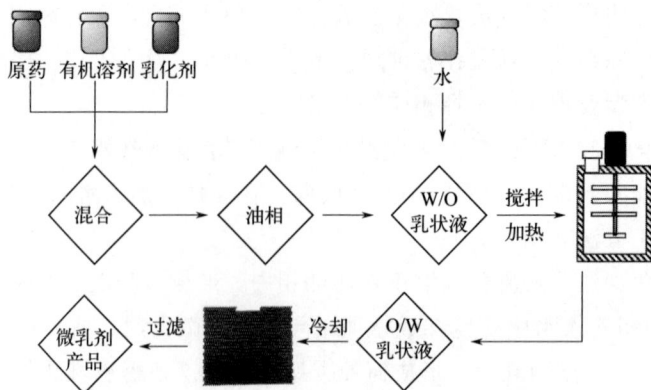

图 4-9　转相法流程图一

当乳化剂和水混合作为水相时，反相法也能采用。如乐杀螨微乳剂就是采用此法制备。其流程图见图4-10。

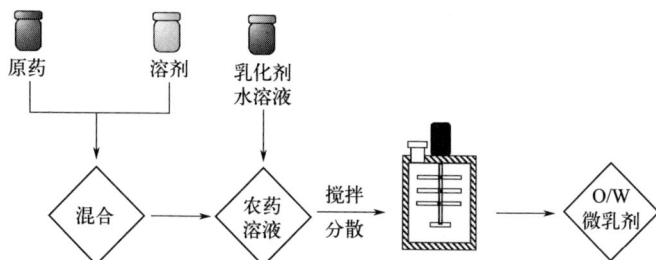

图4-10 转相法流程图二

当配方中采用pH调节剂（代替水相）和稳定剂时，加料顺序一般见图4-11。

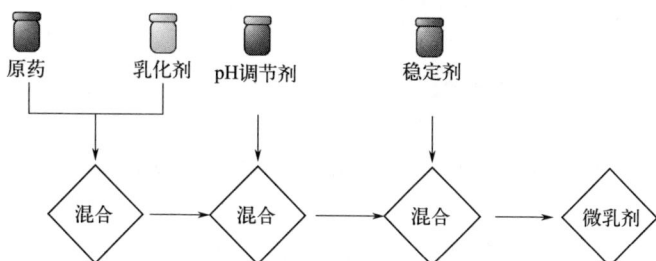

图4-11 转相法流程图三

（4）二次乳化法 当体系中存在水溶性和油溶性两种不同性质的农药时，采用二次乳化法调制成W/O/W型乳状液用于农药剂型。首先，将农药水溶液和低HLB值的乳化剂或A-B-A嵌段聚合物混合，使它在油相中乳化，经过强烈搅拌，得到粒子在1μm以下的W/O乳状液，再将它加到含有高HLB值乳化剂的水溶液中混合，制得W/O/W型乳状液。该法流程见图4-12。

四、微乳剂的加工实例

实例一：4.5％高氯微乳剂

高氯原粉先配制成30％的环己酮溶液

配方：高效氯氰菊酯环己酮溶液　　　15％

乳化剂：JX-0401　　　18％

水　　　67％

生产方法：先将水和乳化剂JX-0401混合均匀，然后加入高氯环己酮溶液搅拌20～30min即可。

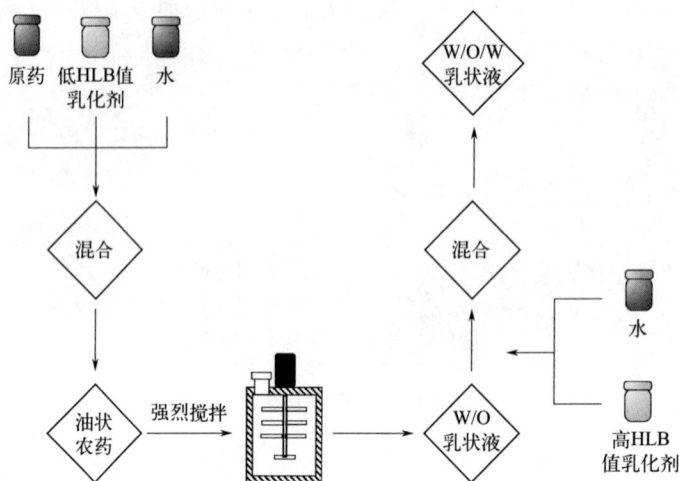

图 4-12　二次乳化法流程图

实例二：5％马拉硫磷微乳剂

配方：马拉硫磷　　　　　　　　　　　　　　　　　　　　　　　5％

二苯基酚基聚氧乙烯（$n=18$）聚氧丙烯（$n=3$）醚甲醛缩合物　　11％

水　　　　　　　　　　　　　　　　　　　　　　　　　　　　　84％

生产方法：先将水和二苯基酚基聚氧乙烯（$n=18$）聚氧丙烯（$n=3$）醚甲醛缩合物乳化剂混合均匀，然后加入马拉硫磷溶液搅拌 20～30min 即可。

五、微乳剂的质量检测

国际上，微乳剂品种很少，有关其质量标准也鲜见报道，根据国内外农药微乳剂的研究，一个合格的微乳剂产品应同时具备以下几方面。

（1）外观　主要是目测，应为透明或近似透明的均相液体。微乳剂的色泽视农药品种、制剂含量不同而异。微乳剂之所以透明是由于液滴分散微细，粒径一般为 $0.01～0.1\mu m$。为确保产品的外观稳定性，用粒度仪如 Malvern 自动检测粒度仪或动态光散射仪测定产品的粒度。

（2）有效成分含量　微乳剂产品的含量都不太高，为 $10％～30％$，太高时配制困难，乳化剂用量大，体系黏度大，使用不便，且成本高。只有在有效成分有较大水溶性时，才可配成高浓度的微乳剂产品。

（3）乳液稳定性　按乳油的国家标准测试方法进行，用 $342mg/L$ 标准硬水，将微乳剂样品稀释后，于30℃下静置 30min，保持透明状态，无油状物悬浮或固体物沉淀，并能与水以任何比例混合，视为乳液稳定。

（4）低温稳定性　微乳剂样品在低温时不产生不可逆的结块或浑浊视为合格。

因此需进行冰冻-融化试验。

取样品约 30mL，装在透明无色玻璃磨口瓶中，密封后置于−10～0℃冰箱中冷藏，24h 后取出，在室温下放置，观察外观情况，若结块或浑浊现象渐渐消失，能恢复透明状态则为合格。反复试验多次、重复性好，即为可逆性变化。为满足这一指标，除注意乳化剂的品种选择外，必要时可加入防冻剂。

（5）pH 值　在微乳剂中，pH 值往往是影响化学稳定性的重要因素，必须通过试验寻找最适宜的 pH 值范围，生产中应严加控制。测定方法按 GB/T 1601—2023《农药 pH 值的测定方法》进行。

（6）热贮稳定性　微乳剂的热贮稳定性包含物理稳定和化学稳定两种含义。即将样品装入安瓿瓶中，在（54±2）℃的恒温箱里贮存四周，要求外观保持均相透明，若出现分层，于室温振摇后能恢复原状。分析有效成分含量，其分解率一般应小于 5％～10％。

（7）透明温度范围　一般要求 0～40℃保持透明不变，好的可达到−5～60℃，这个范围与农药品种、配方组成有一定关系，不宜统一规定。

① 短期贮存试验　将 10mL 样品装入 25mL 试管中，用橡皮塞塞紧（或于磨口玻璃瓶中），在恒温箱中，于 10℃、25℃、40℃保存 1～3 个月，观察试样有无浑浊、沉淀及相分离等现象。

② 经时稳定性试验　将样品装入具塞磨口瓶中，密封后于室温条件下保存一年或二年，经过春夏秋冬不同季节的气温变化和长时间贮存的考验，气温范围为−5～40℃，观察外观的经时变化情况，记录不同时间的状态，观察有无结晶、浑浊、沉淀等现象。

（8）水质和用量　一个质量优良的微乳剂配方，应综合考虑我国各地不同水质及用量对其质量的影响，使微乳剂配方具有较宽的适应性，在不同水质的水制备下得到的微乳剂理化性能均应保持稳定。微乳剂中水量不宜过少，否则只能生成油包水型微乳液，水量一般为 18％～70％。

第五节

悬 浮 剂

悬浮剂（suspension concentrate，SC），又称水悬浮剂、胶悬剂、浓缩悬浮剂，基本原理是在表面活性剂和其他助剂作用下，将不溶或难溶于水的原药分散到水中，形成均匀稳定的粗悬浮体系。

根据物理性状，悬浮剂可以分为浓缩悬浮剂（SC）和悬乳剂（SE）两类。浓缩悬浮剂由不溶或难溶于水的固体原药分散在水中制成，是最常见的悬浮剂品种。悬乳剂分散相由两类原药组成，一类为有机溶剂溶解并乳化的原油或不（难）溶于水的固体原药，另一类为可直接悬浮（不需有机溶剂溶解）的固体原药，共同分散在水中，制成具有油相、固相和连续水相的多悬浮体系。此外，近年来发展起来的微胶囊悬浮剂和水基悬浮种衣剂等，虽然名称不同，但从其分散原理看，也属于悬浮剂的范畴，只是前者分散相为微胶囊，后者是在悬浮剂的基础上引入了成膜剂，从而具有在种子表面成膜的功能。

一、悬浮剂的特点

悬浮剂是将不溶或难溶于水的农药固体活性成分加工成微细颗粒（一般平均粒径小于 $5\mu m$），依靠表面活性剂及其他助剂作用使之均匀分散在水中，形成的一种高悬浮、能流动的比较稳定的液固态体系。悬浮剂是水基性制剂中发展最快、可加工农药活性成分最多、加工工艺最为成熟的农药剂型。由于分散介质是水，所以成本相对较低，生产、贮运和使用安全，而且可以与水以任意比例混合，不受水质、水温影响，使用方便。与以有机溶剂为介质的农药剂型相比，具有对环境影响小和药害轻等优点。同时，在植物体表面的展着力和黏着力比较强，耐雨水冲刷，药效高且持效时间长。

二、悬浮剂的组成

悬浮剂主要由农药原药和润湿剂、分散剂、增稠剂、稳定剂、防冻剂、消泡剂、防霉剂、pH调节剂以及结晶抑制剂等组成。

1. 原药

无论是除草剂、杀菌剂和杀虫剂，也不论它们是单剂还是混剂，都可以加工成悬浮剂。悬浮剂中除草剂居多，其次是杀菌剂和杀虫剂。一般说来，在有机溶剂和水中有很低溶解度的农药固体活性成分都适合加工成悬浮剂。它们的一般要求是：

① 熔点应高于 $60℃$，以保证农药活性成分在砂磨中不被熔化，呈颗粒状，便于研磨成微细粒子。

② 在水中有低的溶解度，在 $20\sim40℃$ 条件下最好低于 $200mg/L$，水溶性过大易絮凝成团，低温时易析晶，质量难以保证。

③ 化学性质稳定，如在水中不水解、光照时不分解。

2. 助剂

悬浮剂的助剂对保持剂型的物理化学性质、保证产品质量起着决定性作用。对助剂的要求是，不能对有效成分有分解、破坏作用，不能降低生物效果，对人畜低毒，对作物无药害，性能好，用量少，成本低，总用量一般为 $0.5\%\sim15\%$。随着表面活性剂的发展，可供选择的表面活性剂越来越多。另外，一些新型表面活性剂的出现使得悬浮分散效果更好，对生物和环境的安全性也有了很大提高，在分散稳定性、抗凝聚功能、流变学特性、成膜性及絮结性等方面都表现出良好的性能。

（1）润湿剂　润湿剂使用的目的，其一是帮助排除农药活性成分粒子表面上的空气，加快粒子进入水中的润湿速度，使粒子迅速润湿。其二是降低黏度，便于更好研磨。不加入润湿剂，原药就无法在水中充分磨细，并继续使之分散和悬浮，当然就不能喷雾使用，故加工悬浮剂时一般加入 $0.2\% \sim 1\%$ 的润湿剂。

鉴于泡沫以及研磨温度对悬浮剂产品的影响，通常选用低泡且浊点大于 60℃ 的非离子表面活性剂作润湿剂。常用的润湿剂有烃基磺酸盐、硫酸盐和某些非离子表面活性剂，以烃基磺酸盐或硫酸盐阴离子型表面活性剂与非离子型表面活性剂混用较多，效果较好。

阴离子型表面活性剂的作用机制是亲油基部分吸附于被润湿分散的颗粒表面上，而亲水基团朝外，使各分散颗粒表面具有相似电荷的排斥力，避免和降低了阳离子的絮凝和沉淀作用，抑制晶体生长，从而使体系稳定。常用的阴离子型表面活性剂有十二烷基苯磺酸钠、油酸钠、琥珀酸二辛酯磺酸钠和十二烷基苯磺酸钠等，以及脂肪醇乙氧基化物、烷基酚乙氧基化物、十八烷基磺基琥珀酸钠等。非离子型表面活性剂的水溶液呈负电性，具有强的水合作用，可降低表面张力，能帮助不溶性分散相分散、絮凝和架桥。常用的非离子型润湿剂有脂肪醇聚氧乙烯醚、农乳100号、农乳600号、吐温等。其中，亲水亲油平衡值（HLB）较大的品种润湿性能和分散能力较强。

（2）分散剂　悬浮剂是不稳定的多相体系，为了提供粒子分散和阻止研磨粒子的絮凝和凝聚，保证粒子呈悬浮状态，可使用提供静电斥力的离子型分散剂，也可使用提供空间位阻效应的非离子型分散剂来阻止研磨粒子的絮凝和凝聚，以得到稳定、分散的悬浮液。分散剂用量一般为 $0.3\% \sim 3\%$。有时采用提供静电斥力和提供空间位阻效应相组合的聚合表面活性剂分散剂，效果更佳。分散剂的选择需要考虑的因素有：①对被分散的农药活性成分粒子外表面和多孔表面有良好的润湿作用；②在农药活性成分的浆料砂磨时，能帮助减小粒径并有低的黏度，便于分散和加工；③能形成稳定的悬浮分散液。可选用的分散剂有木质素磺酸盐、萘磺酸盐甲醛缩合物、EO-PO 嵌段共聚物、聚羧酸盐以及聚合表面活性剂等。某些无机或有机化合物，如三聚磷酸钠、硅酸钠、亚硫酸钠和柠檬酸、草酸、酒石酸、乙二胺四乙酸等及其盐类，可以抑制、束缚水质中的高价阳离子如钙离子、镁离子、铁离子等的凝聚作用，保护强厚的双电层，从而使悬浮体稳定，故有时也在悬浮剂中使用。

分散剂主要通过以下几个途径提高悬浮剂的抗聚结稳定性：

① 分散剂在原药粒子上吸附，使原药粒子界面的界面能减少，从而减少粒子

聚结合并，通常能在原药粒子上吸附的表面活性剂（离子型或非离子型）类物质均能起到此作用。

② 当离子型分散剂在原药粒子上吸附时，可使原药粒子带有电荷，并在原药粒子周围形成扩散双电层，产生电动电势。当两个带有相同电荷的原药粒子相互靠近时，由于静电排斥作用而迫使两个带电粒子分开，从而阻碍了原药粒子间的聚结合并，使悬浮剂保持抗聚结稳定性。能起到此方面稳定作用的分散剂一般为离子型物质。

③ 大分子分散剂对悬浮剂的稳定作用则是通过大分子分散剂在原药粒子上吸附并在原药粒子界面上形成一个较密集的保护层。具有这种保护层的原药粒子靠近时，由于保护层的位阻作用迫使粒子分开，从而保持悬浮剂的抗聚结稳定性，大分子分散剂对悬浮剂的这种稳定作用又称空间稳定作用。具有空间稳定作用的大分子分散剂通常在其大分子链上需具有两类基团，一类是能在原药粒子上吸附的基团，以保证大分子分散剂在原药粒子界面上形成稳定的吸附层；另一类是具有良好水化作用的基团，以保证伸入介质水中的大分子部分具有良好的柔性，并当粒子靠近时产生有效的位阻作用。

（3）增稠剂　黏度是悬浮剂的一项重要物理指标，适宜的黏稠度对保证悬浮剂质量和使用效果十分重要。研磨中若黏度太大，剪切力就大，研磨细度变高，而介质黏度越大，颗粒沉降速度就越慢。适宜的黏度在喷雾时可控制雾滴大小，减少水分蒸发和飘移，从而减少药剂损失和对环境的污染。同时，对改善药剂在生物体上的附着性，克服雨水冲刷，延长持效期也起着重要作用。增稠剂在悬浮剂中的使用，主要是为了调整流变性和液体的流动性，防止分散的粒子因受重力作用产生分离和沉淀或脱水收缩，从而得到良好的长期贮存产品，同时保证产品在使用时易于稀释和流动。选用的增稠剂必须有很强的悬浮能力，甚至在很低黏度时也是如此，而且它还必须与农药活性成分有良好的配伍性和长期稳定性。常用的有明胶、羧甲基纤维素钠、羧乙基纤维素、改性淀粉、黄原胶、膨润土、二氧化硅和硅酸铝镁等，其中尤以黄原胶和硅酸铝镁使用较多，效果较好。增稠剂用量一般为 $0.2\%\sim5\%$，黏度一般控制在 $0.2\sim1Pa\cdot s$ 为最佳。

（4）稳定剂　悬浮剂因农药活性成分含量低，加工过程中带进杂质或加入各种助剂成分，有时会影响制剂化学稳定性。因此，需要加入稳定剂以提高农药活性成分的化学稳定性，保证制剂质量。稳定剂用量一般为 $0.1\%\sim10\%$。作为稳定剂的有膨润土、轻质碳酸钙、硅酸钙、白炭黑、硅藻土、硅胶、珍珠岩粉、滑石粉等。膨润土的稳定作用是由于它的水合作用，大量吸水形成高黏度的胶体分散体系。

（5）防冻剂　加入防冻剂可增加悬浮剂承受的冻熔能力，提高悬浮剂的低温稳定性。可选用的防冻剂有多元醇类（如乙二醇、丙二醇、丙三醇）、甘醇类（二甘醇、三甘醇）、聚乙二醇等。在使用防冻剂之前，必须鉴定活性成分，保证其不会溶在选用的防冻剂中，否则将发生结晶，导致剂型不稳定，此时宜另选其他类型的防冻剂如尿素和无机盐类等。

（6）消泡剂　悬浮剂中由于加入表面活性剂，在生产和稀释产品时必然会产生泡沫，泡沫将给加工带来诸多不便（如生产中产生冲料，不易计量等），而且还会干扰使用和影响药效，所以加入消泡剂是必要的。常用的消泡剂有脂肪酸类、脂肪醇类、聚氧乙烯甘油醚和有机硅类等。其中，尤以有机硅油类在水中乳化的消泡剂为好，用量少。

（7）防霉剂　悬浮剂在长期贮存过程中有可能发臭，生长微生物，这时需要加入防霉剂，以避免药剂因受到细菌分解而失去作用。常用的防霉剂有苯甲酸钠、水杨酸钠、丙酸和山梨酸及其钠盐或其他相关杀菌剂。

（8）pH 调节剂　调整悬浮剂中 pH，达到农药活性成分合适的 pH 值范围。常用的 pH 调节剂为有机酸类、有机碱类、酯类和醇类。

（9）结晶抑制剂　当农药活性成分易结晶时，可加入结晶抑制剂。结晶抑制剂在防止结晶长大的同时，应不破坏悬浮剂的稳定性。相关化学杂质（农药活性成分类似物）阳离子表面活性剂等，都可有效起到抑制结晶作用。此外，通常使用的梳形或接枝共聚物，由于不形成通常的胶束，对许多农药活性成分的晶体表面亲和性强，亦是优良的结晶抑制剂。

三、悬浮剂的加工

如前所述，农药悬浮剂为黏稠可流动的液固态体系，是将水溶解度小的农药原药细粉以及载体、各种助剂混合，以水为介质进行制备，以获得粒径在 0.5～5μm，平均粒径 2～3μm 的细度。

由于农药品种和配方组成不同，悬浮剂的生产流程略有差异，但一般的制造过程有两种。其一，用机械或气流粉碎、结晶造粒或喷雾造粒等方法，将不溶于水的固体原料加工至微米以下，然后再与表面活性剂、防冻剂、增稠剂等水溶性助剂混合调配、分散或熔融制成浆料，经胶体磨匀化磨细，再经砂磨机研磨，最后调整pH 值、流动性、润湿性等，经质量检查合格后即可包装而得成品。其二，首先将原药与表面活性剂、消泡剂和水均匀分散，经粗细两级粉碎制成原药浆料，然后与增稠剂、防冻剂、防腐剂和水混合，经过滤后即得悬浮剂。悬浮剂的加工流程如图4-13 所示。

四、悬浮剂的加工实例

实例：40％噻虫啉悬浮剂

配方：噻虫啉 40％、润湿分散剂 5％、增效剂 3％、增稠剂 1％、防腐（霉）

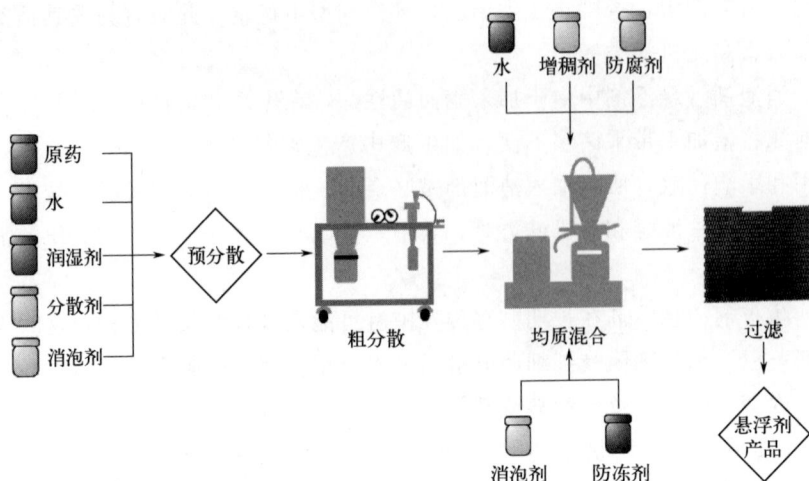

图 4-13　悬浮剂加工流程

剂 0.5％、防冻剂 5％、消泡剂 0.5％、余量为水。其中，润湿分散剂由 sp-2700 和 PEAS03 按 4∶1 的质量比组成，增效剂为有机硅 BQ-809F 和有机硅 T1118 按 3∶1 的质量比组成的混合物，增稠剂由黄原胶和硅酸镁铝按 1∶1 的质量比组成，消泡剂为 AF1501，防冻剂为乙二醇，防腐（霉）剂为卡松。

加工方法：按配方比例计量。首先，将 70％配方量的水、润湿分散剂和防冻剂加入反应容器中，搅拌混匀。然后，向反应容器中加入噻虫啉，均质机均质 25min，泵入砂磨机中研磨至粒径 $D_{98} \leqslant 4\mu m$，得到研磨物。最后，将剩余的水、增效剂、增稠剂、消泡剂和防腐剂混匀，均质机均质 10min，边搅拌边加入所述研磨物，搅拌均匀，得到 40％噻虫啉悬浮剂。

五、悬浮剂的性能指标

悬浮剂的性能指标包含外观、有效含量、悬浮率、密度、细度、分散性和稀释稳定性、离心稳定性、pH 值、冷热贮稳定性、黏度，以及水质、水温适应性等，具体要求如下。

（1）外观　包括颜色、物态、气味等。颜色一般为乳白色最佳，物态一般为黏稠的可流动性的悬浮液体。

（2）有效含量测定　有效成分为 5％～80％，多数为 40％～60％。根据有效成分的性质确定相应的分析方法，然后进行制剂的含量分析，一般采用液相色谱分析。

（3）悬浮率测定　称取 1g 左右的悬浮液于 250mL 量筒中，用标准硬水稀释，然后上下振荡 30 次，30℃恒温水浴中静置 1h 后，取走上层 225mL 的悬浮液，用蒸馏水将余下悬浮液转移至小烧杯中，烘干（80℃）后用甲醇溶解并定容至 10mL 容量瓶中，用液相色谱分析。

（4）密度测定　取 10mL 容量瓶一只，称取待测悬浮剂质量 a（精确至 0.1mg），再用吸管吸取水悬浮剂于 10mL 容量瓶中并定容至 10mL，称取两者质量 b，以 $(b-a)/10$ 即得水悬浮剂密度（g/mL）。重复三次，取算术平均值。

（5）细度测定　水悬浮剂粒径一般控制在 $1\sim5\mu m$。粒径的测定方法分为两种：一种是具相对准确性的目测法，借助显微镜观察统计，计算出该悬浮剂粒径的算术平均值；另一种精确的方法是采用先进的仪器测定，如采用光透射式粒度分布测定仪、微机处理粒子谱和激光衍射粒度分布测定仪等进行测定。

（6）自动分散性及稀释稳定性测定　于 100mL 具塞锥形量筒中，装入 99.5mL 标准硬水，用注射器取 0.5mL 待测水悬浮剂样品，从距量筒水面 5cm 处滴入水中，观察其分散状况。按其分散的好坏分为优、良、劣三级。

优级：在水中呈云雾状自动分散无可见颗粒下沉。

良级：在水中能自动分散，有颗粒下沉，下沉颗粒可慢慢分散或轻微摇动后分散。

劣级：在水中不能自动分散，颗粒成絮状下沉，经强烈摇动后才能分散。

稀释液倒置 30 次后置于 (30 ± 1)℃的水中，静置 1h。若上无漂浮物、下无沉淀，则为合格。

（7）离心稳定性测定　取三支带刻度的 5mL 锥形玻璃管，每支准确加入 5mL 待测悬浮剂，然后对称放入离心机中，以 3000r/min 离心 30min 后取出，观察记录析水和沉淀情况。按析水和沉淀体积多少分为优、良、劣三级。

按析水情况分为以下几种。

优级：析水体积<1％或无析水；

良级：析水体积<5％；

劣级：析水体积>5％。

按沉淀体积多少分为以下几种。

优级：沉淀体积<1％或无沉淀；

良级：沉淀体积<5％；

劣级：沉淀体积>5％。

（8）pH 值测定　pH 值一般控制在 7～9。测定方法：称取 0.50g 待测悬浮剂于 100mL 烧杯中，用蒸馏水稀释至 50g，混合均匀后用 pH 计测定。

（9）热贮稳定性测定　将待测水悬浮剂样品用安瓿瓶密封后放于 (54 ± 2)℃的烘箱中，静置热贮 14d 后取出，分别检测记录外观、流动性、分散性、粒径、有效含量、悬浮率等各项指标有无变化。若贮前与贮后相同或有轻微变化（其变化应在允许范围内），视热贮合格。其中，物理稳定性方面，若有油或沉淀析出为不合格，析水率以小于5%为合格。其结果相当于常温下贮藏两年，产品合格。

（10）冷贮稳定性测定　将待测水悬浮剂样品用安瓿瓶密封后放于0℃、−10℃和−20℃下贮存一定的时间，取出后观察冻结情况。然后在室温条件下静置融化，并分别检测记录外观、流动性、分散性、粒径、有效含量、悬浮率等各项指标有无变化。若贮前与贮后相同或有轻微变化（其变化应在允许范围内），视冷贮合格。其结果相当于常温下贮藏两年，产品合格。

（11）水质适应性试验　取三个100mL具塞锥形量筒，分别装入0mg/L、342mg/L、500mg/L硬水99.5mL。用注射器分别取0.5mL待测悬浮剂依次从量筒水面上5cm处滴入水中，观察分散性和悬浮稳定性。若能自动分散，振荡后静置1h，上无漂浮、下无沉淀，即为合格，表明该悬浮剂对水质的适应能力强；反之，则适应能力差，悬浮剂不合格。

（12）水温适应性试验　取三个100mL具塞锥形量筒，分别装入15℃、25℃、35℃标准硬水99.5mL。用注射器分别取0.5mL待测悬浮剂依次从量筒水面上5cm处滴入水中，观察分散情况。若能自动分散，振荡后静置1h，上无漂浮、下无沉淀，即为合格，表明该悬浮剂对水温的适应能力强；反之，则适应能力差，悬浮剂不合格。

（13）黏度测定　黏度是影响农药悬浮剂稳定性的主要因素之一，因而是农药悬浮剂的主要技术指标。测量黏度的仪器有多种，常用的有恩式黏度计、旋转式黏度计，根据农药悬浮剂的性质，一般选用旋转式黏度计测定（简洁方便）。

主要参考文献

[1] 张宏军，季颖，吴进龙，等. 我国农药制剂最新登记情况分析[J]. 农药科学与管理，2018，39(6)：11-15.

[2] 郭洋洋，刘丰茂，王娟，等. 农药乳油中有害有机溶剂替代的研究进展[J]. 农药学学报，2020，22(6)：925-932.

[3] 任天瑞，戴权，张雷. 农药制剂与加工[M]. 北京：化学工业出版社，2019.

[4] 吴学民. 绿色溶剂的性能评价及应用[C]. 中国农药工业协会，环境友好型农药乳油发展研讨会论文集，2011：88-93.

[5] 冯建国，张小军，于迟，等. 我国农药剂型加工的应用研究概况[J]. 中国农业大学学报，2013，18(2)：220-226.

[6] 冯建国，张小军，赵哲伟，等. 农药水乳剂用乳化剂的应用研究现状[J]. 农药，2012，51(10)：706-709，723.

[7] 洪湖. 一种草甘膦异丙胺盐可溶液剂及其制备方法[P]. CN114680130B，2023.

[8] 华乃震. 安全和环保型的农药水乳剂[J]. 现代农药，2003，2(5)：27-31.

[9] 华乃震. 农药悬浮剂的进展、前景和加工技术[J]. 现代农药，2007，6(1)：1-7.

[10] 黄建荣. 现代农药加工新技术与质量控制实务全书[M]. 北京：北京科大电子出版社，2004.

[11] 黄向东，张天栋，臧秀强，等. 飞机超低量喷洒阿维菌素防治马尾松毛虫试验[J]. 中国森林病虫，2001，

20(04)：7-9.

[12] 姜磊，周惠中. 农药水乳剂[J]. 农药，2002，49(9)：43，45.

[13] 李谱超，赵军，林雨佳，等. 农药水乳剂、微乳剂研发与生产中存在的问题及对策[J]. 农药管理与科学，2011，32(2)：26-30.

[14] 李姝静，郭勇飞，李彦飞，等. 农药水乳剂稳定性机制研究进展[J]. 现代农药，2012，11(4)：6-10.

[15] 刘步林. 农药剂型加工丛书[M]. 北京：化学工业出版社，2004.

[16] 刘钰，温劢，王伟. 农药水乳剂稳定性研究[J]. 世界农药，2009，31(4)：43-49.

[17] 刘钰，温劢，王伟. 液体原药被制备成农药水乳剂稳定性研究[J]. 世界农药，2009，31(6)：39-44.

[18] 潘立刚，陶岭梅，张兴. 农药悬浮剂研究进展[J]. 植物保护，2005，31(2)：17-20.

[19] 屠豫钦. 农药剂型与制剂及使用方法[M]. 北京：金盾出版社，2007.

[20] 王爱臣. 一种噻虫啉水悬浮剂及其制备方法[P]. CN107439540A，2017.

[21] 兀新养，赵斌，周渝，等. 30％吡虫啉水悬浮剂的研制[J]. 应用化工，2008，37(9)：1108-1110.

[22] 张登科，魏方林，朱国念，等. 我国农药水乳剂的发展现状及稳定机理研究[J]. 现代农药，2007，6(5)：1-4，13.

[23] 张强，周省金，汪国平，等. 农药水乳剂专用乳化剂的研制[J]. 农药研究与应用，2008，12(1)：18-19.

第五章

种衣剂

种衣剂是一种用于作物或其他植物种子处理的，具有成膜特性的，集保健、营养、保护、抗逆等性能于一体的农药专用制剂。通常由农药原药（杀虫剂、杀螨剂、杀菌剂、杀线虫剂、除草剂、杀鼠剂、植物生长调节剂等）、肥料、成膜剂及其他功能性助剂（抗旱剂、抗冻剂和除草剂安全剂等）为原料加工制成的包覆在种子表面形成保护层膜的制剂。它是在传统的浸种和拌种基础上发展起来的，是目前国际上应用较为普遍的种子处理技术。具有种子消毒、防治病虫鼠害、缓慢释放药肥、避免伤害天敌、减少环境污染、提高作物抗逆性等作用；是种子质量标准化、种子加工现代化和作物苗期病虫害综合防治的有机结合，是支撑精准农业政策的一项重要技术。

一、种衣剂的特点和功能

（一）种衣剂的特点

种衣剂作为 20 世纪 60～70 年代逐步发展起来的一项高科技产物，是继农药、化肥、地膜之后能够大幅度增加农民收入、提升生产水平的不可或缺的农用物资之一。符合国家产业结构调整指导目录第一类第九条第 4 款"高效、低毒、安全新品种农药及中间体开发生产"的规定，属鼓励发展类产品。种衣剂包衣种子可综合防治苗期虫害和种传、土传病害，提高田间出苗保苗率，从而提高作物产量和品质，为作物增产增效提供重要保障。相比于其他种子处理方法，种衣剂处理技术的优点十分明显，如一药多效、药力持效期长、保水抗旱、提高种子发芽率、促进种苗品质等，是一项把治虫、防病、促长、消毒融为一体的种子处理技术。种衣剂作为种子处理的专用剂型具有以下四个明显的特点。

1. 成膜性

种子包衣过程中，种衣剂成分中的一种特殊物质能够在种子表面迅速固化为一层膜，包衣的种子不需要晾晒和烘干，即可立即储存备用，也不会遇光分解。

2. 缓释性

种衣剂具有透水、透气和再湿性，在土壤里遇水只会吸胀而几乎不溶于水，因此附着在种衣剂上的有效成分就会通过稀释、传导、扩散的形式缓慢释放，保证种子正常发芽而不受药害，持效期可维持 45～50 天，有些可达数月之久，药效比一般浸种或拌种施药的增强 2～4 倍。但气候、土壤条件对药效期的长短有一定影响。

3. 稳定性

种衣剂一般可贮存 3 年，冬季不结冰，夏季不分解，经过贮存后若出现分层和沉淀，使用前摇匀后成膜性不变，药效也不变。

4. 内吸传导性

种衣剂成分中的杀虫剂如吡虫啉、噻虫嗪等；杀菌剂如多菌灵、三唑醇、戊唑醇等，均具有高效、内吸、传导的作用。它们被种子吸收后，随种子萌发、出苗内吸传导到植株地上未施药部位，起到治病防虫作用。

（二）种衣剂的功能

种衣剂由农药原药、肥料、成膜剂及配套助剂经特定工艺加工而制成，可直接或经稀释后包覆在种子表面形成具有一定强度和通透性的保护层膜。它不但对防治地下害虫和土传、种传病害有效，对提高种子发芽率、促进作物健康成长、提高作物产量和改善作物品质均具有特定的功效。种子处理由刚开始的药剂浸种、拌种逐渐发展成为药剂包裹种子的方式，"种衣剂包衣技术"的作用也从早期的"防治病虫害"发展到"提高种子质量、增加种子活力、促进种子萌发和幼苗早期生长"等多个方面。

1. 种衣剂的优势

（1）利用率高　使用种衣剂是现代农业保护种子或幼苗初始发育阶段的常见策略，从农作物生长发育的起点着手，抓住关键部位和有利时机来发挥农药的作用。在农业生产中，有很多病菌以昆虫传播、种子传播、土壤传播和空气传播等多种方式侵染幼嫩娇弱的根芽；种衣剂随种下地，将病、虫消灭在早期阶段，起到保苗、促苗的良好效果。种衣剂包裹在种子周围，不易受外界环境影响，利用率高，防治效果理想。

（2）经济实惠　由于种衣剂紧贴种子，形成一种保护膜，药力集中，因而比叶片喷洒、施用毒土、毒饵等省药、省工、省时、省料，降低了生产成本，并有利于减少环境污染、保护天敌。

（3）安全性强　种子包衣在小范围进行，隐蔽使用，对大气和土壤污染小，对天敌相对安全，有利于综合防治。实施种子包衣技术后，植株体上的农药残留量极大减少，有助于高毒农药低毒化，提高了农药使用的安全性。

（4）药效期长　种衣剂经过合理的化学配制，大部分具有缓慢释放作用，种衣剂包覆种子后，农药一般不易迅速向周边扩散，不受日晒雨淋和高温影响，药效期长。

2. 种衣剂的功能

（1）在种子及根系周围形成保护屏障，防止病原菌的侵染 种子包衣后可以消除种子携带的病虫害，尤其在种子商品化率高、引种频繁的大环境下，种子包衣对杜绝病虫害的远距离传播有重要意义。包衣种子播种后可以防治作物的早期病虫害，确保出苗、成苗，减少后期补苗的人工投入。种子包衣属于精准施药，可以根据农作物抗性水平以及播种区域当地病虫害实际发生情况有针对性地选择种衣剂产品。如玉米品种易感丝黑穗病，并且播种区域属于丝黑穗病高发区，可针对性地选择对丝黑穗病防效较高的种衣剂产品，精准防控；避免或减少作物在出苗后病虫害的危害，相比后期的防治，前期种子包衣操作简单，成本低廉。

（2）提高种子对不利土壤和气候的抗逆能力 为预防春播种子遇到低温倒春寒对种子的伤害，种衣剂中会添加抗冻剂等成分；另外大部分种衣剂使用的农药化合物其活性成分能够提升种子的逆境耐受力。如用噻虫嗪处理过的玉米种子，在后期抗旱抗寒能力明显高于不处理的对照。花生、玉米等春播种子通过包衣后预防由倒春寒低温引起的粉籽烂种效果显著。

（3）增加种子活力，促进种子萌发，促进全苗 种衣剂中一些活性成分可以增强种子的发芽势，促进种子萌发，促进全苗、出苗整齐。种衣剂促进了精量播种，如种衣剂在玉米上推广后提高了种子的成苗率，每穴只播一粒种子，既减少后期补苗间苗的人工成本，也减少了种子用量。

（4）壮苗促根，提高作物产量和品质 目前常用的烟碱类杀虫剂以及甲氧基类的种衣剂成分有良好的促根壮苗作用。根系是植物的大脑吸收营养的重要器官，强健的根系更容易从土壤中吸收养分，促进作物增产，改善作物品质。

（5）改变种子大小或形状利于机械播种 较小或扁平形等非圆形的种子不利于机械化的播种，但通过种子包衣增加种子大小，或通过包衣将非圆形的种子加工成圆形，以便机械化播种。

二、种衣剂的分类

种衣剂有很多分类方法，通常按应用范围、剂型、功能特性、使用时间等进行分类。

1. 按照活性成分种类的数量分类

分为单一型和复合型两类。单一型种衣剂只含有一种杀虫剂、一种杀菌剂或者只含有肥料成分等，活性成分单一。复合型种衣剂通常含有两种及以上的活性成分，多为复配的农药成分。

2. 按应用范围分类

分为多种作物种衣剂和单一作物种衣剂。多种作物种衣剂适用于玉米、小麦、花生等多种作物，具有广谱的防病防虫效果。如 70％噻虫嗪种子处理可分散种衣剂，可用于防治棉花、马铃薯、油菜、玉米等多种作物苗期蚜虫等害虫。适用范围广，易被接受，但针对性差。单一作物种衣剂只应用于一种作物，用于其他作物时会产生药害或降低药效，如水稻、棉花、小麦、玉米、大豆、番茄、西瓜、油菜等专用种衣剂。虽然只适用于一种作物，但针对性强（特别是微量元素与植物生长调节剂），能及时、有效、彻底地解决生产上某一突出问题，用药效率高，防病治虫效果好。

3. 按照适用作物的特性分类

分为旱田作物种衣剂和水田作物种衣剂。旱田作物种衣剂适用于旱田作物，以及可作为水稻旱育秧的种衣剂。水田作物种衣剂只适用于水田作物。

4. 按使用时间分类

分为现包型种衣剂和预包型种衣剂。现包型种衣剂在播种数小时或几天内，将种子用种衣剂包衣，待衣膜固化后立即播种，有杀菌消毒、防治苗期病虫害及促生作用，但包衣后的种子不易长时间贮存。目前大部分种衣剂属于此种类型。预包型种衣剂种子包衣成型后，可随时播种，也可贮存一段时间（一般为 4～12 月）后再播种，避免了因当季的包衣种子未播种而无法安全贮存，放置到下一个播种季节，造成巨大浪费。但因种衣剂配方和制作技术复杂，种子与药物能够长期共存而又无害的可能性较小，该类种衣剂种类少。

5. 按包衣前后种子形状是否变化分类

分为丸化型种衣剂和薄膜型种衣剂。丸化型种衣剂经包衣后种子形状、大小、重量都会增加，种子重量一般增加 3～50 倍，使小粒种子便于机械化播种，且可增强良种的抗逆性。薄膜型种衣剂种子经薄膜种衣剂包衣后不改变其形状和大小，重量一般增加 2％～15％，适用于大粒、中粒大小的种子。

6. 按照功能分类

分为物理型、化学型、生物型、特异型、综合型。物理型种衣剂含有大量填充材料及黏合剂等（惰性填料和农药原药含量在 50％以上），呈泥浆状。主要用于油菜、烟草及蔬菜等小颗粒种子丸粒化，起到增容作用。可大幅增加种子体积和重量，粒型规整，具有成膜性，崩结速度快，能控制释放速度，方便机播、匀播，也可对种子起到物理屏蔽作用。包括利于播种的种衣剂、抗流失种衣剂、帮助作物移植生长的种衣剂等。

化学型种衣剂内部含有常量或微量元素肥料、农药等，主要适用于防治病虫害及作物缺素症，具有功效全面、见效快等特点。包括杀虫杀菌种衣剂、常量元素肥料和微肥种衣剂、除草剂种衣剂、复合型种衣剂，是目前种衣剂产品的主要趋势。

但如果配比不当，极易产生药害。

生物型种衣剂根据微生物之间的拮抗原理，利用有益微生物为有效成分制成，通过抵抗有害病菌的繁殖、侵害，来达到防病目的。主要用作以菌肥为主要活性成分的种子包衣，如木霉菌、根瘤菌、固氮菌及其代谢产物等。由于化学药剂的大量使用，有害物质在自然界和食物链中累积，不仅污染环境，而且破坏生态平衡，后果严重。而生物种衣剂安全性高，不易发生药害，减少污染，符合环保要求，是种衣剂的发展方向。

特异型种衣剂为有特定或特殊目的，有效成分具有某种非农药活性特殊功能的种衣剂，如活性成分为高分子吸水树脂、供氧剂等，用于蓄水抗旱、保水、逸氧、除草以及 pH 调节等特殊目的。包括蓄水抗旱种衣剂、逸氧种衣剂、抑制除草残效种衣剂、pH 调节种衣剂等，如水稻直播种衣剂、高吸水型棉花种衣剂、杀虫除草种衣剂等。

综合型种衣剂具备以上四种种衣剂的功能。

7. 按种衣剂的形态剂型分类

分为干粉种衣剂、悬浮种衣剂、胶悬型种衣剂。

干粉种衣剂是将活性成分与非活性成分经过气流粉碎、混合搅拌均匀而成，通常采用拌种方式进行包衣，或在包衣前添加适量水配制成悬浮液，再进行雾化包衣。这种包衣技术的生产、运输和贮存成本较低，工艺简单，安全贮存期长，但对生产技术及设备密封工艺要求较高。

悬浮种衣剂是先将不溶于水或难溶于水的活性成分与助剂通过湿法研磨配制成的一种悬浮分散体系，固形物含量较低（一般在 1%～50%），然后采用雾化等方式进行包衣。悬浮种衣剂的生产工艺较为简单，并且包衣效果好。目前，我国种衣剂主要以悬浮剂种衣剂产品为主。也存在活性成分含量低、药种质量比小、成本高、产品贮存过程中活性成分易沉淀与变性等缺点。

胶悬型种衣剂是将活性成分用适当溶剂及助剂溶解后与非活性成分混匀而成的胶悬分散剂，活性成分在体系及衣膜上分布比悬浮剂更均匀，包衣效果更好且更牢固，是种衣剂发展的方向之一。

8. 按种衣剂用途分类

(1) 农药型种衣剂，是当前种类最多、应用最广泛的种衣剂，能防止土传、种传病虫害的蔓延，并能有效地防治苗期病虫害，有效期可达 45～60d。

(2) 微肥型种衣剂，通过加入微量元素来调治作物缺素症，可节约微量元素用量，提高微肥的应用效果。如玉米施用锌肥时，每亩农田需硫酸锌 500～1000g，用锌肥拌种需硫酸锌 10～15g。

(3) 除草种衣剂，这类种衣剂含有易扩展的高效除草剂，专治苗床或大田苗期杂草。

（4）促进作物生长种衣剂，美国、新西兰等国家用石灰将牧草种子包衣，在酸性土壤中播种，使石灰中和土壤酸度，保护种子正常萌发和幼苗生长，使牧草植株健壮，增加牧草产量。日本近年来将过氧化钙加入水稻种衣剂中，用于水下直播和育苗，由于过氧化钙在水中分解释放氧气，可促进种子水下萌发，保证出苗，提高健苗率。

（5）调节花期的种衣剂，美国 Northrup King 公司研制出的种衣剂，包衣后土壤水分向种子内移动缓慢，使种子发芽延迟，从而也延迟了生长和开花，用于杂交育种调节花期，提高产量。

（6）利于播种的种衣剂，主要用于对小粒或表面皱凹不平的种子进行处理，使其大粒化、均匀化、表面光滑，方便机械播种。

（7）蓄水抗旱种衣剂，中东海湾地区国家，还有我国的一些干旱地区，采用吸水树脂进行种子包衣处理，可增强种子的吸水能力，在种子周围形成"水库"，其吸水量为吸水树脂的 300～1000 倍，并在土壤中反复吸收水分，陆续供水，保证种子对水分的需求，促进种子发芽及幼苗生长。

（8）抗流失种衣剂，也由美国 Northrup King 公司研制而成，它是把水黏附剂黏附在种子上，播后一旦遇水便与周围土粒合在一起，限制了种子的流动，可在水土易流失的斜坡上播种使用。

（9）生物种衣剂，用微生物研制成种衣剂处理种子，可防止污染，保护环境。美国曾用木霉菌、大肠杆菌配成黏质药剂进行玉米、棉花的种子处理。我国也成功地研制出根瘤种衣剂等生物种衣剂，已初步应用于大田生产。

（10）调节 pH 值种衣剂，针对土壤中 pH 状况，对症研究 pH 的缓冲或反向的种衣剂，以提高种子发芽率和成苗率。如酸性土壤，含 P、Ca、Mg 等种衣剂，可调节 pH 和发挥补磷作用。

（11）抑制除草剂残效型种衣剂，以活性炭为主要成分的种衣剂，可免除残害，保证后茬作物的正常生长发育。

三、种衣剂的组成

种衣剂的组成大致包括活性成分和非活性成分两部分。

（一）种衣剂的活性成分

活性成分是指直接发挥药效的部分，主要是农药（杀虫剂、杀菌剂等）、植物生长调节剂（激素等）、肥料（营养物质等）及有益微生物等。

1. 农药

有效成分中的农药主要指杀菌剂和杀虫剂。目前，我国已登记的种衣剂品种中杀菌剂主要有福美双、代森锌、百菌清等保护性杀菌剂，以及甲霜灵、多菌灵、噁醚唑、戊唑醇、烯唑醇、三唑酮等内吸性杀菌剂。杀虫剂主要有吡虫啉、噻虫嗪、噻虫胺等，是近年来被广泛使用的杀虫剂。通常会根据作物及防治对象与其他组分的配伍性对农药品种加以选择，以达到互补增效、减少抗药性等目的。

2. 植物生长调节剂

植物生长调节剂是调节或刺激植物生长的激素类物质，可促进植物生根发芽、发育早熟、形成无籽果实、防止落花落果、改善作物品质等，是 21 世纪实现农业高产的主要措施之一。种衣剂中常添加的植物生长调节剂主要有生长素、细胞分裂素、赤霉酸、脱落酸、吲哚乙酸、乙烯利、萘乙酸、烯效唑、矮壮素、多效唑、腐植酸和生根粉等。研制种衣剂时，应根据作物生长季节特性，以及与其他活性成分及非活性成分的配伍性，综合选择植物生长调节剂。

3. 肥料

肥料有改善土壤性质、提高土壤肥力水平、促进与调节植物生长发育和代谢等作用。一般分为常量元素肥料（氮、磷、钾等）、中量元素肥料（钙、镁、硫等）、微量元素肥料（铁、硼、锰、钼、锌等）及生物肥料（以有机质为基础）等。种衣剂除添加尿素、KH_2PO_4 等常量肥料外，锌、硼、铁等微量元素也被添加到种衣剂中以减少作物缺素症的发生，如增加 $ZnSO_4$ 可提高玉米幼苗抗性；种衣剂中添加硼和铁增加花生产量；微量元素 Cu、Mn 和 Zn 种子包衣可提高冬小麦对养分吸收的能力，进而提高产量。

4. 有益微生物

随着种衣剂的发展，有益微生物也被一些学者引入种衣剂及相关的研究中。目前研究的有益微生物包括绿僵菌、木霉菌、固氮菌、根瘤菌、芽孢杆菌等。

（二）种衣剂的非活性成分

种衣剂的非活性成分是指种衣剂中的成膜剂及分散剂、黏结剂、稳定剂、乳化剂和渗透剂、警戒色料等共同组成的相应配套助剂，是维持种衣剂的物理及化学性状，控制衣膜内活性成分缓释的辅助成分。其中成膜剂是种衣剂非活性成分中非常重要的部分。

1. 成膜剂

成膜剂包覆于种子表面形成透气、吸水的衣膜，使药效缓慢释放而达到防治病虫害的作用。成膜剂作为种衣剂最关键的非活性成分，直接影响种衣剂的质量和应用效果。常用的成膜剂有淀粉及其衍生物类、纤维素及其衍生物类、合成高聚物类以及其他天然物质类，其中目前应用最广泛的是合成高聚物类，如聚乙烯醇、聚丙烯酸酯等，并逐渐由单一型向复合型发展，非活性成分的组成直接影响种衣剂的质量及包衣效果，其中最关键性成膜剂可分为四大类：①淀粉类及其衍生物；②纤维素及其衍生物，如木素、甲基纤维素、乙基纤维素等；③高分子聚合物，如聚丙烯酰胺、聚丙烯酸酯、聚己内酯等；④其他种类，如海藻酸钠、硅酸钠、树胶等物质。目前高分子聚合物是主要的成膜剂，不仅有良好的包衣效果，而且可促进种子的发芽。但随着环境问题日趋严峻，生物无污染成膜剂逐渐被开发应用。

成膜剂的主要作用：①可使空气和适量水分通过，维持种子生命的功能；②播种后，土壤中包衣的膜吸水膨胀而不被溶解，同时允许种子正常发芽、出苗生长；③使所含农药（和种肥等）物质能缓慢释放，确保较长时间防治病虫害的侵袭和促进幼苗的生长，增加作物的产量。

成膜剂对开发悬浮种子处理剂是一个重要关键因素。好的成膜剂具有的特点为：①种子能被平滑均匀地包衣，所包的膜能透过空气和适量水；②不但对种子发芽没有影响，而且能使种子发芽速度均匀，能最大限度发挥药效；③在种子处理（包装、运输和贮存）过程中，不会有碎屑和粉尘产生；④包衣后膜均匀，不易脱落，种子间不会形成团粒，尤其是在较高温度和潮湿环境下不会发生黏结；⑤处理包衣种子时的沉积物很容易从设备中清洗掉；⑥经过包衣的种子有良好的种植性。

不同的作物种子、种植方式和包衣方式对成膜剂的要求也是不同的。例如水田和旱田种子处理剂的成膜剂就不一样，像水稻种子在播种前农民一般需浸种 $1\sim2d$ 催芽。因此，包衣的种子在浸种后，膜在水中不能很快地溶解，而只能溶胀；而包衣膜必须能透过空气和适量水；保证不影响种子的发芽，选好成膜剂是关键。测定膜的耐折性考察成膜强度，最终以测定包衣种子脱落率的方法来综合考察成膜剂的性能。

2. 分散剂

种衣剂经过机械作用，其中的固体颗粒被分散至微米级以下，分散相颗粒小，比表面积大，导致体系在热力学上处于高度不稳定状态。加入的分散剂可定向地排列在固体颗粒表面，降低固体颗粒的表面张力，阻止粒子之间相互聚集而使之均匀分散，形成稳定的悬浮体系。常见的分散剂有脂肪醇聚氧乙烯醚、拉开粉、十二烷基苯磺酸盐、烷基萘磺酸盐、萘磺酸盐甲醛缩合物等。分散剂主要采用流点法进行筛选，按优、良、劣三级评价。优：分散均匀，无颗粒沉淀；良：有分层现象但不明显；劣：分层现象明显，超过 50%。

3. 乳化剂

乳化剂可以使原来不相溶的两种液体（如水和油）其中的一相变成极小的液珠，稳定分散在另一液相中，形成透明或不透明的浊液。可降低水油界面张力和表面自由能，有助于形成乳液状分散体系和动力学稳定体系。乳化剂可分为两类：一是非离子乳化剂，如聚乙烯、聚氧乙基和丙基醚类；二是阴离子类乳化剂，主要是烷基苯磺酸钙。

4. 黏结剂

黏结剂又称增稠剂。悬浮种衣剂在加工和贮存过程中存在粒子沉降分层和析水等物理不稳定问题，黏度在种衣剂中起着至关重要的作用，能够决定种衣剂的稳定性和悬浮率。当种衣剂的黏度太低时，悬浮种衣剂会不稳定；当黏度过高时，则会造成流动性低，导致分散不均匀，影响包衣效果。农药中黏结剂主要分为两类，具有强亲水性的高分子聚合物与无机矿物。黄原胶、阿拉伯胶、可溶淀粉、丙烯酸钠、聚乙烯醇、聚乙烯吡咯烷酮、海藻酸钠、聚乙烯醋酸酯等是常用的高分子聚合物类黏结剂，膨润土、硅藻土、硅酸镁铝等是常见的无机矿物类黏结剂。

5. 警戒剂

警戒剂又称着色剂，是种衣剂包衣种子后使种子具有附加颜色的助剂。通常在农药种子处理剂（多为种衣剂）和水分散粒剂中起到修饰、警示、防伪等功能，区别于普通作物种子，以防止人畜误食中毒，多以水溶性染料为主，有时也用一些有机染料。警戒剂的色谱在行业中也有相应规定，如：①杀虫剂——红色，可用大红粉、铁红、酸性大红等；②除草剂——绿色，可用铅铬绿、碱性绿等；③杀菌剂——黑色，可用炭黑、油溶黑等。警戒剂使用时与农药活性组分、成膜剂其他助剂和水等按配方比例制备种衣剂产品，包覆于种子上，干燥成膜后，使包衣种子具有色彩鲜艳的外观，达到为其着色的目的。

选用警戒剂应注意以下几点：①所选用的色谱应符合行业上的规定；②所选用警戒剂不与活性成分发生化学反应，即化学性质要稳定；③有些警戒剂对酸碱性比较敏感，应满足其所需要 pH 条件；④一般用量为 0.5%～5%。

四、种子剂的包衣技术

（一）种子包膜技术

种子包膜技术是将种子与特制的种衣药剂（即种衣剂）按一定比例混合均匀，在种子表面涂上一层均匀的药膜，形成包衣种子。种子包膜技术是借用成膜方法将成膜剂均匀涂在种子表面的一项技术。在玉米、大豆、棉花、小麦、甜菜、水稻等作物种子上有广泛应用。

实验室用的包膜设备主要由以下三部分组成：一是通风装置，用于干燥包膜种子，防止种子吸湿；二是标准丸化盘，是种子与包膜剂混合的场所；三是高压喷枪，在高压条件下使包膜剂涂于种子表面，大规模包膜则采用通风滚筒包衣机械，该装置能连续使用各种多聚物系统及组分，并提供干燥。包膜工艺并不复杂，种子经过精选分级后，在包衣机内种衣剂通过喷嘴或甩盘，形成雾状后喷洒在种子上，再用搅拌轴或滚筒进行搅拌，使种子外表敷有一层均匀的药膜，包膜后的种子外表形状变化不大。包膜时，种子与种衣剂必须保持一定的比例，如玉米的药种比为

1：50，而大豆则为 1：80 效果较好。其包衣工艺流程如图 5-1 所示。

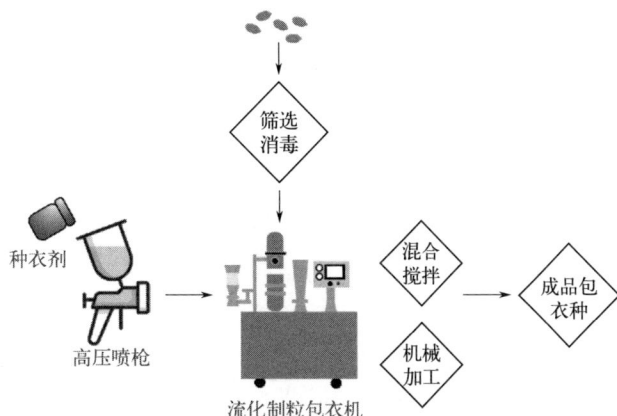

图 5-1　种子丸化工艺流程图

理想的种衣剂应具备以下条件：①成膜速度快，要求为 20s～5min。②膜的牢度和黏度适中。种衣脱落率不超过药剂干重的 0.5%～0.7%，黏度在 150～400mPa·s 之间。③药膜对种子无毒害。④药效持续，有缓释性，持续时间为 40～60 天。⑤酸度适中，pH 以 6.0～8.72 为宜。

（二）种子丸化技术

种子丸化是在种子包衣技术基础上发展起来的一项适应精细播种需求的农业高新技术，是用特制的丸化材料通过机械加工，制成表面光滑、大小均匀、颗粒增大的丸（粒）化种子。最早进行丸化的种子多是种子颗粒小而轻且形状不规则的蔬菜种子，以此来改善种子播种性能，实现定量、精量播种。此后该技术在小麦、玉米、水稻等种子中也得到广泛使用。与包膜技术相比，种子丸化技术对包衣药剂的成膜性、黏度要求相对较低，对药剂的物理形态和理化性质也没有太多限制，为合理采用多种药剂，以及包衣技术在更多的种子上使用提供了可能。

1. 种子精选

种子丸粒化包衣之前，首先要进行种子的精选，以保证种子的纯度、净度和整齐度。

2. 丸化工艺流程

将经过精选的种子放入丸化机，启动丸化机和供液机，边喷边搅动，一边慢慢加入不同比例的种衣剂，使种子表面均匀地包裹种衣剂。如此间断地喷液、加种衣剂、丸化，达到所需丸化种子的倍数，完成所加工种子的包衣丸粒化，最终将丸化包衣种子取出，及时烘干或晒干。烘干或晒干后应密封包装，存放于干燥处。其丸化工艺流程如图 5-2 所示。

丸粒化处理后的种子裂解度均达到 99.5%，遇水易裂解，利于发芽；抗压强度达到 150～196g，利于仓储和运输，便于机械化精量播种；多数作物丸粒种子较

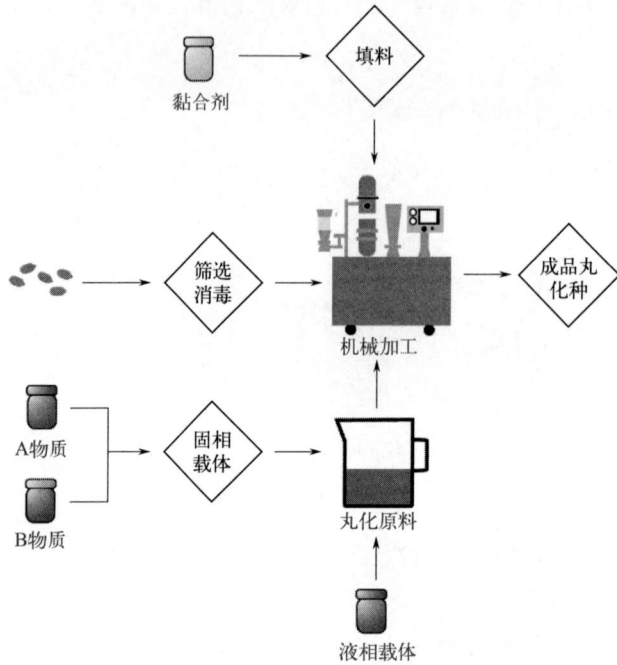

图 5-2　种子丸化工艺流程图

裸种出苗天数推迟 1~2 天，发芽率略有降低，但根和苗的长度略有增加。

五、种衣剂的加工实例

实例一：30％噻虫胺·吡唑醚菌酯·苯醚甲环唑悬浮种衣剂

1. 活性成分

噻虫胺，18％；吡唑醚菌酯，7％；苯醚甲环唑，5％。

2. 非活性成分

（1）分散剂：D09，3％；2700，1％；1004，3％；

（2）增稠剂：黄原胶，0.1％；硅酸镁铝，1％；

（3）成膜剂：聚乙烯醇 PVA，0.1％；

（4）防冻剂：乙二醇，2％；

（5）酸度调节剂：浓盐酸，0.1％；

（6）着色剂：克玛适，3％；

（7）防腐剂：GY-B15，0.1％；

（8）消泡剂：有机硅 X-60，0.3％。

3. 加工方法

先用万能粉碎机将噻虫胺、吡唑醚菌酯和苯醚甲环唑原药分别粉碎，过 100 目筛。采用湿法研磨粉碎工艺，按配比称取各组分，加水补齐后加入卧式砂磨机中，于 1500r/min 冷水浴（10℃）研磨 1h，即可得到 30％噻虫胺·吡唑醚菌酯·苯醚甲环唑悬浮种衣剂。

4. 适用作物种子及防治对象

花生种子包衣，防治花生土传病害根腐病、冠腐病；地下害虫蛴螬及苗期害虫蚜虫等。

实例二：25％噻虫·咯·精甲悬浮种衣剂

1. 活性成分

98.2％噻虫嗪，22％；95.0％咯菌腈，1％；91.0％精甲霜灵，2％。

2. 非活性成分

（1）润湿剂和分散剂：阴非离子复配类（YUS-SC3），2％；烷基萘磺酸盐类（Morwet D-425），2％；萘磺酸盐甲醛缩合物类（NNO），4％；

（2）增稠剂：黄原胶，0.2％；有机膨润土，1.0％；

（3）成膜剂：SYFMA001，8％；

（4）防冻剂：乙二醇，5％；

（5）酸度调节剂：浓盐酸，0.1％；

（6）着色剂：RED571，3％；

（7）防腐剂：卡松，0.5％。

3. 加工方法

采用湿法砂磨方法制备 25％噻虫·咯·精甲悬浮种衣剂。根据配方各组分的种类和用量，将除成膜剂以外的其他组分，如噻虫嗪原药、咯菌腈原药、精甲霜灵原药、润湿剂、分散剂、着色剂、增稠剂、抗冻剂、防腐剂和水等混合预分散，使用高剪切乳化机对样品进行预处理，然后将物料转移至砂磨机中进行砂磨粉碎，砂磨一段时间后进行粒度测定，待粒度值达到所需要求后，结束砂磨，最后加入成膜剂，均质搅拌后即得 25％噻虫·咯·精甲悬浮种衣剂。

4. 适用作物种子及防治对象

花生种子包衣，防治花生根腐病和蚜虫；棉花种子包衣，防治立枯病和苗期蚜虫、蓟马等。

实例三：25％咯菌腈·噻虫嗪悬浮种衣剂

1. 活性成分

98.2％噻虫嗪，22.5％；95.0％咯菌腈，2.5％。

2. 非活性成分

（1）润湿剂和分散剂：Tersperse 2500 和木质素磺酸钠盐以重量比 0.3：1 复配使用，2％；

（2）增稠剂：硅酸镁铝和凹凸棒土（0.35：1），0.3％；

（3）成膜剂：壳聚糖、普鲁兰多糖和阿拉伯胶按重量比 0.35：0.60：1 复配使用，4.5%；

　　（4）防冻剂：乙二醇，4.5%；

　　（5）酸度调节剂：浓盐酸，0.1%；

　　（6）着色剂：自碱性玫瑰精，酸性大红和酸性亮蓝，RED571，1.2%；

　　（7）防腐剂：卡松，0.3%；

　　（8）消泡剂：AF1500，重量百分比为 0.2%。

3. 加工方法

　　①将配方中 60%～70%的水、润湿分散剂和防冻剂加入反应容器中，搅拌混匀；②加入咯菌腈和噻虫嗪，均质机均质 20～30min，泵入砂磨机中研磨至粒径 $D_{98} \leqslant 4\mu m$；③将剩余的水、增稠剂、染色剂、成膜剂、消泡剂和防腐剂混匀，均质机均质 10～15min，边搅拌边加入研磨后的物料中，搅拌 8～15min，即得 25% 咯菌腈和噻虫嗪悬浮种衣剂。

4. 适用作物及防治对象

　　棉花种子包衣，主要防治苗期病害立枯病，害虫蓟马及蚜虫等。

六、悬浮种衣剂的质量标准

　　悬浮种衣剂中的活性成分可以是除草剂、杀虫剂、杀菌剂和植物生长调节剂，也可以是各种复配的混剂。悬浮种衣剂中对活性成分有一定的要求，熔点>70℃，原药为颗粒状；在水中的溶解度较低，一般<200mg/L（20～40℃）；活性成分的化学性质要稳定。悬浮种衣剂的助剂包括润湿剂、分散剂、抗冻剂、消泡剂、增稠剂、成膜剂、安全剂等。必要时，还要在助剂中添加防霉剂、pH 调节剂等助剂。

　　水悬浮种衣剂应具有以下物理性状：①粒径范围小。较小的粒径范围可保证制剂产品在使用中的药效，同时也可避免药害的出现。②良好的倾倒性。液体的悬浮种衣剂往往存放在瓶或袋中，使用时需要倒出稀释使用，良好的倾倒性可以避免药品的浪费。③热贮和冷贮合格。④在水中拥有良好的自动分散性和较高悬浮率。⑤低泡性。⑥良好的成膜性。拌种后要求能够在短时间内均匀地在种子表面包覆上一层药剂。⑦无药害，不影响种子脱落率。具体指标如下：

1. 酸碱度

　　悬浮种衣剂的 pH 值一般为 4.5～7.2，过碱会影响药效，过酸则影响发芽和贮存稳定性。

2. 黏度

　　黏度是反映种衣剂物理性能的重要指标，对于包衣后种衣剂的吸附性和包裹均匀性起到关键性的影响，黏度大小根据包衣处理的室温和包衣种子表面的光滑程度进行调整。适宜的黏度是包衣种子载药的前提，同时应兼顾悬浮种衣剂的流动性，黏度太小，种子表面承载的药量太小，防效会受到影响；黏度过大，悬浮种衣剂的流动性差，且包衣均匀度会受到影响。不同种子包衣需要黏度不同，一般在 $200\sim800\mathrm{mPa\cdot s}$ 之间。

3. 成膜性

成膜性是维持种衣剂理化性能的基础，是种衣剂活性成分发挥效用的关键，好的成膜性能够让种衣剂的活性成分均匀地覆盖在种子的周围，在种子的表面形成一层薄膜，活性成分不脱落，种子之间不黏合，经过包衣处理后的种子能够立即使用。理想的悬浮种衣剂应该成膜时间短、包衣均匀、色泽透亮。根据要求，种衣剂在种子表面成膜的时间不高于 15min。

4. 包衣均匀度

包衣均匀度反映种衣剂在种子表面分布状况，要求在种子表面包衣均匀、平滑，无明显包衣过多过少的现象。包衣均匀度不低于 90%。

5. 牢固性

包衣处理后在种子表面形成的薄膜应紧紧吸附在种子表面，不容易脱落，根据标准，种衣剂的脱落率不高于 10%。

6. 稳定性

稳定性主要指种衣剂内的活性成分在长时间贮存的情况下能够不变质的特性。一般要求经过两年贮藏期活性成分的分解率低于 2.5%，且温度高时不易分解，温度低时不易冻结。当储存时间较长时，不可避免地出现分层和沉淀，但经过振荡后其成膜性能仍然不受影响。

7. 安全性

种衣剂产品的活性成分低毒，对人畜安全，对种子进行包衣处理后不会显著降低种子的发芽率，在其持续发挥功效的幼苗期，不会对作物的幼苗产生药害作用，影响作物正常的生长发育。

主要参考文献

[1] 骆焱平，宋薇薇. 农药制剂加工技术[M]. 北京：化学工业出版社，2015.

[2] 刘广文. 现代农药剂型加工技术[M]. 北京：化学工业出版社，2013.

[3] 韩雪，高馨竹，龚伟军，等. 微生物种子包衣的应用与研究进展[J]. 微生物学通报，2023，50(12)：5534-5547.

[4] 张华崇，闫振华，赵树琪，等. 不同种衣剂对棉花生长的影响及防治立枯病的效果[J]. 中国植保导刊，2023，43(10)：75-77，88.

[5] 任璐，田舒媛，吕红，等. 芽胞杆菌种衣剂对玉米茎基腐病的防治效果及对玉米的促生作用[J]. 植物保护学报，2023，50(5)：1358-1367.

[6] 刘冰蕾，杨彬，赵瑞元，等. 11％精甲·咯·嘧菌悬浮种衣剂对棉花立枯病的防治效果[J]. 中国棉花，2022，49(8)：17-20.

[7] 宋敏，陈晓枫，张田田，等. 40％噻虫胺·氯虫苯甲酰胺悬浮种衣剂对花生地下害虫的田间防效[J]. 农药，2022，61(4)：301-304.

[8] 李进，张军高，刘鹏飞，等. 4 种种衣剂防治棉花苗期主要病虫害效果及经济效益比较[J]. 植物保护，2021，47(01)：241-247，252.

[9] 曹海潮，刘庆顺，白海秀，等. 30％噻虫胺·吡唑醚菌酯·苯醚甲环唑悬浮种衣剂的研制及其在花生田应用的效果[J]. 中国农业科学，2019，52(20)：3595-3604.

[10] 王雪，卢宝慧，杨丽娜，等. 我国玉米种衣剂应用现状与发展趋势[J]. 玉米科学，2021，29(3)：63-69，75.

[11] 王爱臣. 一种含有咯菌腈和噻虫嗪的悬浮种衣剂及其制备方法[P]. CN105961425B，2017.

[12] 李保同，张建中，彭大勇，等. 一种含有呋虫胺和吡唑醚菌酯的悬浮种衣剂及其制备方法[P]. CN103766386A，2014.

第六章

纳米农药

第一节 ▪▪▪

概　述

纳米（nanometer，nm），即为 10^{-9} 米，是长度的度量单位。具有纳米尺度的材料，因其尺寸小、结构特殊而具有许多新的理化特性，如大比表面积、高反应活性、小尺寸效应和量子效应等。自 20 世纪 80 年代纳米材料与纳米技术诞生以来，纳米技术在众多领域得到长足发展。进入 21 世纪后，美国、日本等国家相继开始了纳米农药的相关研究工作。我国的纳米农药研究起步相对较晚，自 2006 年，我国的科研工作者启动了纳米技术在农药制剂领域的研究探索。经过近二十年的积累，中国的纳米农药技术趋于成熟，不但研发出多种纳米农药新型制剂，而且技术转化和产业化进程不断加快。2019 年，国际纯粹与应用化学联合会（IUPAC）公布了改变世界的十大化学新兴技术，其中纳米农药位居首位。由此，纳米农药作为植保界的"新贵"，迅猛发展成为现代植物保护研究领域的热点。

纳米农药是利用纳米技术制备的农药产品。纳米农药的定义主要包括纳米尺度和农药性质两个方面。第一，纳米农药的关键特征是其颗粒粒径处于纳米级别，通常在 $1 \sim 100\text{nm}$。相比传统农药，纳米农药的颗粒粒径更小，具有更大的比表面积。第二，纳米农药可以是纳米颗粒形式的农药活性成分，也可以是通过纳米技术改性的传统农药。目前尚无统一的纳米农药粒径定义，表 6-1 列出了部分国际组织和国家管理部门发布的纳米材料等相关定义，可供纳米农药参考。

表 6-1 国际组织或国家对于纳米材料的定义

国际组织/国家	来源	定义内容
国际标准化组织(ISO)	ISO/TS 80004-1:2015纳米技术-词汇-第一部分:核心术语	纳米级:1~100nm;纳米材料:任一外部尺度、内部结构或表面结构在纳米级别的材料
经济合作与发展组织(OECD)	2008 OECD人造纳米材料工作组	人造纳米材料:有意生产的、具有特定性能或组分、尺度范围通常在1~100nm之间的材料,该材料可为纳米物体或纳米结构
美国	美国国家纳米技术倡议	工程纳米材料:有意合成或生产、至少有一个外部尺寸在1~100nm之间,并表现出由该尺寸所产生的特殊性质的材料
	美国环保局(EPA)	无官方统一定义,一般包括以下关键指标:①至少在一个维度上粒径在1~100nm之间;②与较大尺寸的颗粒相比,表现出独特的性能;③在纳米尺度上设计;④包含团聚体和聚集体;⑤颗粒分布上,按质量比,至少10%颗粒小于100nm
欧盟	欧盟委员会	纳米材料:一类天然、无意加工得到的材料,其含有分散存在,或以聚集体或团聚体形式存在的固体颗粒,且50%或以上的颗粒在粒径分布上至少满足以下任一条件:①一个或多个维度的粒径在1~100nm范围内;②对长条状颗粒,例如棒、纤维或管状,2个维度的粒径小于1nm,其他维度大于100nm;③对片状颗粒,一个维度小于1nm,其他维度大于100nm
中国	GB/T 39855—2021《纳米产品的定义、分类与命名》	纳米尺度:同ISO定义 纳米材料:同ISO定义 纳米技术产品:由纳米材料组成或具有纳米结构的产品,添加纳米材料或使用纳米技术处理后主要性能显著变化的产品

《纳米农药产品标准编写规范》(NY/T 4451—2023)行业标准,给出了纳米农药的定义是:通过纳米制备技术,使农药有效成分在制剂和使用分散体系中的平均粒径以纳米尺度分散状态稳定存在的农药。该定义规范了我国纳米农药的制剂化,为我国纳米农药指明了方向。

常见的纳米农药剂型的作用如下:

① 利用纳米技术降低农药原药的粒径,使其颗粒大小纳米化,如已有报道的纳米乳液、纳米分散体等。此类纳米农药制剂的优点是农药原药纳米化后,能够有效增加农药制剂的比表面积,提高农药分散性与稳定性,减少制剂配制过程中有机溶剂及助剂的使用量。

② 采用纳米载体负载农药的方式提高部分敏感型农药的稳定性,降低高毒农药对非靶标生物的毒性。有研究表明,聚氨酯纳米乳液可以有效降低阿维菌素的光降解,延长持效期。

③ 一些纳米级金属与农药复配具有杀菌和光催化功效,能促进农药分解,降低农药残留。

纳米农药具备的优点:①选择性强,对人畜安全;②对生态环境影响小;③可以诱发害虫流行病；④可利用农副产品生产加工；⑤害虫不易产生抗性。纳米农药技术的出现，完美解决了一些农药难溶、不溶于水的问题，使不同类型的农药混配服务成为可能，同时也满足了无人机这种低容量、细雾滴施药器械的要求，助力病虫害防治向机械化发展。

目前，美国环保局（EPA）、欧盟以及联合国经济合作与发展组织（OECD）等国际组织和机构已经陆续颁布了关于纳米农药生产、使用及安全性评价等方面的管理规则。在我国，纳米乳剂农药剂型的登记还在起步阶段，但已有大量关于纳米载药体系的研究论文以及专利发表，为推进我国农药减量提效、减量控害目标做出了贡献。

第二节
原药纳米化技术

纳米农药的粒径根据其制备方法和分散体系不同，差异比较大，常见纳米农药的粒径范围见表 6-2。纳米农药的制备方法主要有以下两种方式：①将农药活性物质直接加工成纳米尺度的粒子；②以纳米材料为载体，通过吸附、偶联、包裹等方式负载农药，构建纳米载药体系。

表 6-2　常见纳米农药的粒径范围

编号	剂型名称	粒径范围/nm
1	微乳剂	6～50
2	纳米乳液	20～200
3	纳米分散体	50～200
4	纳米微球	50～1000
5	纳米微囊	50～1000
6	纳米胶束	10～200
7	纳米凝胶	10～200

将液体或固体农药制成纳米尺度的粒子，如纳米乳剂、纳米分散体。

一、纳米乳剂

纳米乳剂配方主要由 4 部分组成：有效成分、溶剂或助溶剂、乳化剂或助乳化剂和水。一般是先将有效成分、溶剂或助溶剂、部分乳化剂或助乳化剂混合形成油相，部分乳化剂或助乳化剂与水混合形成水相，再进行混合加工即可形成纳米乳剂。存在于纳米乳剂体系中的两个不相溶的相（油相和水相）被表面活性剂形成的界面分开。

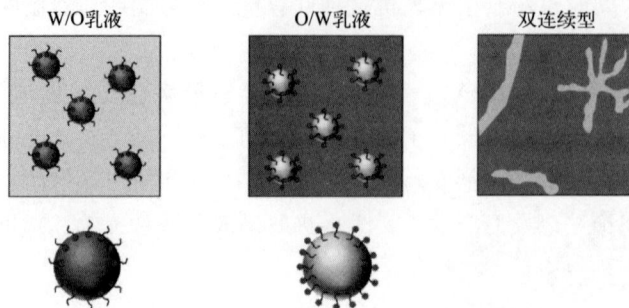

图 6-1　不同类型的纳米乳剂结构

纳米乳剂有 3 种类型：水包油（O/W）型、油包水（W/O）型，以及双连续型（W/O 型与 O/W 型之间的过渡状态，实际应用比较少）（图 6-1）。当乳化剂亲水亲油平衡值（HLB）为 7～18，亲水性强、亲油性弱时，一般会形成 O/W 型乳状液，这是农药中最常见的乳液类型；当乳化剂的 HLB 值为 3～6，亲水性弱、亲油性强时，形成 W/O 型乳状液，这在农药中较少使用。双连续型纳米乳剂的任一部分油相在形成液滴被水连续相包围的同时，与其他油滴一起组成连续相包围介于油相中的水滴，由于表面活性物质组成的界面不断波动，使双连续相纳米乳剂亦具有各向同性。双连续相结构中，水相与油相皆非球状，而类似于海绵状的结构。因此，可根据农药性质的差异，制备不同类型的纳米乳剂。

1. 组分及要求

（1）水相　在纳米乳剂的制备中，水相组分可以用超纯水、去离子水或蒸馏水。水相主要的功能是在表面活性剂的作用下，与油相一起形成油水界面膜来包裹农药成分。有些水相中还含有抗菌剂、缓冲剂、等渗剂等成分，但这些添加剂成分有时会影响纳米乳剂单相区的面积大小。

（2）油相　选用合适的有机溶剂作为油相是纳米乳剂形成的关键部分之一，因为它与农药活性成分的溶解能力密切相关。例如，与十六烷等长链油相比，当以花生油为油相时，纳米乳剂的形成更为困难。因为油在体系中的不溶性增加了纳米乳剂的稳定性，为奥斯特瓦尔德（Ostwald）熟化提供了动力学障碍，而 Ostwald 熟化是纳米乳剂不稳定的主要原因，是纳米乳剂破乳的主要机制。Ostwald 熟化是指油在较小液滴中通过连续相向较大液滴的净输送。油的碳氢链长度越短，越有利于有机相更深入地穿入界面膜，纳米乳剂就越稳定，但增长碳氢链则有助于增加对药物的溶解性。因此，纳米乳剂油相的选择，应结合农药的溶解状况进行综合考虑。

（3）乳化剂　乳化剂能够降低表面张力，促使纳米乳剂的形成。乳化剂在体系中先在气液界面上定向排列，即极性基的一端插入水相，非极性基的一端插入气相，形成单分子膜。当乳化剂的浓度达到临界胶束浓度（CMC）后，开始转移到溶液中，形成大量分子有序聚集体即胶束。在水包油体系的胶束中，乳化剂的疏水基聚集成胶束内核，亲水的极性基团构成胶束外层。乳化剂的浓度只有在临界胶束浓度以上才能实现乳化作用。

乳化剂主要有 4 种类型：阳离子型、阴离子型、两性离子型和非离子型。在配制农药纳米乳剂中，非离子表面活性剂通常会被包裹到纳米乳剂中，是因为它们受 pH 和离子强度的影响较小。而对于阴离子表面活性剂而言，它可以与溶液之间发生黏合，这可以改变纳米乳剂的稳定性和尺寸。除此之外，表面活性剂的选择也与其 HLB 值有关。HLB 值越高，表明表面活性剂在水中的溶解度越高，这有利于农药制剂的 O/W 配方，反之，则有利于 W/O 配方。在制备动力学稳定的纳米乳液时，表面活性剂的 HLB 值是要考虑的最重要的参数之一。

表面活性剂的添加量（质量分数）通常在 1.5%～10% 之间，制备纳米乳剂时普遍用量为 5%。离子型表面活性剂的使用被认为改变了纳米乳剂中的静电电荷，从而导致低聚集。对比单一和复合表面活性剂对纳米乳剂形成的影响发现，混合表面活性剂能够产生更好的亲水-亲油平衡，增强表面活性剂层的柔韧性，并能在较高程度上分配到油水界面。

（4）助表面活性剂　有些体系中也可能包含助表面活性剂。助乳化剂可以插入乳化剂的界面膜中，降低界面张力，增大乳化剂的溶解度，有利于稳定纳米乳剂。理想的助乳化剂可调节乳化剂的 HLB 值，降低油水界面张力，使乳剂形成更小的液滴，从而提高纳米乳剂体系的稳定性。常用助乳化剂有乙醇、乙二醇、丙二醇、丙三醇和聚甘油酯等。

2. 纳米乳的加工

纳米乳剂制备工艺能影响纳米乳剂的粒径和性质，尤其是纳米乳剂的稳定性。目前，制备工艺主要分为高能乳化法和低能乳化法。

（1）高能乳化法　高能乳化法（high-energy emulsification method）需要外加能量，通过机械装置提供强大的破坏力来减小尺寸。高能乳化法有超声法、高压均质法和剪切搅拌法等。其主要缺点是仪器成本高，且产生的操作温度高，较高的温度有时不适用于不耐热农药活性成分的加工。

① 超声法（ultrasonic emulsification method）主要利用气穴现象来制备纳米乳液。当超声波作用于料体时将产生大量气泡，气泡破裂后可在料体内产生局部湍流和剪切，从而将内相初始液滴打碎至纳米尺度。在特定条件下，由超声波产生的气泡破裂可产生巨大能量，使破碎气泡周围的温度和压强分别达到 10000K 和几百个大气压，从而为纳米乳液的乳化过程提供有效动力。现在有 O/W 型纳米乳液的二阶段超声乳化机理（图 6-2）：第一阶段是初始液滴的产生，当超声波作用于体系时，超声场将产生界面波，促使油相进入水相并分裂成粗液滴；第二阶段，由空

穴现象引起的体系内局部湍流和剪切，将粗液滴粉碎成纳米液滴。

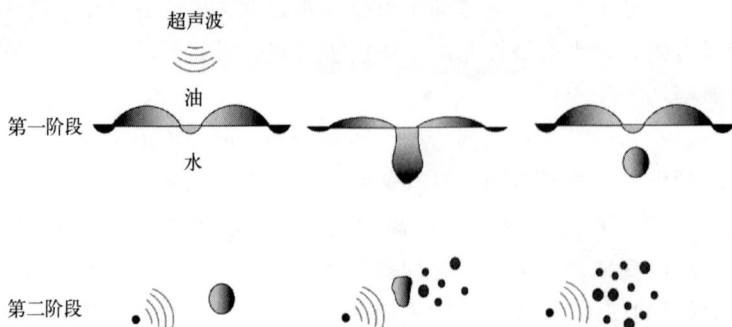

图 6-2　二阶段超声乳化机理

超声乳化技术具备以下优点：颗粒尺寸小且分布窄，乳化剂需求量少，相对其他高能乳化法能耗低、污染小、操作简便等。随着科技的进步，超声设备得到不断改进和更新，也使其逐渐突破了无法大规模应用的局限，为工业化应用提供了可能。

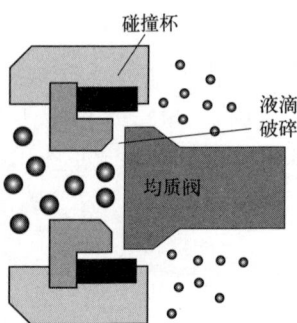

图 6-3　高压均质
乳化流程示意图

② 高压均质法（high pressure homogenization method）是利用高速均质机使粗乳液在高压下通过指定的阀门，在高压力的狭小空间内，通过高速撞击、剪切和空穴作用使油相和水相两相混合，制备得到粒径适宜的纳米乳剂（图 6-3）。此方法高效且制备的纳米乳剂有良好的均一性，适用于工业生产，其不足之处在于能耗大，且由于在生产过程中会产生较高的温度，所以不利于不耐热的农药活性成分的加工。

③ 剪切搅拌法（high-shear stirring method）是利用高剪切均质乳化机特殊设计的转子和定子，在它们之间的小间隙处，通过电机的高速驱动使液滴高速流动产生剪切力，从而生成纳米乳剂。由于操作简单、能耗低，剪切搅拌法比高压均质法更具优势。剪切搅拌法可以很好地控制粒径，且配方组成有多种选择。

纳米乳液的制备大部分仍采用高能乳化法。然而在高能乳化法中，只有极少的能量用于乳化过程，大部分都以热能的形式损耗。

（2）低能乳化法　低能乳化法（low-energy emulsification method）不需要外加大量能量，是利用体系中各组分之间的内部相互作用，通过助剂改变界面能来使乳滴自发分散，从而形成纳米乳剂。这取决于乳化过程中表面活性剂的行为，减轻了制备过程中对农药活性成分的损失。低能乳化法所消耗的能相比于高能乳化法要小很多，低能乳化法不仅节能，而且还缩短冷却时间，从而提高了乳化的效率。低能化法应用广泛，有很大的发展前景。不过低能乳化法有时会受溶剂类型和可供使用的乳化剂种类的限制。低能乳化法主要包括相转变温度法、相转变组成法、逐滴滴加法、自发乳化法等。

① 相转变温度法（phase inversion temperature method，PIT）是利用表面活性剂在水/油中的溶解度随温度变化而变化，最终形成纳米乳剂的方法（图 6-4）。它涉及从 W/O 到 O/W 乳状液通过中间双连续相的有序转化或相反转化。首先将水相和油相一次性混合，再利用非离子型乳化剂在不同温度下的疏水性和亲水性不同而形成不同的乳液。通常这类乳化剂的疏水性随着温度的升高而增强，当温度低于体系的相转变温度时，非离子型乳化剂亲水性增强，从而形成 O/W 型乳液；当温度高于体系的相转变温度时，乳液发生相反转，则变成 W/O 型乳液。由于该方法需要改变体系温度，所以对温敏农药活性成分不能使用，相应的只适用于对温度敏感的表面活性剂，如聚氧乙烯类表面活性剂。同时良好的水、油、表面活性剂和农药活性成分的互溶性是促进相变顺利进行的前提。此外，除了温度，其他参数如盐的浓度及 pH 值亦会对乳化产生影响。

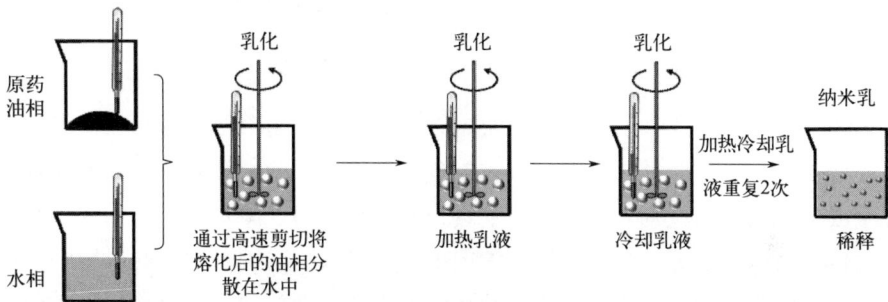

图 6-4　相转变温度法示意图

② 相转变组成法（phase inversion composition method，PIC）是温度不变，通过改变体系中水相和油相的组成而形成纳米乳剂（图 6-5）。任何表面活性剂都可以应用于 PIC 法。乳液制备初始的体系为油相，之后把水相持续地加入油相中，当油相过剩时即形成 W/O 型乳剂。之后随着水相的持续添加，比例增大，表面活性剂的曲率（指弯曲程度的数值，曲率越大，表明弯曲程度越大）改变，水滴逐渐聚集在一起，在相转化点时，表面活性剂会形成层状结构，此时的表面张力最小，有助于形成非常小的分散乳滴。在乳剂相转化点过后，随着水相的进一步增加形成 O/W 型乳剂。对于相转变组成法，在适当的温度、搅拌速率及滴加速度情况下，纳米乳剂粒径基本取决于乳化剂与油的比例。

③ 逐滴滴加法（dropwise addition method）指温度一定的情况下，将乳液的内相逐渐滴加到体系中，与 PIC 法操作类似，但是滴加的是内相，因此滴加过程中体系不会发生相反转，最终能制得内相含量很低的纳米乳剂。

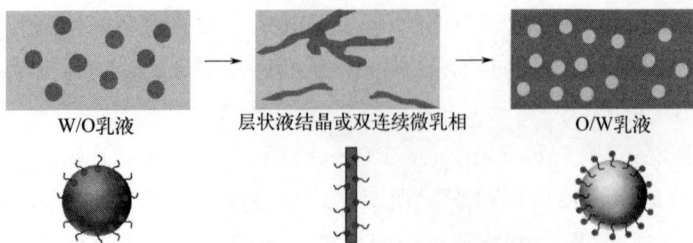

图 6-5　相转变组成法形成纳米乳液过程的示意图

④ 自发乳化法（spontaneous emulsification method）是将油相加入水相中，充分混合后，再经过减压蒸馏去除有机溶剂，形成纳米乳剂（图 6-6）。

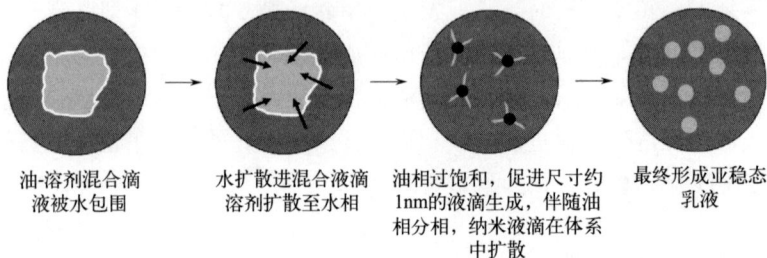

| 油-溶剂混合滴液被水包围 | 水扩散进混合液滴溶剂扩散至水相 | 油相过饱和，促进尺寸约1nm的液滴生成，伴随油相分相，纳米液滴在体系中扩散 | 最终形成亚稳态乳液 |

图 6-6　自发乳化法制备纳米乳液示意图

这是一种由溶剂或表面活性剂的快速扩散而引发的组分之间的相互作用，该过程不改变体系中表面活性剂的曲率。在制备过程中，因油相和表面活性剂的浓度不同可生成基于表面活性剂、水和油 3 个组分的三元相图（图 6-7）。三元相图所示的各向同性区域表示配方的各种组合。相图中所有可以形成纳米乳剂的区域中，选择表面活剂浓度最小的点为最佳配方。油相和表面活性剂的性质以及油相与水相的混溶性等均会影响自乳化的过程，不同的体系会通过不同的机制形成纳米乳剂。除此之外，油的黏度、表面活性剂的 HLB 值和油相与水相的混溶性等是决定自发乳化法制备纳米乳剂质量的重要因素。自发乳化法操作简单、经济实用，但也有一定局限性，比如它要求油的含量低（一般是 1％）、溶解油相的溶剂可以以任何比例与水混溶、油相中的溶剂能够除去等。

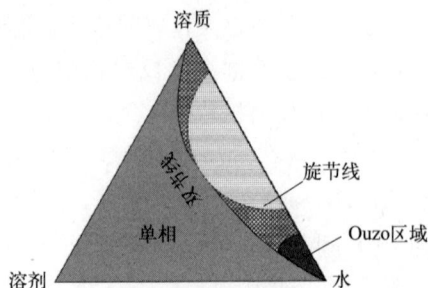

图 6-7　溶质-溶剂-水三元相图

不同纳米乳制备方法之间存在一定差异，具体见表6-3所示。

3. 纳米乳剂的质量控制指标

① 粒径大小和分布。纳米乳的粒径大小和分布是影响其稳定性和性能的关键因素。一般而言，粒径越小，分布越窄，纳米乳的性能越好。

② 形态和结构。纳米乳应呈现均相、透明的形态，其中的油和水应均匀分布。

③ 热力学稳定性。纳米乳应具有优良的热力学稳定性，在储存和运输过程中不出现分层、沉淀等现象。

④ 化学稳定性。纳米乳应具有较高的化学稳定性，以保持其原有性质和功能。

⑤ 生物相容性。如果纳米乳用于药物传递或生物医学，则其必须具有高的生物相容性，以减少对机体的潜在毒性或免疫反应。

⑥ 生产工艺。对于工业生产而言，制备方法应具有可重复性、高效率和低成本等优势，同时还要考虑生产过程中的质量控制和安全性问题。

表6-3　纳米乳制备方法比较示意图

方法	原理	特点
剪切搅拌乳化法	利用高速相对运动下的定子和转子在离心力作用下，通过剪切、摩擦以及高频震动的共同作用，实现物料的粉碎，再通过均质和混合制得纳米乳	粒径大小易控制，处方组成有较多的选择
超声波乳化法	利用超声的空化作用，实现物料的破碎，再混合和乳化制成纳米乳液	得到的纳米液滴尺寸小、所需乳化剂量小、能耗低；引入金属屑，成本高，适合小批量生产
高压均质乳化法	高压和均质阀作用于物料使其喷出，再在空穴撞击和剪切作用下，使物料更加超微细化和分散化	全程封闭操作，更加符合GMP规范
自乳化法	在化学动力的驱动下自发乳化形成纳米乳	得到的纳米乳粒径较小、分散性低；要求油的含量低
相转变温度法	通过改变体系温度来改变非离子表面活性剂的HLB值，从而实现相的转变	O/W或W/O型乳液向W/O或O/W型乳液的转变都能促进细微分散乳滴的形成；乳液乳化效果好，乳剂不稳定，易凝聚
相转变组成法	在恒温条件下将一种组分（水或油）逐渐加入另外两种组分（油或水）混合物中	大规模生产纳米乳液，不需要加热和使用有机溶剂，界面张力低

二、纳米分散体

纳米分散体是一种将活性物质分散在溶剂中形成纳米尺度的分散体系。

1. 组分及要求

（1）活性物质　活性物质是纳米分散体的核心成分，其性质和性能将直接影响纳米分散体的功能和应用。活性物质可以是固体粒子、纳米颗粒、纳米纤维等，其粒径大小和分布需要控制在一个窄的范围内。

（2）溶剂　溶剂的作用是将活性物质分散在溶剂中，形成均一稳定的分散体系。溶剂的选择需要考虑其与活性物质和分散剂的相容性、挥发性、无毒性等因素。

（3）分散剂　分散剂的作用是使活性物质在溶剂中均匀分散，防止活性物质的聚集和沉淀。分散剂可以是表面活性剂、高分子聚合物等。

2. 纳米分散体的加工

目前，固体纳米分散体的制备方法主要包括纳米混悬剂转化法、自乳化体系转化法。其中纳米混悬剂转化法包括介质研磨-固化法、高压均质-固化法、熔融乳化-固化法；自乳化体系转化法包括液体微乳剂-固化法、直接固化法、纳米载体吸附法。在实际应用过程中可将不同的方法结合使用。

（1）纳米混悬剂转化法　纳米混悬剂是利用表面活性剂的稳定作用，将药物颗粒分散在水中，通过粉碎或者控制析晶技术形成的稳定的纳米胶态分散体。纳米混悬剂转化法是将难溶性农药先制成纳米混悬剂，再通过冷冻干燥或喷雾干燥等技术进行固化，从而获得固体纳米分散体的一种方法。

① 介质研磨-固化法　介质研磨-固化法是在表面活性剂作用下，借助于研磨介质之间的摩擦、剪切和碰撞将农药有效成分分散及破碎，从而得到纳米级的药物粒子，再经干燥处理制备成固体纳米分散体。

② 高压均质-固化法　高压均质-固化法是通过高压产生强烈的剪切、撞击和空穴作用，从而使液态物质或液体为载体的固体颗粒得到超微细化，经冷冻干燥或喷雾干燥进行固化处理得到固体纳米分散体的制备方法。高压均质过程是药物在均质阀中发生的细化和均匀混合的加工过程，在纯水中进行均质，之后发展为药物在非水介质或含水量较少的分散介质中均质。

利用高压均质法制备医药纳米颗粒的技术已较为成熟。相比医药领域，应用高压均质-固化法制备农药纳米固体分散体剂型的报道很少。高压均质-固化法对难溶于水和有机溶剂的药物均适用，工艺简单，易于放大生产，均质机均质过程中物料的发热量较小，因而能保持物料的性能基本不变。不足之处是，该方法不适用于制备高浓度和高黏度的药物，药物颗粒较大对均质机有损伤，必须进行预处理降低粒径。另外，由于粒子与机器的碰撞造成机器的磨损从而带来重金属污染的问题。耐磨超细高密度陶瓷阀的使用可以减少因磨损带来的金属污染。

③ 熔融乳化-固化法　熔融乳化-固化法是在高于药物熔点的温度下，利用表面活性剂间的相互作用，制得稳定的载药体系，经高剪切乳化机搅拌分散，再冷却固化成纳米级粒子的过程。熔融态的药物对剪切机的磨损较固态药物显著减少，整个工艺操作易于控制且步骤少、时间短、条件温和，易于实现工业化生产。该方法不足之处是只适用于熔点低于100℃且热稳定性好的难溶性药物纳米制剂的制备。

（2）自乳化体系转化法　自乳化体系转化法是指由药物、溶剂、表面活性剂或载体等组分按适当的比例混合，经自乳化形成各向同性的热力学稳定的分散体系，再经烘干、喷雾干燥等工艺除去溶剂得到固体纳米分散体的过程。该剂型加水使用时能够形成半透明或透明乳状液，一般 D_{50} 在 100nm 以下。

3. 质量控制指标

① 粒径大小和分布：纳米分散体应具有较为均匀的粒径分布，以保证其分散性和稳定性；

② 形态和结构：纳米分散体应具有较为规则的形态和结构，如球形、立方体等；

③ 化学组成：纳米分散体应具有较为纯净的化学组成，以保证其稳定性和功能性；

④ 稳定性：纳米分散体应具有良好的稳定性，以保证其在使用过程中的质量一致性；

⑤ 分散性：纳米分散体应具有良好的分散性，以保证其在应用过程中能够均匀分散；

⑥ 生物相容性：对于生物应用领域的纳米分散体，应具有良好的生物相容性，以保证其对生物体的安全性和可接受性。

第三节
载体纳米化技术

采用纳米载体负载农药的方式提高部分敏感型农药的稳定性，降低高毒农药对非靶标生物的毒性。主要包括将农药包裹于纳米胶囊中或将农药吸附在纳米颗粒载体上两种方法。

一、纳米微囊

纳米微囊是一种利用纳米技术将物质封装在一个具有特殊性质的微囊中的包装方法。这种技术可以保护物质免受环境影响，屏蔽味道、颜色等，改变物质重量、体积、状态或表面性能，隔离活性成分，降低挥发性和毒性，控制芯材物质的可持续释放等。纳米微囊的粒径在 $1 \sim 1000$nm 之间，这是区别一般微胶囊（粒径介于 $5 \sim 1000 \mu m$ 之间）的最重要的指标之一。

1. 组分及要求

纳米微囊的组分通常包括囊芯物质、囊材和附加剂。

（1）囊芯物质是纳米微囊的核心成分，可以是固体、液体或气体，其性质和性能将直接影响纳米微囊的功能和应用。

（2）囊材。在制备纳米微囊的过程中针对农药理化性质的不同选择合适的囊材，对保证高载药量和纳米微囊的缓释特性起着重要作用。在满足不与包裹农药发生化学反应，成膜性好，具有一定渗透性、稳定性以及韧度的前提下，优先选择来源丰富、成本低廉、毒性小、环境相容性好的囊材材料。农药纳米微囊常见囊材材料涉及有机材料、无机材料以及高分子材料。目前应用最多的是高分子材料（表6-4），其品种广泛，具体包括天然高分子材料、半合成高分子材料、合成高分子材料，特性不同，各具优势，其中天然高分子材料来源丰富、成本低廉、无毒性、成膜性好、性质稳定，如明胶、阿拉伯树胶、海藻酸钠、琼脂、淀粉等，但是机械强度差、质量不稳定；半合成高分子材料主要是纤维素衍生物，毒性小、环境相容性好、成膜性良好、粒度大、成盐后溶解度增大，但稳定性稍差、容易水解、不耐高温且耐酸性差，如羧甲基纤维素钠（carboxy methyl cellulose，CMC）、乙基纤维素（ethyl cellulose，EC）、乙酸纤维素（cellulose acetate，CA）等；合成高分子材料由于其成膜性好、化学稳定性高，目前较多地应用于微胶囊商品的生产，而且，其生物降解性也成为研究的热点。其中，聚乳酸、聚脲、聚乙二醇、聚乙烯醇、聚酰胺、聚丁二烯、脲醛树脂以及环氧树脂等应用较多。

表 6-4　纳米微囊常见囊材（高分子材料）

分类	特点	举例
天然高分子材料	来源丰富、成本低廉、无毒性、成膜性好、性质稳定；但机械强度差，质量不稳定	明胶、阿拉伯树胶、海藻酸钠、琼脂、淀粉等
半合成高分子材料	毒性小、环境相容性好、成膜性良好、粒度大、成盐后溶解度增大；但稳定性稍差、容易水解、不耐高温且耐酸性差	羧甲基纤维素钠、乙基纤维素、乙酸纤维素等
合成高分子材料	成膜性好、化学稳定性高	聚乳酸、聚脲、聚乙二醇、聚乙烯醇、聚酰胺、聚丁二烯、脲醛树脂以及环氧树脂等

（3）附加剂包括助剂、防腐剂、抗氧化剂等，以改善纳米微囊的性能和稳定性。

2. 纳米微囊的加工

（1）界面聚合法　界面聚合法是目前应用最广泛的农药纳米微囊合成方法，其原理是将两种活性单体分别溶解在互不相溶的两种溶剂中，当其中一种溶剂被分散到另一种溶剂时，两种单体在相界面上发生缩聚反应形成微囊。在纳米囊制备过程中要注意以下几点：芯材和囊材不能发生反应，且芯材不易溶解于连续相；两种反应单体分别为油溶性和水溶性的，两者之间的反应要快于其他成分与溶剂的反应。

界面聚合法制备纳米微囊的优点在于工艺简单、反应速率快、对反应单体的纯度要求不高、对原材料配比要求不严、在常温下进行，而且不需要昂贵复杂的设备，易于实现工业化生产。既适用于制备水溶性芯材的微囊，也适用于制备油溶性芯材的微囊，而且不同聚合物的囊壁，也会赋予微胶囊特定的释放性质，但是由于其反应速率快，使得最终产品较难控制，容易生成具有半透膜特性的膜。而且要用大量的合成高分子聚合物作为微囊壁材，很难自然降解，污染环境，且反应可逆，会伴随有影响微囊性质的副反应发生。

（2）乳液聚合法　乳液聚合法通常是利用表面活性剂、乳化剂，通过机械搅拌、高速剪切以及剧烈振荡等方法将不溶于溶剂的单体分散到溶剂中形成均一乳状液，然后引发聚合反应生成高聚物实现对芯材的包裹，形成纳米微胶囊（图6-8）。其优势在于操作简单、原料成本低廉、包裹率好、粒径大小分布均匀，具有重要的实际应用价值。根据乳状液液滴的大小，乳液聚合法又可分为乳液聚合法（1～10μm）、微乳液聚合法（100～150nm）和细乳液聚合法（8～80nm）。利用不同的乳液聚合法在液滴周围单体聚合或者高分子在液滴周围沉淀，进而可以得到纳米微囊。

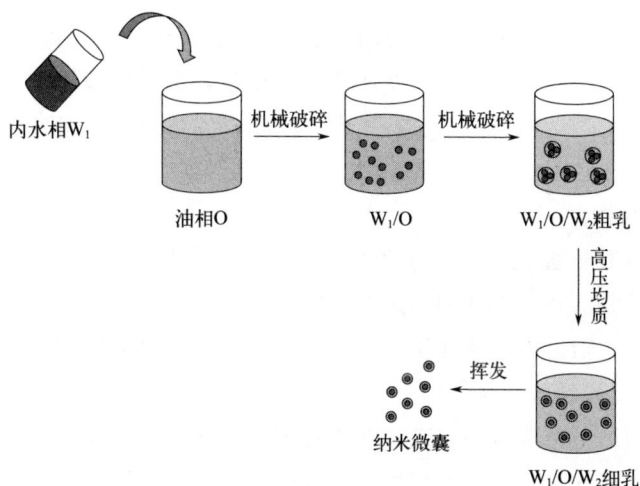

内水相W_1　油相O　机械破碎　W_1/O　机械破碎　$W_1/O/W_2$粗乳　高压均质　挥发　纳米微囊　$W_1/O/W_2$细乳

图6-8　乳液聚合法制备纳米微囊

除此之外还有原位聚合法、膜乳化技术、溶剂挥发法等方法。

3. 纳米微囊的质量控制指标

纳米微囊的质量控制指标主要包括粒径大小和分布、形态和结构、化学组成、稳定性、分散性、生物相容性、包封率、载药量等。

二、纳米微球

纳米微球是一种粒径在纳米级的球形颗粒，具有广泛的应用价值。它可作为药物载体、催化剂、颜料、荧光材料等。纳米微球的表面可以根据需要进行修饰，例如引入氨基、羧基、巯基等官能团，以实现与生物分子的偶联或与金属离子的配位。

1. 纳米微球的组分及要求

纳米微球的组分可以根据制备方法和应用需求进行调整。通常，纳米微球可以由单体聚合而成，如聚合物微球。也可以由无机结构、金属、半导体、超顺磁组分、生物可降解材料等物质共同组成。

2. 纳米微球的加工

纳米微球的加工方法包括乳化聚合法、界面聚合法、溶胶凝胶法等。其中，乳化聚合法是将单体在乳化剂的作用下进行乳化，然后通过聚合反应生成纳米微球。界面聚合法是将单体在两个不相溶的液体界面处进行聚合，生成具有双层结构的纳米微球。溶胶凝胶法则是将金属或金属氧化物前驱体溶液进行凝胶化，生成具有多孔结构的纳米微球。

三、纳米胶束

纳米胶束是一种由表面活性剂和水组成的微小胶束，直径通常在 $10 \sim 100nm$ 之间。在水中，表面活性剂的疏水基团会向内聚集，形成核心，而亲水基团则向外暴露在水中。这使得纳米胶束具有疏水性和亲水性，可以用于包裹疏水性药物或化合物，增强它们在水中的稳定性和生物可利用性。

1. 组分及要求

纳米胶束的组分通常包括表面活性剂和药物或化合物。其中，表面活性剂是纳米胶束的核心成分，其疏水基团向内聚集形成胶束的核心，亲水基团则向外暴露在水中。药物或化合物可以包裹在纳米胶束的内部，也可以附着在纳米胶束的表面。

2. 加工方法

纳米胶束的加工方法包括自组装法、溶剂蒸发法、乳化法等。其中，自组装法是通过分子间的相互作用自发形成纳米胶束的过程。溶剂蒸发法是将有机溶剂加入药物和表面活性剂的溶液中，然后通过蒸发去除有机溶剂，形成纳米胶束。乳化法则是将药物和表面活性剂的溶液加入有机溶剂中，然后进行乳化形成纳米胶束。

3. 质量标准

① 包封率和载药量。包封率(%)＝(包封的药物质量/加入的药物质量)×100%，载药量(%)＝(包封的药物质量/胶束和药物总质量)×100%。

② 纳米胶束粒径小且分布均匀。

③ 稳定性。纳米胶束包封药物需要较高的稳定性。

④ 释放性。释放需以扩散为主，药物从胶束的疏水内核中慢慢扩散到释放介质中。

四、纳米凝胶

纳米凝胶是一种特殊的聚合物，其分子内部交联形成三维网络结构，具有纳米级的尺寸。这种凝胶具有不熔、不溶等特性，只能溶胀。纳米凝胶在药物控制释放、生物医学工程、诊断分析、酶固定化及酶活性调控等方面有着广泛的应用前景。

1. 纳米凝胶的组分及要求

纳米凝胶的组分通常包括聚合物、交联剂、溶剂和其他添加剂。

（1）聚合物是纳米凝胶的主要成分，其选择需要考虑与交联剂的相容性、化学稳定性、生物相容性等因素；

（2）交联剂的作用是将聚合物分子交联在一起，形成网络结构；

（3）溶剂和其他添加剂可以影响纳米凝胶的制备过程和最终性能。

2. 纳米凝胶的加工

纳米凝胶的制备方法主要包括物理交联和化学交联两大类。

（1）物理交联主要通过聚合物网状结构间的物理作用，如疏水作用、氢键、范德华力和静电作用等非共价相互作用进行交联，交联过程如图 6-9 所示。聚合物后交联是聚合物在溶液中通过基于二硫键-巯基交换、氨基相关反应、点击化学（click chemistry）反应以及光引发交联等方法形成不同的纳米结构。

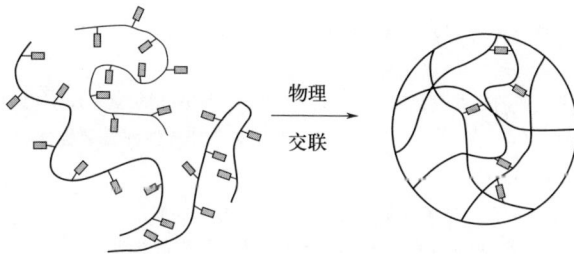

图 6-9　物理交联形成纳米凝胶

（2）化学交联是最常用的方法，包括聚合物后交联和非均相单体聚合等常规方法，此外还包括微流控技术、电喷射技术、电芬顿法等新型制备方法。

3. 质量标准

纳米凝胶颗粒粒径主要受 pH、离子强度、温度等影响，同时，聚合物化学结构中的功能基团也会影响纳米凝胶的物理自组装过程。物理交联的最大优点是反应条件温和，但是得到的纳米凝胶稳定性比化学交联形成的纳米凝胶弱，所以在一定程度上影响了其应用。

主要参考文献

[1] 杜谦，王听雨，陈龙，等. 纳米农药的优势与环境风险研究进展[J]. 现代农药，2023，22(2)：28-35.

[2] 宋俊华. 纳米农药国际管理现状及挑战[J]. 现代农药，2023，22(2)：45-50.

[3] 申继忠，余武秀. 纳米农药的监管现状与展望[J]. 世界农药，2021，43(4)：8-18，49.

[4] 牛亚斌，刘雪平. 浅析纳米农药在农作物病虫害防治中的应用[J]. 河南农业，2022(31)：31-32.

[5] 王泽农. 纳米农药，植保方式的一场革命？[J]. 农化市场十日讯，2022(4)：24-28.

[6] 曹立冬，赵鹏跃，曹冲，等. 纳米农药的研究进展及发展趋势[J]. 现代农药，2023，22(2)：1-10.

[7] 潘华，李文婧，吴立涛，等. 新型纳米农药制剂载体材料的研究进展[J]. 材料导报，2020，34(Z2)：99-103.

[8] 杜谦，李兴业，崔博，等. 载体对甲维盐固体纳米制剂的性能影响[J]. 精细化工，2022，39(2)：352-357，425.

[9] 熊福全，王航，韩雁明，等. 木质素微纳米球的制备与应用研究现状[J]. 林业科学，2019，55(8)：170-175.

[10] 刘雄英，周韵秋，于恩江，等. 芹菜素纳米胶束的制备工艺优化及质量评价[J]. 中南药学，2023，21(2)：386-391.

[11] 刘流，张颂红，贠军贤，等. 纳凝胶的制备、性能及应用进展[J]. 化工进展，2018，37(12)：4726-4734.

[12] 王春鑫，崔博，曾章华，等. 农药固体纳米分散体及其制备方法的研究进展[J]. 中国农业科技导报，2017，19(03)：108-114.

[13] Qin H, Zhou X T, Gu D F, et al. Preparation and characterization of a novel waterborne lambda-cyhalothrin /alkyd nanoemulsion [J]. J Agric Food Chem, 2019, 67(38): 10587-10594.

[14] 张航航，陈慧萍，曹冲，等. 农药纳米乳剂研究进展[J]. 农药学学报，2022，24(06)：1340-1357.

[15] 王安琪，王琰，王春鑫，等. 农药纳米微囊化剂型研究进展[J]. 中国农业科技导报，2018，20(02)：10-18.

[16] 徐春光，郑烽. 纳米农药的发展现状和潜在风险防范[J]. 种子科技，2023，41(14)：103-105.

[17] 王文鹤，顾雅蓉，赵莉娟. 手性硫化铜纳米颗粒的制备及其近红外抗菌性能[J/OL]. 微纳电子技术，2023，60(11)：1801-1807.

[18] 张子勇. 纳米农药的分类[J]. 21世纪商业评论，2021(09)：84-87.

[19] 童柯锋. 纳米乳液的研究进展及其在化妆品中的应用[J]. 日用化学品科学，2019，42(08)：48-56.

[20] 李柠君，崔建霞，黄秉娜，等. 防治水稻纹枯病的两种纳米微囊的制备与杀菌活性[J]. 山东农业科学，2021，53(04)：108-114.

第七章

植保飞防制剂

　　植保飞防是利用无线电遥控设备操纵无人机，进行农药喷洒的一种高效率施药方法，是一种将农药喷洒设备集成在无人机上，对农作物喷洒农药的作业设备。植保飞防因其作业效率高、适应地形广、适用性高等特点，被广泛应用于农林病虫草害的防治中。近年来，得益于成本低、结构稳定的多旋翼植保无人机出现，我国无人机飞防技术进入快速发展阶段。多旋翼植保无人机的施用面积从 2017 年的 667 万公顷增加到 2021 年的 9330 万公顷。据中国民用航空局统计，2021 年全行业注册无人机共计 83.2 万架，其中植保无人机 16 万架（图 7-1），占总注册无人机的 19.2%。

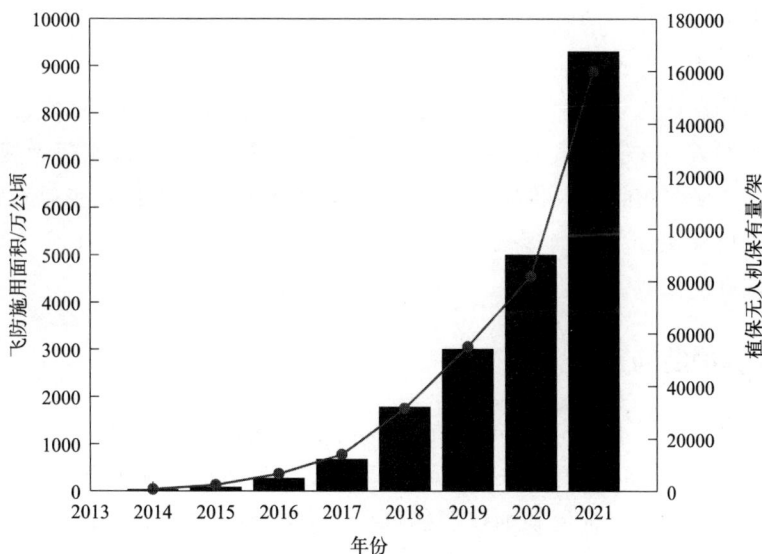

图 7-1　中国植保无人机数量及使用面积

第一节

飞防助剂

植保无人机具有稀释率低、工作高度高、飞行速度快、物化要求高的特点，因而农药雾滴受到环境因素包括温度、湿度、风速等影响较大，容易造成农药雾滴的蒸发和飘移，对有害生物防效和环境安全造成影响。为保证飞防技术的稳定性和安全性，农药液滴需要具有高覆盖率、高沉积率，并能有效黏附在靶标表面。除了调控无人机高度、喷头类型、喷头尺寸外，研发适用于植保无人机飞防的专用桶混助剂和农药制剂是减少雾滴飘逸、蒸发，促进药液沉积的重要手段。

一、无人机桶混助剂的发展

农药桶混助剂最早应用在 20 世纪早期，人们发现在农药中加入此助剂可以提高农药的杀虫和杀菌效果；1940～1950 年，随着表面活性剂的深入研究，农药助剂开始大量应用于农业领域；1960～1970 年，人们发现在农药中加入有机硅助剂可以提高药液在叶片上的吸附能力。美国是应用无人机植保最发达的国家，农用航空作业包括施肥、施药、播种等。日本无人机施药也有 30 年历史，大部分的水稻田采用飞防。国内无人机桶混助剂的发展相对滞后，目前主要以地面常规喷雾助剂为主。尽管在人工施肥体系中曾有添加沉降剂的报道，但其尚未实现大规模应用。近年来，为了满足植保无人机喷雾的技术需求，国内外的农药助剂企业先后研发出了一批无人机桶混助剂，如迈飞、飞尔泰、倍达通、红雨燕、U 伴等，并在应用中取得了较好的成效。

二、无人机桶混助剂的分类

桶混助剂（tank-mix adjuvant）是在农药制剂施用前现配现用的一种助剂成分。无人机桶混助剂可以增加农药的渗透力，提高耐雨水冲刷能力，提高抗蒸发、防飘移等性能。无人机桶混助剂按功能可分为润湿剂、增效剂、防飘剂和渗透剂等；按化学类别可分为表面活性剂类、有机硅类、植物油类、矿物油类和高分子聚合物类等。

1. 表面活性剂类

表面活性剂在添加量很少的情况下，能改变农药雾滴与固体表面之间的相互作用和体相性质，具有分散、润湿、增效等作用。主要有柠檬酸烷基醚酯、脂肪醇聚氧乙烯醚硫酸钠、烷基芳基聚乙二醇、乙氧基长链脂肪胺等。表面活性剂对农药增效的特性如下。

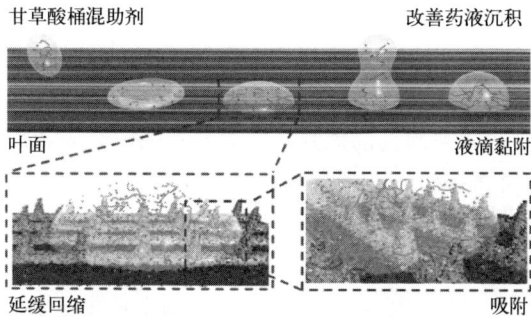

图 7-2 表面活性剂自组装胶束改善农药药液沉积

（1）润湿性 溶液表面张力是决定其在固体表面润湿性能的重要因素之一，溶液表面张力越小，润湿性越好。

（2）展着性 药液喷施在固体表面后，需要克服固体表面自由能来铺展润湿，表面活性剂可显著降低药液与作物表面间的界面能，使药液平铺在靶标表面。同时特殊的表面活性剂可自组织成线状、蠕虫状等胶束，延缓雾滴撞击后的回缩动能，抑制液滴弹跳（图 7-2）。

由于表面活性剂可以显著降低药液表面张力使其低于叶面湿润临界压力，因此农药药液可以通过完全浸润固体表面的微观粗糙结构，促使药液经气孔渗透进入靶标表皮，改善药液的耐雨水冲刷能力。

2. 有机硅类

有机硅表面活性剂是一类重要的表面活性剂，其化学结构一般是由甲基化硅氧烷组成，其骨架带一个或多个聚醚尾巴，呈"T"形结构。1960~1980 年，有机硅表面活性剂作为新型农药助剂开始商品化，与常规表面活性剂相比，其具有极佳的渗透性、展着性、润湿性和抗雨水冲刷能力，且生理毒性非常低。由于有机硅助剂不带电荷，在水中很少解离甚至不解离，属于非电解质。有机硅表面活性剂的铺展能力是普通表面活性剂的 40 倍以上。这种超铺展的能力可以提高农药的作用面积，增强药液在固体表面的润湿性。常规的表面活性剂可以将溶液的表面张力下降到 15mN/m，而加入 0.5% 有机硅表面活性剂可以将溶液的表面张力下降到 15mN/m 以下。0.1% 的有机硅表面活性剂可以将水溶液的润湿直径提高到 56mm。

3. 植物油类

植物油类助剂可分为天然植物油和酯化植物油两类。酯化植物油是在天然植物油的基础上进行短链烷基酯化的助剂成分。由于酯化植物油的亲酯性较强，所以其对靶标表面蜡质层的渗透性比天然植物油更强。天然植物油桶混助剂主要有油菜籽油、大豆油、棉籽油、橄榄油、芝麻油等，酯化植物油桶混助剂主要有甲酯化菜籽油、甲酯化向日葵油、酯化聚氧乙烯甘油等。

（1）润湿性　植物油作为桶混助剂使用时，其作用机理一般是增强药液的亲酯性能，降低药液的表面张力，溶解靶标表皮的蜡质层或细胞壁等，同时可以增强药液与疏水靶标表面的固-液相互作用，增强药液的黏附性。

（2）抗蒸发　植物油类助剂的添加可以增加喷雾雾滴粒径，改善植保无人机喷施过程中飘移和蒸发的问题。

4. 矿物油类

由于矿物油存在与农药制剂的相容性问题，通常作为喷雾助剂来使用，主要有石蜡油、柴油、煤油、石油、机油等。矿物油助剂可以促进农药在植物叶片和昆虫表皮蜡质层的渗透和吸收，同时堵塞昆虫气门，导致昆虫呼吸阻塞。此外矿物油还具有延长药液的蒸发时间、提高药液黏附力、耐雨水冲刷等能力，同时在干旱、高温等不良条件下，效果优于一些表面活性剂类助剂。但是，如果矿物油类助剂使用不当可能产生药害或污染问题。

5. 高分子聚合物类

高分子聚合物是分子量$>1\times10^4$的物质，主要分为以下5类：均聚物、无规共聚物、嵌段共聚物、接枝共聚物和聚电解质。高分子聚合物可以同时调控农药药液的表面张力、黏度等性质，改善药液在靶标表面的黏附效果。高分子聚合物类的农药助剂主要有海藻酸盐、果胶、淀粉、瓜尔多胶、聚丙烯酰胺等天然或人工合成的物质。作为无人机飞防助剂，高分子聚合物可以增加药液体系的黏度，从而增大药液雾化时雾滴的粒径，最终减少雾滴飘移，增加其在靶标表面的附着力。另外相关研究表示高分子聚合物可以提高药液的拉伸黏度（图7-3），减少雾滴与靶标表面接触时发生破碎、弹跳、滚落的可能性，从而提高农药药液在单位面积内的沉积量，但与表面活性剂类飞防助剂相比，高分子聚合物从溶液体相迁移到表/界面的速率较慢，且在表/界面的排布密度较小，对药液表面张力降低不明显。

三、无人机桶混助剂的评价指标

无人机桶混助剂能提高无人机作业时的药效、减少有害生物抗药性、减少环境污染，促进无人机飞防的发展。目前，对无人机桶混助剂的评价主要是通过药液性质、蒸发能力、飘移性能和田间沉积效果等来评价和筛选。

1. 药液性质

（1）表面张力　表面张力是指沿液体表面使其自动收缩的作用力。降低表面张力可以增加雾滴的润湿面积，当表面张力低于植物叶表面润湿临界值，药液能由气孔直接渗透进入表皮，提药液的渗透性。表面张力的测定法主要有吊环法、吊片

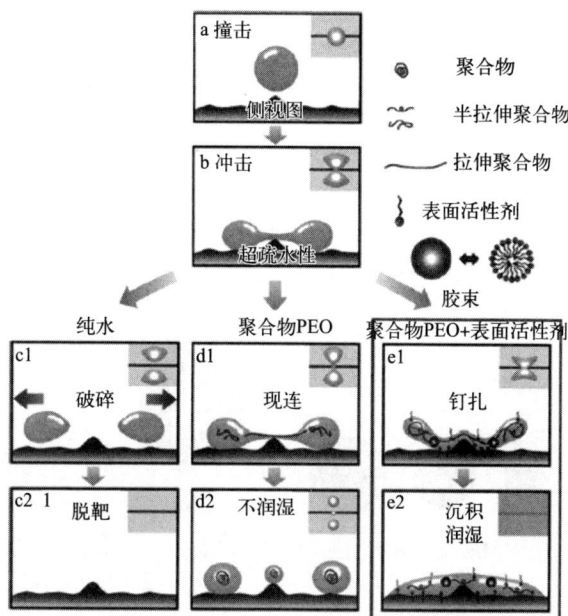

图 7-3　聚合物增加药液拉伸黏度

法、最大泡压法、毛细管法、悬滴法等。其中吊片法、毛细管法可以测定溶液的静态表面张力，最大泡压法、悬滴法可以测量溶液的动态表面张力。

（2）黏度　黏度是度量流体黏滞性大小的物理量，增加黏度有助于减少细小雾滴的出现，随着药液黏度增加，雾滴粒径增加，从而减少雾滴的飘移和蒸发。黏度的测定方法主要有旋转法、毛细管法、落体法等。其中旋转法由于操作简单、测量范围广、准确度高等优点而被广泛应用。

（3）润湿性　润湿性是指液体与固体表面接触时的润湿铺展性能。雾滴在靶标表面的润湿性能越好，药液所能覆盖靶标表面作用的面积越大，其渗透效果和持留效果越好。一般情况下，药液的润湿性通过接触角、润湿面积、持留量等多个角度进行评价。

2. 雾滴谱

农药雾滴粒径及分布是影响雾滴沉积的重要因素。小于 $150\mu m$ 的雾滴在下降过程中会蒸发到 $30\mu m$ 以下，而小于 $30\mu m$ 的雾滴无法沉积到靶标表面上。较小的雾滴虽然可以覆盖率大，但易受风力影响，飘移严重，沉积到靶标表面的药液量也有限。大于 $350\mu m$ 的雾滴虽然受风力的影响较小，但撞击到靶标表面后易发生破碎、弹跳、滚落等，大量药液流失进入生态环境中，造成环境污染。因此，对于不同作物和施用环境，应该选择合适的雾滴大小，以增加药液的沉积量和覆盖面积。雾滴粒径有 4 种表示方法：体积中值粒径（VMD）、数量中值粒径（NMD）、质量中值粒径和沙脱平均粒径，常用体积中值粒径和数量中值粒径表示雾滴粒径

（图 7-4）。

3. 蒸发能力

无人机施药过程中，药液的蒸发能力主要从两个方面影响有害生物防效，首先，药液从喷嘴喷出后，在空间传递过程中雾滴发生蒸发，大雾滴缩小变成小雾滴，造成大气污染同时增加飘移风险。其次，药液雾滴沉降到靶标表面后发生蒸发，药液变成药物颗粒或结晶，影响植物叶面对农药活性成分的吸收。蒸发能力主要是通过悬滴法、座滴法、滤纸片法等方法观测雾滴随时间的变化来测试的（图 7-5）。

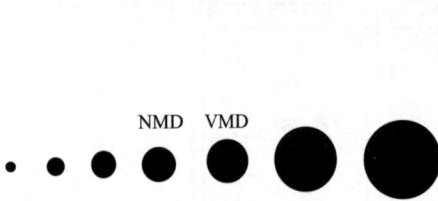

图 7-4 雾滴的 VMD 和 NMD   图 7-5 悬滴法和座滴法测蒸发率

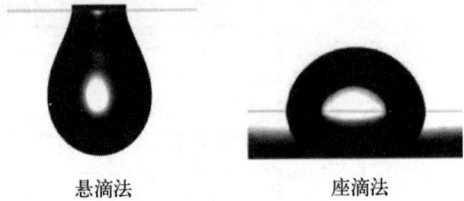

4. 飘移性能

施药过程中，无人机距离靶标区域 1.5～4m，雾滴在空间传递过程中易受风的影响，发生飘移。由于大部分无人机采用超低容量喷雾，飘移的雾滴不仅会影响农药药效，还易对作物产生药害。无人机桶混助剂可以通过增大雾滴粒径或在雾滴表面形成分子膜避免蒸发导致的小雾滴形成，从而起到防飘作用。飘移能力的测试主要有风洞法和田间试验法。

5. 田间沉积效果

田间沉积效果主要是采用水敏纸（water sensitive paper，WSP）和油敏纸（oil sensitive paper，OSP）进行测量。水敏纸（油敏纸）是含显色剂的特殊纸片，其特性是遇水（油）后呈现特定的颜色，可提供雾滴图像信息，借助软件对雾滴图像进行处理后可得到雾滴分布特性，水敏纸易受外界环境的影响，对环境的干燥性要求很高，放置、采集和保存难度较大，油敏纸对保存环境的要求相对较低。

第二节
飞防制剂

一、飞防制剂的发展概况

飞防制剂在国际上称为超低容量液剂（ultra low volume liquid，UL）。从国际上来看，美国、俄罗斯、澳大利亚、加拿大、巴西、日本、韩国是无人机飞防发展比较先进的国家。美国的无人机飞防产业比较完整，其拥有世界上较为先进的无人机飞防技术。日本是全球使用无人机飞防技术较早的国家。截至 2020 年 11 月，日本已注册超低容量液剂共 316 个（表 7-1），约占该国注册农药制剂的 6.2%。韩国目前登记的超低容量液剂有 203 个，包括 88 个杀虫剂、80 个杀菌剂、6 个杀虫杀菌剂混剂和 29 个除草剂，主要剂型有悬浮剂、乳油、微乳剂、水分散粒剂和颗粒剂。

表 7-1 日本无人机飞防农药登记情况（截至 2020 年 11 月）

农药类别	登记数量/个	登记剂型	稀释倍数	喷液量/(L/hm²)	施用量/(kg/hm²)
杀菌剂	60	乳油、微乳剂、水乳剂、颗粒剂等	4～16	8～16	10
杀虫剂	48	乳油、微乳剂、水乳剂、颗粒剂等	4～16	8～16	10
杀虫杀菌混剂	28	乳油、微乳剂、水乳剂、颗粒剂等	4～16	8～16	10
除草剂	176	颗粒剂、展膜油剂	直接施用	8～10	2.5～10
植物生长调节剂	4	水剂、颗粒剂	直接施用	8～100	30

1951 年，广州市第一次使用无人机飞防开展蚊蝇防治，我国农业航空发展开始起步。在 1975 年以前，我国无人机飞防技术大多按照常规用量，喷施量为 30～40kg/hm²，但因为飞机施药时间比较集中，施药面积较大，所以不能很好地满足实际情景下的农业生产需要。早期，由于国内对超低容量液剂的研发处于起步阶段，缺少专用的农药制剂，因而无人机飞防主要应用于森林病虫害防治。1963 年，我国在小麦病虫草害防治上开始应用无人机飞防技术。目前，国内对超低容量液剂的研发和注册仍处于初步摸索阶段，如广西田园、山东仕邦农化、河北威远生物化工等公司都已经注册了一些超低容量液剂，但整体数量偏少。截至 2024 年 1 月，我国共注册超低容量液剂 25 个，主要施用作物以水稻、小麦为主，农药类别以杀菌剂、杀虫剂为主，没有除草剂相关的超低容量液剂登记（表 7-2）。

表 7-2 国内无人机飞防农药登记情况（截至 2024 年 1 月）

类别	名称	有效成分含量	施用作物
杀菌剂	嘧菌酯	8%	小麦
	噻呋·氟环唑	6%	水稻
	唑醚·戊唑醇	10%、15%	小麦
	苯醚甲环唑	5%	水稻
	苯醚·胺菊酯	2%	室内卫生
	戊唑醇	3%	水稻
	嘧菌酯	5%	

类别	名称	有效成分含量	施用作物
杀虫剂	阿维·噻虫嗪	4%	小麦
	氯虫苯甲酰胺	5%	水稻、玉米、甘蔗
	呋虫胺	3%	水稻
	甲维·茚虫威	6%	水稻
	二嗪磷	20%	水稻
	噻虫嗪	3%	小麦
	氯菊酯	1%	室内卫生
	唑醚·戊唑醇	15%	小麦
	茚虫威	3%	水稻
	阿维菌素	1.5%	小麦、水稻
	烯啶虫胺	5%	水稻
	呋虫胺	3%	水稻
	甲维盐	1%	水稻
植物生长调节剂	乙烯利	4%	甘蔗

二、飞防制剂的特点

无人机飞防进行低容量或超低容量喷雾，使用的是高浓度药液，喷雾形成超细雾滴，因此常规农药制剂无法用于飞防。常规农药制剂每亩地需用 30～50kg 水稀释 3000～5000 倍。而飞防制剂每亩地仅需用 800～1000mL 水稀释 30～50 倍进行使用，同时还需满足抗飘移、抗蒸发、高沉积等性能要求。由于无人机飞防使用的是高浓度农药，专用的飞防制剂需满足以下条件：

① 对蜂、鸟、蚕、水生生物等非靶标生物安全；

② 在高浓度下，一定时间内配制的药液不会发生分层、析出或沉淀；

③ 稀释药液不会出现堵塞喷头的情况；

④ 对于含有有机溶剂的制剂，则要求有机溶剂低毒和密度较大；

⑤ 飞防制剂常会进行 2 种以上制剂的互配，需保证飞防制剂具备一定的相容性；

⑥ 需具有抗蒸发和抗飘移能力；

⑦ 药液雾滴在植物表面有较好的沉积效果。

三、飞防制剂的组成

超低容量液剂在使用时，一般地面喷雾用药量为 900～2250mL/hm^2，而飞机

喷雾用药量为 $900\sim1500\mathrm{mL/hm^2}$。超低量喷雾剂含量应根据不同农药品种、防治对象及生产实际而定。

超低容量液剂一般由原药、溶剂、表面活性剂（润湿剂、渗透剂、抗飘移剂）及其他助剂组成。

1. 原药

超低容量液剂的原药含量一般为 $25\%\sim80\%$，且用于配制超低容量液剂的原药一般均为高效、低毒的品种，原药对大鼠的急性经口毒性 $\mathrm{LD_{50}}\geqslant100\mathrm{mg/kg}$，制剂的 $\mathrm{LD_{50}}>300\mathrm{mg/kg}$。

2. 溶剂

超低容量喷雾剂中溶剂的用量通常占制剂总量的一半以上，因此，超低容量喷雾剂的主要技术性能指标，如挥发性、溶解性、植物安全性、黏度、闪点、表面张力、相对密度、毒性、化学稳定性等，在很大程度上取决于溶剂的品种及其特性，一种较理想的溶剂应该符合下列要求：

（1）良好的溶解性　超低容量液剂大多是高浓度的液体制剂，因而溶剂对原药需有良好的溶解性，才能避免制剂的稳定性受温度或水质的影响，达到合格产品的质量标准。

（2）挥发性低　无人机施药有一定的施药高度，且雾滴粒径小，雾滴容易在空间传递过程中发生挥发，因此超低容量液剂中应避免使用易挥发溶剂。若使用挥发性高的溶剂可能导致三方面问题：①雾化过程中药液挥发导致药物结晶、析出堵塞喷头；②雾滴空间传递中挥发导致雾滴粒径变小，使雾滴更容易发生飘移；③在作物叶面挥发，导致药物浓度增高，容易发生药害。

（3）与助剂良好的互溶性　超低容量液剂中溶剂需与其他助剂成分有较好的相容性，避免出现不稳定现象。

（4）闪点高　闪点说明溶剂的易燃程度，闪点高能显著提高超低容量液剂在加工、贮藏、运输和使用过程中的安全性。

（5）相对密度大　溶剂的密度大，有利于雾滴在空间传递过程中的沉降，减少风力对超低容量液剂的影响。

（6）安全性高　超低容量液剂的使用浓度较常规药剂大，容易对人、畜、蜜蜂、作物等生物造成危害，因此作物超低容量液剂的溶剂需具备一定的安全性。

（7）低黏度、低表面张力　溶剂是超低容量液剂的重要组成部分，其表面张力和黏度对雾滴的分散度有直接影响。如果溶剂的表面张力和黏度过大，则雾化产生的药液雾滴偏大，影响药液在靶标表面的作用面积，对有害生物达不到有效的防治效果。因此，选择具有适当低表面张力和黏度的溶剂有利于超低容量液剂的应用。

3. 表面活性剂

超低容量喷雾剂中的表面活性剂（润湿剂、渗透剂、抗飘移剂等）主要是用来提高药液对靶标表面的润湿性、黏附性和渗透性，增强农药药液的高效沉积和持效效果。

（1）润湿剂　蓖麻油、聚氧乙烯醚苯乙基酚聚氧乙烯醚、烷基芳基聚氧丙烯聚氧乙烯醚、脂肪醇聚氧乙烯醚磷酸酯、烷基酚聚氧乙烯醚磷酸酯、苯乙基酚聚氧乙烯醚磷酸酯、十二烷基苯磺酸钙、十二烷基硫酸钠、脂肪醇聚氧乙烯醚硫酸钠等。

（2）渗透剂　有氮酮、噻酮、快 T、有机硅等。

（3）抗飘移剂　GY-T12 系矿物油类助剂、甲基化菜籽油、聚乙烯醇等。

4. 其他助剂

为改善超低容量喷雾油剂的理化性状，方便使用、提高药效，除选好主溶剂外，有时还需添加其他助剂。

（1）助溶剂　助溶剂可以提高药剂的溶解度。一般对农药溶解性能好的溶剂大多为挥发性比较强的，而溶解性强的高沸点溶剂却很少。用有一定溶解度的高沸点溶剂为主溶剂，以溶解性强的吡咯烷酮、DMF 等为助溶剂组成的混合溶剂可解决这个矛盾。

（2）减黏剂　溶剂的黏度大，不利于药剂的分散，适当加一些中等分子量的醚类或酮类化合物作为减黏剂，有利于降低制剂的黏度。

（3）化学稳定剂　根据不同原药的特点，选择合适的化学稳定剂。如采用拟除虫菊酯作为有效成分时，可选用胡椒基丁醚等作为稳定剂，以提高贮藏期的稳定性。

（4）降低药害剂　当溶剂中多元醇、芳烃及含不饱和键的植物油含量较大时，为保证使用时对作物安全可以加入适量蜂蜡、羊毛酯等作为药害降低剂。

（5）防冻剂　对 UL 要控制低温相容性指标，即在 $-5℃$ 下，制剂贮存 48h 不分层，不析出沉淀物或悬浮物。有些溶剂配制的超低容量液剂，在低温条件下易变黏稠，还可能会有少量沉淀产生。为了改善这种情况，可以加入防冻剂，如多元醇等。在马拉硫磷超低容量液剂中，加入 10% 的 N-甲基吡咯烷酮可起到防冻助溶作用。

四、飞防制剂的加工

超低容量喷雾剂加工时按制剂各组分（原药、溶剂、增溶剂、降低药害剂、减黏剂、静电剂等）的定额数量，投入一个反应釜中，充分搅拌均匀，过滤并对制剂进行检测后即可，工艺流程见图 7-6。

加工过程用到的主要设备有：反应釜、过滤器、真空泵、计量槽、贮槽、冷凝器。反应釜上应装有电机、变速器、搅拌器等。

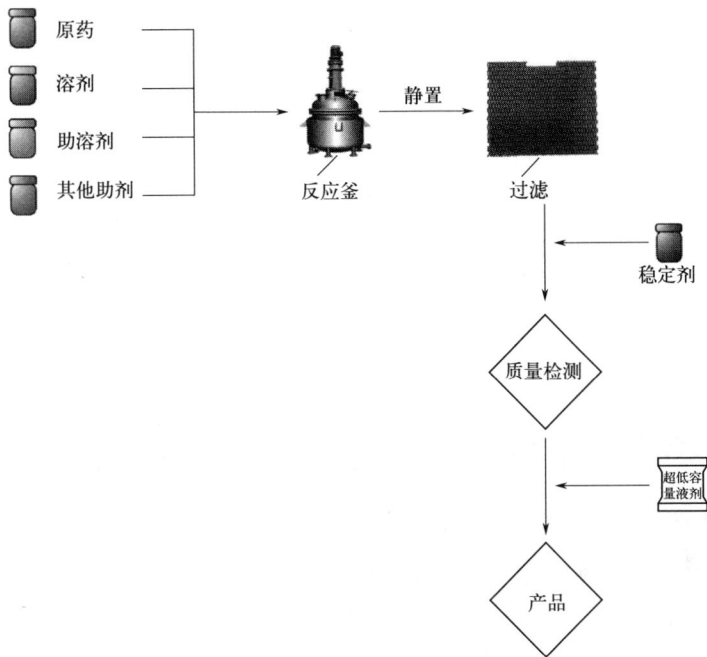

图 7-6　超低容量液剂的加工流程示意图

配制过程中应注意：

① 投料前首先将主要原料规格进行检验，根据含量准确投料，一般投料量要求高于规定值 0.2%～0.5%。生产投料前先按配方配出小样，小样各项指标合格了，说明各种原料也合格了。

② 反应釜的装料系数一般不要超过 80%，以免某些助剂在搅拌下出现泡沫溢出，造成浪费，产生污染。

③ 开车前整个流程设备要细致检查，按规程操作，防止跑冒滴漏。

④ 有些产品配制很容易，没有任何杂质和不溶物，这样的产品过滤，主要防止设备运行过程中夹带有意外杂质或机械杂质。但有些产品，由于原料等多种原因，配制出的产品有絮状物或者不溶的杂质、不溶的油状物，必须严格过滤，以保证产品清澈透明。

超低量制剂应根据不同的产品选用合适的包装材料，一般宜采用不与农药发生化学反应、不溶胀、不渗漏、不影响产品质量的氟化塑料桶包装。

包装上所要求的标志也应符合有关规定。包括收发货标志、包装储运图形标志、危险货物包装标志、生产许可证编号及其他标志。

五、超低容量液剂的加工实例

实例一：12%毒氟磷超低容量液剂

配方：毒氟磷 12kg，蓖麻油聚氧乙烯醚 5kg，十二烷基苯磺酸钙 5kg，N-甲基吡咯烷酮 5kg，正辛醇 12kg，油酸甲酯补足至 100kg。

制备方法：在带电动搅拌的反应容器中，在常温下按配方比例先用溶剂将活性成分毒氟磷搅拌溶解，搅拌速度为 100r/min，再加入助剂成分，充分搅拌 30min，混合均匀，即得 12％毒氟磷超低容量液剂。

实例二：4％氰戊菊酯油剂

配方：氰戊菊酯，4.0％；DMF，10％；芝麻油，10.0％；棉籽油，76％。

制备方法：先将有效成分氰戊菊酯加入 DMF 中加热至 40℃，搅拌 2h 溶解后加入芝麻油、棉籽油，搅拌 1h 降温至 23℃，过滤除去残渣即为产品。

六、飞防制剂的质量标准

（一）飞防制剂的国际标准

到目前为止，国内还没有统一的植保无人机的超低容量液剂质量控制标准，各企业的产品标准不一。国际上对于超低容量液剂的标准，如表 7-3 所示。

表 7-3　用于超低容量液剂的（UL）国际标准

质量控制项目	质量标准
有效成分	额定值
外观	单相载体
低温稳定性	−5℃下 48h 不分层
热贮稳定性	合格
挥发性	试纸悬挂法，挥发率≤30％
闪点	开口杯法
黏度	恩氏黏度计测定法，<2Pa·s
急性毒性	小白鼠急性经口 LD_{50}＞300mg/kg
植物安全性	推荐使用剂量下，不产生药害

（二）飞防制剂的国内标准

国内飞超低容量液剂的团体标准仅有浙江农药工业协会发布的 3％呋虫胺超低容量液剂（T/ZNX 021-2023，表 7-4）。

3％呋虫胺超低容量液剂质量指标测定方法如下：

① 抽样按照 GB/T 1605—2001 中 5.3.2 进行，用随机数表法确定抽样的包装件数，最终抽样量应不少于 500mL。

② 试样用流动相溶解，以甲醇＋水为流动相，使用以 XDB-C$_8$（5μm）为填充物的不锈钢色谱柱（或具有同等柱效的色谱柱）和紫外检测器（270nm），对试样

中的呋虫胺进行液相色谱分离和测定，外标法定量。

③ 外观采用目测法测定。

④ pH 值测定按 GB/T 1601—2023 的规定进行。

⑤ 黏度测定按 GB/T 10247—2008 的规定进行。

⑥ 低温稳定性试验按 GB/T 19137—2003 的规定进行。

⑦ 热贮稳定性按 GB/T 19136—2021 的规定进行。

表 7-4　3%呋虫胺超低容量液剂控制项目指标

质量控制项目	质量标准
呋虫胺质量分数/%	3.0±0.3
pH 值	4.0~7.0
黏度/(mPa·S)(20℃)	≤10
低温稳定性	冷储后,离心管底部离析物≤0.3mL
热贮稳定性	热贮后,呋虫胺质量分数不低于贮前95%,pH值仍符合本文件要求

国内超低容量液剂的现行企业标准共有 67 条，广西田园生化股份有限公司发布 17 条，其中 5%嘧菌酯超低容量液剂的质量标准如下（Q/TYN 282—2023，表7-5）。

表 7-5　5%嘧菌酯超低容量液剂控制项目指标

质量控制项目	质量标准
嘧菌酯质量分数/%	5.0±0.5
pH 值	4.0~7.0
挥发性/%	≤30
低温稳定性	合格
热贮稳定性	热贮后,呋虫胺质量分数不低于贮前95%,pH值仍符合本文件要求

① 按 GB/T 1605—2001 中"5.3.2 液体制剂采样"方法进行。用随机数表法确定抽样的包装件，最终抽样量不少于 200mL。

② 试样用甲醇溶解，以甲醇/水为流动相，使用以 XB-C$_{18}$ 为填充物的不锈钢柱和可变波长紫外检测器对试样中的嘧菌酯进行高效液相色谱分离和测定，外标法定量。

③ 外观采用目测法测定。

④ pH 值测定按 GB/T 1601—2023 的规定进行。

⑤ 低温稳定性试验按 GB/T 19137—2003 中 2.1 的规定进行。

⑥ 热贮稳定性试验按 GB/T 19136—2021 中 4.4.1 的规定进行。

⑦ 挥发率的测定是将准备好的直径为 11cm 的定性滤纸，从内去掉一个半径为

2.4cm 的圆后，用水泡湿后粘在出风口处，将抽风口五分之四面积进行阻隔，保持气流稳定。用两端带钩的铜丝钩，一端钩在准备好的直径为 11cm 定性滤纸上，平放在天平上，去皮待用。待恒温恒湿培养箱温度恒定在 30℃ 和湿度恒定在 70% RH 10min 后，用注射器取 0.8～1.0mL 试样，均匀滴在准备好的带铜丝钩的定性滤纸上，使滤纸全部湿透，称重得样品质量 m_1。立即悬挂在的恒温恒湿培养箱内，箱内温度保持在（30±1）℃，湿度保持在（70%±5%）RH 的情况下，使样品自然挥发 15min 后取出再称重得样品质量 m_2，按照下式计算挥发率（X_2）。

$$X_2(\%) = \frac{m_1 - m_2}{m_1} \times 100\%$$

主要参考文献

[1] 马英剑，徐勇，孙利，等. 我国航空植保的发展现状及展望[J]. 农药，2022，61：469-477.

[2] 李彦飞，冯泽腾，王国强，等. 植保无人飞机施用农药剂型与助剂现状及进展[J]. 现代农药，2023，22（3）：17-24.

[3] 宋宇. 无人直升机植保技术研究进展. 现代农业科技，2013(3)：136-138.

[4] Ma Y, Gao Y, Zhao K, et al. Simple, effective, and ecofriendly strategy to inhibit droplet bouncing on hydrophobic weed leaves[J]. ACS Applied Materials & Interfaces, 2020, 12(44): 50126-50134.

[5] 章晓花. 添加 Silwet® 有机硅助剂对农药增效作用的研究[J]. 中国农技推广，2008，24(12)：36-38.

[6] Song M, Hu D, Zheng X F, et al. Enhancing droplet deposition on wired and curved superhydrophobic leaves[J]. ACS Nano, 2019, 13(7): 7966-7974.

[7] 康峰，吴潇逸，王亚雄，等. 农药雾滴沉积特性研究进展与展望[J]. 农业工程学报，2021，37(20)：1-14.

[8] 中国农药信息网. http://www.chinapesticide.org.cn/zwb/dataCenter.

[9] 马英剑，甄硕，孙喆，等. 农药制剂研发的精细化、功能化与农业生产高效利用[J]. 农药学学报，2022，24（5）：1080-1098.

[10] 安小康，李富根，闫晓静，等. 植保无人飞机施用农药应用研究进展及管理现状[J]. 农药学学报，2023，25(2)：282-294.

[11] 任天瑞，戴权，张雷. 农药制剂与加工. 北京：化学工业出版社，2019.

第八章

微生物制剂

微生物农药是指应用微生物活体或其代谢产物加工而成的防治作物病害、虫害、杂草的药剂，包括活体微生物农药和生物化学农药两大类。前者主要包括微生物杀虫剂、微生物杀菌剂、微生物除草剂、微生物生长调节剂、微生物植物诱抗剂等；后者主要指利用微生物产生的活性代谢产物及其化学修饰物所生产的衍生物，如农用抗生素等。

最先利用微生物防治害虫的是俄国人梅契尼科夫，他在 1878 年利用绿僵菌防治金龟子幼虫。后来，德国人贝尔奈于 1911 年在苏云金的一家面粉厂里，从感病的地中海粉螟体内分离到一种细菌，具有很强的杀虫活力，人们将这种细菌命名为苏云金芽孢杆菌（*Bacillus thuringiensis*）。苏云金芽孢杆菌的发现，为人类防治农业害虫提供了一条全新的途径。但直到 20 世纪 50 年代"以菌治虫"的研究才得到迅速发展，特别是化学农药对生态环境影响日益突出的今天，微生物农药的研究和生产更加紧迫。

由于微生物农药的有效成分主要为活体微生物或其产生的活性物质，致其生产加工和产品制剂化技术要求高，和化学农药相比，其难度更大，技术含量更高，施用时对环境条件的改变更敏感，不能简单地模仿化学农药的加工方式，为此，将微生物制剂单列一章进行介绍。

第一节
微生物农药的生产

微生物农药母药的发酵工艺是微生物农药生产的重要环节，对微生物农药的质量、产量和成本都有着至关重要的影响。通过优化微生物发酵的条件、培养基配方和发酵过程中各种理化因子的控制，可以提高微生物农药的产量、活性和稳定性，降低生产成本，并有利于后续微生物农药剂型的加工。在具体生产各种微生物农药时，需要根据不同微生物特性、生产需求，采用相应的发酵制备方法。

一、细菌类微生物农药的发酵生产

细菌类微生物农药的发酵生产技术相对成熟，以苏云金芽孢杆菌为例介绍细菌微生物农药的发酵生产。

1. 液态深层发酵

液态深层发酵工艺技术和设备非常成熟，具有适用范围广、能精确控制、效率高、易于机械化和自动化生产，且生产量大、产品质量稳定等优点，是目前苏云金芽孢杆菌杀虫剂大规模生产的主要发酵方式。但液态深层发酵需要复杂的设备和动力，存在生产成本高、使用效率低等问题。

工业化发酵常用价格较低的豆饼粉、玉米浆、蛋白胨、酵母粉等配制成固体物含量为 3%～6% 的培养基，pH 调整到 7.0～7.4，并作无菌化处理。发酵设备一般为深层发酵罐，可以实现全自动控制各种主要理化条件，如温度、压力、搅拌功率、转速、泡沫、pH 值、通气量等，其中控制温度尤为重要。苏云金芽孢杆菌的培养温度一般为 30℃，不同温度下的产孢量有很大差异，例如菌株 HD1 在 37℃ 培养时其伴孢晶体的产率几乎为 0。罐压维持在 $0.3～0.5 kg/cm^2$，搅拌频率为 220r/min。培养至绝大多数菌体形成芽孢时，终止发酵。

发酵结束后，收集菌体，一般采用板框压滤或离心的方法收集菌体，也可用喷雾干燥和冷冻干燥的方法浓缩菌液。将收集好的菌体烘干制成菌饼，再研碎，制成母药。

2. 固态发酵

固态发酵和液态发酵的流程基本相同，只是微生物的培养基质的状态不同。固态发酵是利用颗粒载体表面所吸附的营养物质来培养微生物。通常利用豆饼粉、米糠、麦麸、花生饼粉等制成固体培养基。固态发酵无废水排放，所需通气压力低、能耗低，培养基来源广泛，且发酵方式灵活多样，既可以进行规模化生产，也可以小规模发酵生产，特别适合于发展中国家微生物农药的发酵生产。

根据基质的运动情况，固态发酵反应器可以分为两类：静态固态发酵反应器和动态固态发酵反应器。在静态固态发酵反应器中固态基质在整个发酵过程中保持不动，包括浅盘式生物反应器、填充床式生物反应器等；动态固态发酵反应器中存在物料的混合过程，包括机械搅拌筒、柱式反应器、流化床式生物反应器和转鼓式生物反应器等。通常情况下，小规模生产多选用静态固态发酵反应器，无需大型设备，生产成本低、方法简单、技术易掌握。缺点是易污染，产品质量不稳定，生产率低。工业化规模生产一般采用动态固态发酵反应器，发酵过程中，温度、湿度、pH 值、通气量、压力均可控，保证纯种发酵，发酵效率也比静态的高。

固态发酵后无需特殊处理，可直接将固体发酵物制成菌饼，干燥后粉碎制备原粉。也可以采用旋风分离的方法，浓缩苏云金芽孢杆菌的芽孢。

经过固体发酵，苏云金芽孢杆菌原粉的主要技术指标如下。毒素蛋白（130kDa）含量，一等品≥8.0%，合格品≥7.0%；毒力效价，以甜菜夜蛾作为靶标，一等品≥60000IU/mg，合格品≥50000IU/mg；pH 5.5～7.0，水分≤6.0%，细度（75μm）≥98%。

二、真菌类微生物农药的发酵生产

1. 白僵菌的发酵生产

白僵菌的发酵生产方式有液体发酵法、固体发酵法和液固双相发酵法。白僵菌液态发酵一般产生芽生孢子，这种孢子抗逆性差，不耐储藏，难以应用于生产实际。这种方法一般用来进行白僵菌实验室培养或作白僵菌的种子液。白僵菌固态发酵一般以麸皮和谷壳为原料，采用室内浅盘式、室外大床式、塑料袋培养等土法生产。方法简单易行，成本低，无需复杂设备，但产品质量低且不稳定。液固双相发酵法是先经几级液态发酵制得大量白僵菌芽生孢子或菌丝体，再将其接种于固体培养基上继续培养，以获得分生孢子。该法克服了液态和固态发酵的缺点，是目前白僵菌规模化生产效果较好的方法。

白僵菌母药的主要质量指标有：活孢子≥$8.0×10^{10}$/g，杂菌率≤3%，pH 6.0～8.0，干燥减重≤8%，细度（通过150μm筛）≥90%，储存稳定性≥80%。

2. 绿僵菌的发酵生产

绿僵菌主要以气生分生孢子、液生分生孢子和干菌丝为田间害虫防治的制剂成分。目前，国内外发酵绿僵菌的方法主要有液态深层发酵、固体发酵和液固双相发酵。

（1）液态深层发酵　绿僵菌的液态深层发酵主要是在发酵罐里进行，绿僵菌在液体培养条件下，通过菌丝隔膜间裂殖或细胞酵母式芽殖产生芽生孢子或深层发酵分生孢子。绿僵菌在液体深层发酵中，生长发育过程大致为：振荡培养24h后，绿僵菌分生孢子开始萌发，原生质转移至芽管生长点，芽管自孢子一端或两端伸出。36h菌体呈网状，48h菌体呈团状，60h菌体出现产孢结构，开始形成液生芽孢子，液生芽孢子呈长卵形，72h液生芽孢子开始大量形成。部分芽孢子以循环产孢方式，不经营养生长阶段，直接从芽孢子上形成分生孢子，液生分生孢子卵球形，与气生分生孢子有明显差异。培养基质蔗糖、可溶性淀粉和乳糖是液体培养产分生孢子的较好碳源，而花生饼粉、酵母浸出汁和蛋白胨是较理想的氮源。

（2）固体发酵　固体发酵是指利用自然底物做碳源及能源，或利用惰性底物做固体支持物，其体系无水或接近无水的发酵过程。固体发酵根据具体条件和生产规模可采用多种方式，如瓶、盘培养及厚层通风培养等。固体发酵比较适合真菌杀虫剂的生产，因为虫生真菌几乎都是好氧的，它们在固态培养料的细小颗粒表面可形成大量的气生分生孢子。所以，固体发酵在绿僵菌生产中越来越受到人们的重视。固体发酵培养基组成简单，常采用来源广泛且便宜的天然基质或工农业下脚料，如麸皮、玉米芯粉、大米等，同时也包括没有营养的蛭石、海绵，甚至织物等。

（3）液固双相发酵　液固双相发酵是指经液体深层培养出菌丝或芽生孢子后，接入浅盘或其他容器的固体培养基上产生分生孢子的方法。由于物理学、酶学及生物学特性，液固双相发酵是迄今所知国内外气生分生孢子最成熟的生产工艺，由于其经济实用、生产效率高而被广泛采用。其发酵过程包括液体发酵和固体发酵两个阶段，具体是通过摇瓶或发酵罐快速产生大量菌丝或芽生孢子，然后转接到固体培养基或惰性基质上产分生孢子。大规模发酵生产绿僵菌分生孢子主要以大米、麦麸和米糠为基质。其中大米及其副产品广泛用作绿僵菌发酵的培养基质。

绿僵菌母药的主要质量标准：含孢量≥250亿孢子/g，活孢率≥85％，杂菌率≤5％，干燥减重≤8％，细度（通过175试验筛）≥90％，pH 5.5～7.0，储存稳定性≥80％。

三、病毒类微生物农药的生产

目前研究较多、应用较广的是核型多角体病毒（NPV）、颗粒体病毒（GV）和质型多角体病毒（CPV）。目前病毒杀虫剂的生产方式主要有：①野外收集健康寄主昆虫，作为活体培养基生产病毒杀虫剂；②虫害发生时，在田间直接喷洒病毒悬浮液，任其自然感染并在昆虫体内大量增殖，再回收病死虫尸体，制备病毒悬液；③在室内人工大量饲养昆虫，然后接种病毒，病毒大量增殖后破碎虫体，回收病毒。其中第三种方式，是目前病毒杀虫剂所采用的主要方式，不同病毒的生产工艺类似，生产流程见图8-1。

1. 核型多角体病毒杀虫剂的生产

核型多角体病毒杀虫剂（NPV）是应用最广泛的昆虫病毒。在中国已进入生产的核型多角体病毒杀虫剂有：棉铃虫NPV、斜纹夜蛾NPV、油桐尺蠖NPV、茶黄毒蛾NPV、舞毒蛾NPV、美国白蛾NPV、杨尺蠖NPV、甘蓝夜蛾NPV等。现以棉铃虫NPV为例。

健康棉铃虫幼虫的人工饲料的成分为：黄豆粉、山梨酸、麸皮、尼泊金、酵母粉、干酪素、水、琼脂、复合维生素B、L-抗坏血酸等。在幼虫孵化前一天，用5％福尔马林溶液将卵块浸泡15min，无菌水漂洗3次，灭菌纸上晾干，移入盛有人工饲料的塑料盒里，放置25℃条件下孵育。

将饲养至4龄的幼虫，按一定浓度进行喂毒感染，饲养24h后换无毒饲料。接

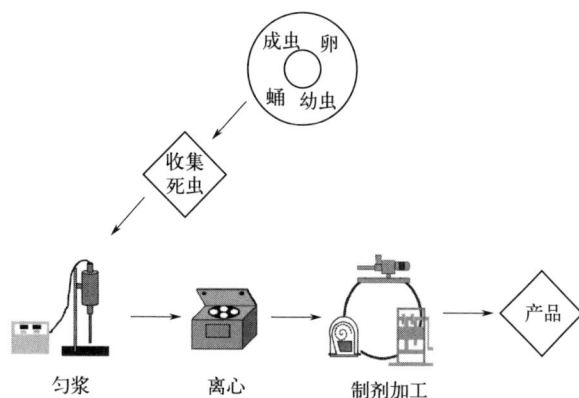

图 8-1 病毒杀虫剂生产流程

毒后幼虫还会生长一段时间，幼虫增加的体重越大，产毒量也越大，故每日仍要给以足量的饲料，并予以精心管理。从感染后的第 5 天，幼虫食量明显下降，粪量相应减少，感染后第 9～11 天开始收集病死虫。收集的死虫及时处理或冷藏。

将病虫尸体以 1:10 与自来水混合，倒入电动匀浆机研磨过滤，滤液经差速离心法，离心 3～4 次，收集沉淀，将沉淀按 1:1 加入填充剂，-20℃保存。取冻结的沉淀物机械粉碎，便可获多角体干粉，4℃保存备用。

2. 颗粒体病毒杀虫剂的生产

我国颗粒体病毒（GV）有菜粉蝶 GV、小菜蛾 GV、黄地老虎 GV。菜粉蝶 GV 杀虫剂的生产工艺与核型多角体病毒类似，简易生产流程如下：①人工饲料饲养菜青虫；②感染回收；③颗粒体提取；④拌和、分装；⑤产品质量检验。

3. 病毒类微生物农药的主要质量指标及检测方法

（1）病毒包涵体含量的检测　病毒包涵体含量的检测通常用血球计数板直接计数法。

（2）生测效价比（标准品 LC_{50}/待测样品 LC_{50}）的测定　以核型多角体病毒 2×10^{11} PIB/g 作为标准品，以棉铃虫初孵幼虫（孵化 12h 以内）为试虫，同时检验供试样品和标准样品对虫子的半数致死浓度（LC_{50}），并计算待测样品的毒力效价，以此来估计供试样品的毒效。

（3）杂菌菌落总数的测定　杂菌菌落总数的测定方法应参照国家标准 GB 4789.2—2022 中规定的菌落总数测定方法执行。具体测定方法：将多角体干粉充分振荡混匀后，准确称取 25g 的试样，置于 225mL 容量瓶中，加水稀释至刻度，取此溶液作 10 倍系列稀释，选取 1～3 个稀释液，各取 1mL 分别加入无菌培养皿中。每皿加入 15～20mL 的平板计数琼脂培养基，混匀。30℃培养 72h，计数各平板的菌落总数。

四、农用抗生素的生产

农用抗生素的生产可以直接借鉴医用抗生素的生产工艺，大都使用深层液态发酵法，工艺流程一般为：菌种→种子制备→发酵→发酵液预处理→提取及精制→成品包装（图 8-2）。以春雷霉素为例，简要介绍农用抗生素的发酵生产。

春雷霉素的产生菌是小金色链霉菌，先将菌种在斜面或平板（蛋白胨 0.3%，黄豆饼粉 1%，NaCl 0.25%，蚕蛹粉 0.3%，甘油 1%，CaCO$_3$ 0.2%，琼脂粉 2.5%，葡萄糖 0.5%）上划线培养，再接种至摇瓶中，28℃，培养（26±4）h。将培养好的菌液按 8%～10% 的比例，接种一级种子液培养基（蚕蛹粉 0.1%，食用豆油 1%，酵母粉 0.3%，玉米浆 0.1%，KH$_2$PO$_4$ 1%，甘油 0.6%，黄豆饼粉 1.5%，NaCl 0.3%），28℃，培养（26±4）h，通风比 0.8，如需要可进行多级种子液培养。

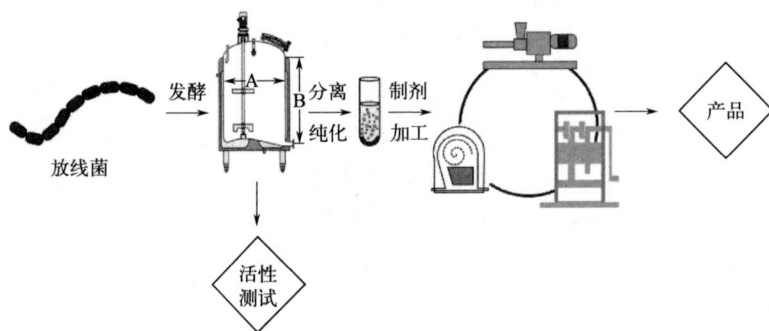

图 8-2 农用抗生素筛选的基本程序

发酵用培养基［黄豆饼粉 4%，玉米浆 0.5%，KH$_2$PO$_4$ 0.05%，饴糖（麦芽糖）3%，鱼粉蛋白胨 0.5%，NaCl 0.5%，蚕蛹粉 1%，豆油 2.5%］经无菌化处理后，加入已灭菌的发酵罐中，按 10% 的比例接种种子液进行发酵。发酵条件：28℃，培养（168±24）h，溶氧控制 30%～40%，pH 范围控制在 6.3～6.7之间。

发酵结束后，先用草酸将发酵液酸化至 pH 4.0，过滤（可以加入助滤剂，不要选择活性炭、白炭黑），常用的过滤装置有鼓式真空过滤器和板框压滤机等。将滤清液在 60～65℃，抽真空浓缩至含量 2%～2.2%（约 2～3 倍浓缩），再加入 0.2g/L 苯甲酸钠，即为 2% 水剂，可分装出厂。若滤液进一步浓缩至含量 15%～20%，经喷雾干燥塔进行干燥，粉碎，即可得到 65%～80% 含量的春雷霉素原粉。

春雷霉素原粉的主要质量指标有：春雷霉素质量分数≥65%，水不溶物≤0.5%，干燥减重≤5%，pH 范围在 3.0～6.0 之间。

第二节

微生物农药助剂

微生物农药制剂一般是由母药、助剂等组成。在研发和生产微生物农药制剂时，应考虑到微生物农药在贮运过程中和田间使用后易受环境条件的影响，作用速度较慢、防效不稳定等问题，在选择助剂时，需着重改进和提升微生物农药产品的理化性质，使生防菌在贮存过程中保持稳定，维持微生物菌体的活性和繁殖力，以保证生物防治效果。同时还需考虑所选的助剂等应便宜且易于获得，并且资源丰富。优秀的微生物农药制剂的配方最终所生产的产品应该是低成本、耐储运、高质量的，才能在市场上具有良好的竞争力。

一、微生物农药载体

微生物农药载体是指在微生物农药剂型加工过程中用以吸附、承载有效成分的固体填充物。载体的主要功能是稀释母药，调节有效成分的含量，提高成品的物理性能，保证农药的施用效果。载体的主要特征是具有多网孔结构、片状或层状结构，比表面积大，对农药的吸附能力强。因微生物农药制剂中，载体的含量占比较大，所以，载体自身性质对制剂的性质影响很大，如制剂的湿润性、悬浮性和分散性在很大程度上取决于载体的相关性质。不同类型的载体具有不同的物理和化学性质。

1. 载体的分类

按照载体的理化性质，大体可分为：无机载体、有机质载体和混合载体等。

（1）有机质载体　在微生物农药中常用的有活性炭、麸皮、秸秆粉、玉米棒芯粉、谷壳粉、酒糟粉、大豆粉、淀粉以及发酵腐熟充分的有机肥等。有机质载体吸附菌体能力强，对菌体有一定营养和保护功能，有利于菌体保持较高的存活率，施用于田间见效快。需要注意的是，有机质载体应足够干燥，不能发生霉变，最好在使用前灭菌，以免杂菌污染。如果喷灌、滴灌容易堵塞管道，可采用易溶于水的有机质载体来解决这一缺陷。

（2）无机载体　在微生物农药中常用的无机载体有高岭土、硅藻土、凹凸棒土、沸石粉、滑石粉、矿石粉、膨润土、中性黏土、轻质碳酸钙、海泡石和白炭黑等。无机载体吸附菌体后易加工成粉剂，造价低，加工工艺相对简单。但是有的无机载体用于喷灌、滴灌时，易出现分层、沉积、堵塞管道等问题，且有的无机载体易使菌体存活率和活力受影响，所以无机载体制成的菌剂更适用于有机质含量较高的土壤。无机载体施用于贫瘠土壤，因缺乏有机质，菌体不易存活、繁殖能力差，药物施用效果表现欠佳。

（3）混合载体　混合载体指的是将无机载体和有机质载体混合后，载体中既有无机物也有有机质，目的是克服纯无机载体缺少初始营养的缺陷和纯有机质载体加工中成本较高的问题。混合载体可以通过人工复配，也有一些天然产物本身就是良好的混合载体，最典型的就是泥炭。泥炭吸附菌体的能力强，菌体在其中存活率高，曾是微生物农药的常用载体，但在 2022 年 6 月 1 日正式实施的《中华人民共和国湿地保护法》中，我国已全面禁止在泥炭沼泽湿地开采泥炭，因此资源受到一定限制。

2. 载体的性质

载体的理化性质如稳定性、含水量、粒度、容重、流动性、酸碱度等均能影响微生物农药的质量。

（1）含水量　水分是促进微生物萌发的必要条件，载体中的水分过高会缩短微生物农药制剂的保存时间和降低活菌数，因此要求微生物农药载体的含水量要低。微生物农药无机载体的水分含量一般应小于 5%，有机质载体应小于 10%。实际应用过程中无机载体水分一般控制在 8% 以下，有机类在 10% 以下，一般不超过12%。表 8-1 中列举了部分常见的微生物农药载体的含水量。

表 8-1　部分载体水分含量

载体名称	含水量/%	载体名称	含水量/%
脱脂糠粉	13	小麦麸	13
玉米芯粉	5	小麦次粉	12～13
玉米淀粉	14	白炭黑	4～6
玉米粉	14～18	面粉	13.5～14.5
沸石粉	2	石粉	2
稻壳粉	12	苜蓿粉	10～12
麦饭石	3.3～3.4	凹凸棒石黏土粉	4.7

（2）粒度　载体的粒度是影响微生物农药母药与载体和助剂之间混合质量的最重要的因素，直接影响微生物农药不同组分的混合均匀度和混合时间。一般载体粒度越细越好，因为粒度越细，比表面积也就越大，其有效接触面积也越大，其承载能力也越强。但过细也会增加物料间的摩擦力，易产生静电，使部分活性物质受热发生变性，同时也会增加能耗。载体的粒度一般要求在 30～80 目之间，12% 以下通过 80 目为最佳粒度。

（3）容重　载体的容重直接影响着微生物农药制剂的混合均匀度。一般情况下，载体的容重与被承载组分的容重间的差异越小，则混合均匀度越高，才能在储存和运输过程中均匀分布，不易发生分级现象。一般情况下，载体的容重以 0.3～0.8 为佳，表 8-2 列举了部分载体的容重。

表 8-2　部分载体的容重

载体名称	容重	载体名称	容重
稻壳粉	0.32～0.34	乳糖	0.73
米糠	0.29～0.34	小麦	0.51～0.67
杏仁壳粉	0.47	豆粉	0.59
玉米粉	0.55～0.65	玉米芯粉	0.3～0.5
糠饼粉	0.47	白炭黑	2.32～2.65
花生粕	0.64～0.71	苜蓿粉	0.37
棉籽饼粉	0.73	贝壳粉	1.60
麦麸	0.3～0.43	橄榄核粉	0.47
大豆饼粉	0.60	滑石粉	1.30～1.55
大麦粗粉	0.56	麦饭石	1.22

（4）pH 值　载体的酸碱度直接影响微生物农药中菌体的活性，偏酸或偏碱都将对微生物产生不良影响。在选择微生物农药的载体时，最好选择与活性菌的最适 pH 值接近的载体，这样有利于微生物农药制剂的稳定性（表 8-3）。为了满足载体对 pH 值的要求，可以通过加入一价磷酸钙、延胡索酸、碳酸钠和硫酸铵等试剂来调整 pH 值，也可以选用两种或两种以上的载体来调整 pH 值。

表 8-3　几种常见载体的 pH 值

载体名称	pH	载体名称	pH
稻壳粉	5.7	玉米酒糟粉	3.6
玉米芯粉	4.8	石灰石粉	8.1
小麦麸	6.4	小麦次粉	6.5
大豆皮粉	6.2	沸石粉	5.1～8
玉米粉	6.5	玉米面筋粉	4.0
凹凸棒石黏土粉	7.5～8.0	麦饭石	7.0～8.0

（5）表面特性　载体的表面特性是承载和释放微生物农药活性组分的决定性因素。载体表面粗糙，或表面有小孔、皱脊等，则有利于微量活性成分吸附在载体表面上或进入载体的小孔内。同时，也应考虑微生物农药的有效成分在施用后能否有效释放出来。故微生物农药一般选用高纤维的植物性填料做载体，如粗面粉、小麦粉、碎稻谷粉、大豆粉、玉米面筋、玉米芯粉等。

（6）其他　载体是杂菌的直接来源，切忌使用带有植物病原菌或过多的杂菌以及某些霉菌毒素等的载体。腐败、发霉、易结块的物料不能作为微生物农药的载体使用。《农用微生物菌剂生产技术规程》（NY/T 883—2004）中规定：载体中的杂菌数$\leqslant 1.0 \times 10^4$ 个/g，细菌、有毒有害元素（Hg、Pb、Cd、Cr、As）含量、pH、粪大肠菌群数、蛔虫卵死亡率值达到产品质量标准要求。

二、微生物农药保护剂

微生物农药的主要活性成分是活体微生物或其代谢产物，在储运时和使用后的环境中较易失活，导致其防效极不稳定，因而在剂型加工以及田间应用过程中需要采取一定的保护措施，如添加保护剂等。微生物农药保护剂主要有两类：一类在贮存过程中防止微生物菌体受到损伤，如防止 Bt 晶体蛋白分解，防止真菌孢子萌发，防止线虫死亡等。这类保护剂研究较少，目前主要靠选择适当的剂型来防止微生物体在贮存过程中受到损伤。另一类是保护微生物农药施用到田间后免受不利环境影响的保护剂，如紫外线保护剂等。

1. 紫外线保护剂

由于阳光中的紫外线对微生物农药的破坏作用最突出，所以 Bt 杀虫剂和病毒杀虫剂的保护剂研究主要是筛选紫外线（UV）防护剂。阳光中紫外光被划分为三组射线，分别是 A 射线、B 射线和 C 射线（简称 UVA、UVB 和 UVC），波长范围分别为 $315\sim400nm$、$280\sim315nm$、$190\sim280nm$。其中波长为 $240\sim300nm$ 的紫外线对昆虫病原微生物有致死作用，作用最强的波长为 $265\sim266nm$。研究发现很多种紫外线保护剂对病毒和 Bt 都有保护效果。

（1）黄酮类化合物　黄酮类化合物是一类分布广泛的天然植物成分，为植物多酚类代谢物。主要包括异黄酮（isoflavone）、黄酮（flavone）、黄酮醇（flavonol）、异黄酮醇（isoflavonol）、黄烷酮（flavanone）、异黄烷酮（isoflavanone）、查耳酮（chalcone）等。黄酮类化合物不仅是一种较强的捕捉剂和淬灭剂，而且由于分子结构中主要含有 5，4，7-三羟基黄酮和葡糖苷酸，具有很强的紫外光吸收能力，因此是良好的紫外线保护剂。核多角体病毒（NPV）在田间环境中易受紫外光照射而失活，在该病毒制剂中加入适量黄酮类紫外线保护剂，可提高 NPV 对害虫的致病率，延长其持效期，增强杀虫活性。

（2）卵磷脂类　卵磷脂分为两种，广义的卵磷脂为各种市售有机磷酸及其盐产品的惯用名称。主要成分有磷脂酰胆碱（PC）、磷脂酰胆胺（PE）、磷脂酸和磷酸肌醇（PI）；而狭义的卵磷脂是指磷脂酰胆碱。卵磷脂为两性分子，既具有脂溶性，又具有亲水性，其等电点为 pH 6.7。纯净的卵磷脂，液态，淡黄色，有清淡、柔和的风味和香味，具有乳化功能、溶解作用、润湿作用、抗氧化作用、发泡作用、晶化控制功能、与蛋白质的结合作用和防止淀粉老化作用等，也是农药紫外线保护剂的良好材料。

（3）刺槐毒素 刺槐毒素可作为 NPV 的紫外线保护剂，可明显提高 NPV 对紫外光的抵抗能力。

（4）染料 研究认为，对 UVA 吸收能力强的染料对核多角体病毒（NPV）的保护能力强，对 330～400nm 有吸收的物质可作为 Bt 保护剂。刚果红可作为舞毒蛾 NPV 的紫外线保护剂，当浓度为 0.1％时，刚果红就能对舞毒蛾 NPV 起到保护作用，当加入浓度为 1％时，舞毒蛾 NPV 暴露在紫外光下 60min 后仍能保持 100％的活性。此外，果绿、翠兰、黑染料等都可作为紫外线保护剂，对多种微生物农药具有紫外线保护作用。

2. 荧光增白剂

荧光增白剂是一类能显著提高昆虫病毒杀虫能力，加快病毒致死昆虫速度，提高昆虫病毒对紫外光的保护作用的化学因子。荧光增白剂主要品种包括 1,2-二苯乙烯类、二氨-1,2-二苯乙烯类等。荧光增白剂结构性能稳定，在 360nm 紫外光照射下，其增强作用和光保护作用不被破坏，可望发展成为有效提高和改善昆虫病毒制剂，持续控制农林害虫的重要助剂。

3. 抗氧化剂

研究认为 UV 辐射可使生物分子产生过氧化物自由基或氧自由基，然后破坏生物分子。所以，抗氧化剂可以对 Bt、病毒（NPV）和一些蛋白类制剂有保护作用。微生物农药中常用的抗氧化剂有抗坏血酸和木质素等。

4. 菌体保护剂

微生物农药中的菌体在贮存过程中，容易受到干燥、高温、低温和氧化的影响，导致菌体的活性和繁殖力下降。为防止微生物菌体受到损伤，如防止 Bt 晶体蛋白分解、防止真菌孢子萌发、防止线虫死亡等，需要添加菌体保护剂，以有效延长微生物菌剂的货架期和提高微生物农药在田间应用的效率，如羧甲基纤维素钠（CMC）、海藻酸钠、海藻糖等。

三、微生物农药表面活性剂

表面活性剂是微生物农药制剂中除载体之外最重要的助剂之一，添加在微生物农药中，可以有效改善微生物农药加工和使用性能。根据表面活性剂的功能，可分为喷施用表面活性剂（如有机硅）和加工用表面活性剂（如润湿剂和分散剂），前者的主要作用是增加药液在作物表面的展布性或渗透性，后者的主要作用是使制剂容易与水混合形成均匀稳定的悬浮液。

1. 润湿剂

微生物农药制剂中常用的润湿剂有皂苷粉、SOPA（M-270 和 S-270）、洗衣粉、十二烷基苯磺酸钠、拉开粉、农用牛奶 2000 系列、润湿渗透剂、Span 20、Tween 60 等。

2. 分散剂

常用分散剂有十二烷基苯磺酸钠、木质素磺酸钠、木质素磺酸钙、聚乙烯醇、羧甲基纤维素等。有的表面活性剂既是润湿剂也是分散剂，如十二烷基苯磺酸钠等。

3. 喷雾助剂

喷雾助剂是有别于其他农药加工助剂，是在农药喷施前临时加入药桶或药箱中，混合均匀后改善药液理化性质的农药助剂，又被称为桶混助剂。农药喷雾助剂主要有非离子表面活性剂、矿物油型助剂、植物油型助剂等。目前，在农业田间应用最广泛的喷雾助剂为有机硅类表面活性剂。

对微生物农药喷雾助剂的功能要求：①喷雾助剂对活体生物不会造成伤害，最好是无毒的天然产品，可为植物吸收利用和土壤微生物分解，符合绿色食品和有机食品的生产要求；②混合均匀后，药液中的活体生物个体具有良好的分散性、悬浮性和保护作用；③能增进药液在靶标叶片或害虫体表的润湿、渗透和黏着性能，减少水分挥发、飘移损失，耐雨水冲刷，增加药效，减少用药量，提高农药利用率；④对环境的适应性好，在高温低湿、强光照下能维持活体活性，保证药效持续时间长；⑤喷雾助剂容易获得，用量省，操作使用方便等。

四、其他助剂

微生物农药制剂除需添加以上助剂外，还需要添加一些辅助剂，如渗透剂、铺展剂、稳定剂、消泡剂、防结块剂、警戒色等。

稳定剂可以使微生物农药保持良好的物理性能，防止和减少农药有效成分在储存过程中分解。微生物农药中常用的稳定剂有：多元醇、硬脂酸、乙酸铝和炭黑等。

铺展剂是一种可以提高固体表面上液体覆盖程度的物质，是一种综合助剂，具有渗透、黏附、扩散和固定的功能。在药水喷入受药表面时，铺展剂可以使药水扩散均匀，扩散力强，减少药液损失和浪费。常用的铺展剂有：竹菊、肥皂、油酸钠、聚乙烯醇、亚硫酸纸浆废料等。

农药渗透剂能够增强农药在作物上的附着和渗透能力，提高农药的利用效率。农药渗透剂含有特殊的成分，能够改变植物表皮的结构和性质，增强农药在植物体内的渗透能力，促进农药在植物体内的内吸作用，使农药更好地在植物体内传导。这有助于农药更快、更深地渗透到植物组织中，提高农药的防治效果。

微生物农药在生产和施用的过程中会产生大量气泡，气泡会阻碍微生物农药中的有效成分与靶标作物的接触，活性菌体不能形成有效感染，影响微生物农药的施用效果。微生物农药消泡剂包括有机硅、脂肪醇等。

第三节 ▪▪▪▪
微生物农药剂型

由于微生物农药的主要成分是活体微生物或微生物的代谢产物，在剂型加工过程中容易失活，且其主要成分本身是不溶于水的颗粒，具有疏水性，导致制剂的物理性质如润湿性、悬浮率等难以得到提高，因此农用微生物杀菌剂的剂型加工明显难于化学农药。

有些制剂是微生物农药所特有的，如细菌杀虫剂 Bt 可加工为乳悬剂、水分散粒剂、微胶囊剂等；真菌杀虫剂白僵菌和绿僵菌可制成可湿性粉剂、孢子粉油剂、孢子水悬剂、白僵菌微囊剂和绿僵菌菌丝状体颗粒剂等；真菌除草剂粉剂和干粉状制剂等。总的趋势是微生物农药剂型的加工逐渐由水基剂向油基剂，从液体制剂向固体制剂，从粉末状制剂向颗粒状制剂方向发展。表 8-4 列出了我国部分商品化的微生物农药主要品种及剂型。

表 8-4 我国已商品化的微生物农药主要品种及剂型

活体微生物	剂型	抗生素	剂型
地衣芽孢杆菌	水剂	春雷霉素	可湿性粉剂、水剂
假单胞菌	可湿性粉剂	多抗霉素	可湿性粉剂、水剂
荧光假单胞菌	可湿性粉剂、水分散粒剂	井冈霉素	可湿性粉剂、水剂
苏云金芽孢杆菌	颗粒剂、可湿性粉剂、水分散粒剂、悬浮剂	赤霉素	膏剂、可湿性粉剂、结晶粉、乳油、水溶性粒剂、水溶性片剂
蜡质芽孢杆菌	可湿性粉剂、悬浮剂	硫酸链霉素	可湿性粉剂
棉铃虫 NPV	可湿性粉剂、悬浮剂	中生菌素	可湿性粉剂、水剂
斜纹夜蛾 NPV	可湿性粉剂	宁南霉素	水剂
苜蓿银纹夜蛾 NPV	悬乳剂	农抗 120	水剂、可湿性粉剂
小菜蛾病毒	可湿性粉剂	土霉素	可湿性粉剂
枯草芽孢杆菌	可湿性粉剂、悬浮种衣剂	武夷霉素	水剂
木霉菌	可湿性粉剂	浏阳霉素	乳油
块状耳霉菌	悬浮剂	阿维菌素	可湿性粉剂、乳油、微乳剂
厚孢轮枝菌	母粉、微粒剂	双丙氨磷	可湿性粉剂

一、微生物农药常见剂型

微生物农药根据用药对象，可分为种子处理剂、土壤处理剂和叶部喷雾制剂等。根据物理形态，可将微生物农药分为固态制剂，包括粉剂（DP）、颗粒剂（GR）、水分散粒剂（WG）和可湿性粉剂（WP）等；液态制剂包括水剂（AS）和悬浮剂（SC）。其中，可湿性粉剂是我国目前微生物农药的主要剂型，其次是悬浮剂。

1. 可湿性粉剂

可湿性粉剂（WP）是由农药原药、惰性填料、表面活性剂和一定量的助剂，按比例充分混合粉碎后，达到一定细度的粉体剂型。在微生物农药中，该剂型最常见。一般微生物发酵制备可湿性粉剂/粉剂的加工流程见图 8-3。

以一种木霉菌可湿性粉剂的制备方法为例，配制方法如下：固体发酵物，40℃烘干备用；取风干好的固体发酵物 40～50g、分散剂 1～2g、润湿剂 3～4g、填料硅藻土 40～50g，用气流粉碎机粉碎至 325 目，再用混合设备充分混合均匀，即制备成木霉菌的可湿性粉剂。

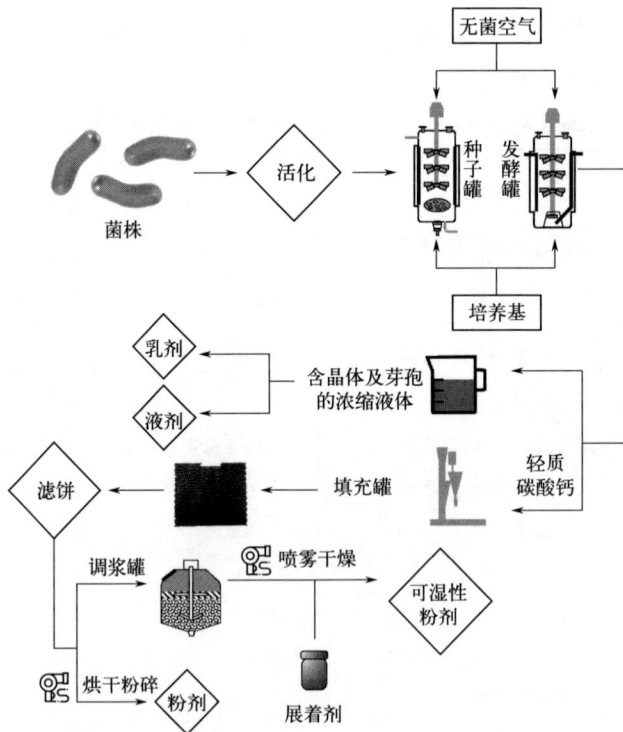

图 8-3 微生物农药可湿性粉剂/粉剂加工流程图

2. 粉剂

微生物农药粉剂（DP）是指将微生物母药及适当的助剂一起混合而得的一种固体干剂。粉剂制备过程一般包括菌体悬浮液和载体混合、晾干（不需要经过喷雾干燥和粉碎），在无杂菌条件下制备则不需要经过干燥。粉剂所用的载体包括高岭土、硅藻土、滑石粉和碳酸钙等，其中用滑石粉作为载体的报道较多。

3. 悬浮剂

微生物农药的悬浮剂（SC）是直接在菌体悬浮液或发酵液中加入助剂（防沉降剂、pH 稳定剂、防腐剂等）制备而得的剂型（图 8-4）。由于省去了发酵液干燥脱水的过程，因此生产成本较低，尤其适用于工业化生产。

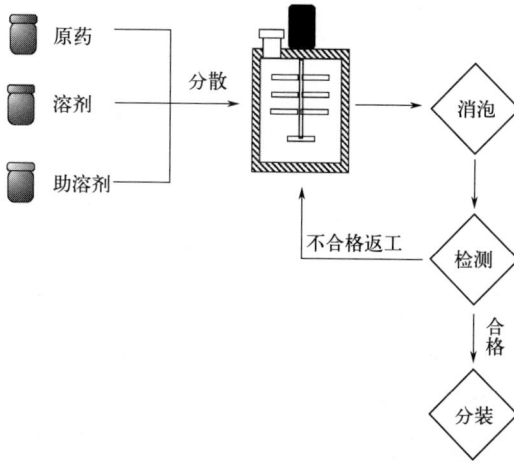

图 8-4　解淀粉芽孢杆菌悬浮剂加工工艺流程图

以苏云金芽孢杆菌悬浮剂为例，简单介绍悬浮剂的制作流程。将发酵悬浮液用离心或膜浓缩的方法，浓缩至 8×10^{10} CFU/mL，再往浓缩液中加入高渗剂右旋丙烯菊酯 0.015%（重量）、悬浮助剂 0203B 1%（重量）和防腐剂二甲苯 1%（重量），搅拌均匀，即为成品。

4. 水分散粒剂

微生物水分散粒剂（WG）与普通化学农药相比，其制剂加工更复杂。原因是：①活体微生物是颗粒物质，是不溶于水的生物体。它的颗粒性和疏水性直接影响制剂的润湿性、分散性和悬浮性等物理性能。②活体微生物对外界环境因素如温度、湿度和光照等比较敏感，制剂贮存稳定性差，田间持效期短，作用速度慢。所以在选择助剂时还要考虑选择一些特殊助剂，如保护剂、稳定剂等。③活的微生物与各种助剂的相容性比一般化学农药都差，某些助剂完全不能使用，因此选择助剂时要考虑与分生孢子的生物相容性。

以一种 5 亿活孢子/g 木霉菌水分散粒剂为例，用挤压造粒法加工木霉菌水分散粒剂。具体方法如下：称量各种助剂，混合均匀，经气流粉碎机粉碎，加入超细木霉菌分生孢子粉以及 15%～25% 的含有 0.1%～3% 黏结剂的水溶液，搅拌捏合成可塑形状，挤压造粒，然后在 50℃ 的烘箱内干燥 1～2h，得到产品。其工艺流程见图 8-5。

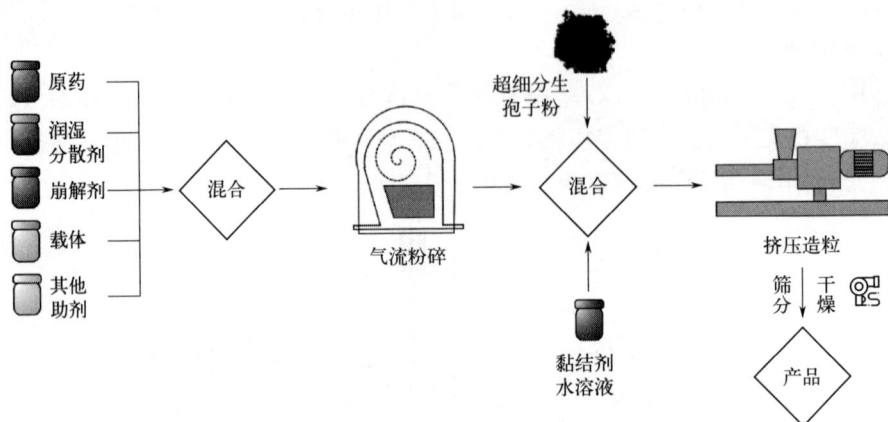

图 8-5　木霉菌水分散粒剂加工工艺流程图

5. 悬乳剂

以苏云金芽孢杆菌 Bt 悬乳剂（SE）为例，将苏云金芽孢杆菌的发酵液用工业盐酸调至 pH 5.0～6.5，并用薄膜浓缩器（或离心机）进行真空浓缩。根据发酵液的含菌数及浓缩倍数估算含菌数为 $1×10^{11}$ CFU/mL 时取样检测，化验符合产品质量标准时即可终止浓缩，压入贮罐。

将上述苏云金芽孢杆菌，与十二烷基苯磺酸钙、蓖麻油环氧乙烷加成物、棉籽油、二苄基联苯酚聚氧乙烯醚、二甲苯，加热至 60～80℃，不断搅拌，混匀备用。再将淀粉胶、褐藻酸钠分别加入水中进行水解，过滤，混合均匀。将搅拌均匀的胶液加入前面制成的备用液中，搅拌混合，自然降温 2h 后，即得苏云金芽孢杆菌悬乳剂。

6. 微生物微胶囊剂

微生物农药微胶囊芯材是微生物活体或其所产生的生物活性物质。常见的微生物农药微胶囊制剂有 Bt 淀粉胶囊剂、Bt 生物微囊化产品、白僵菌微囊剂和线虫的海藻酸凝胶剂等。

以一种聚 γ-谷氨酸微生物微胶囊制剂为例，详述微生物农药微胶囊制剂的制作方法。该制剂是由新型有机高分子聚 γ-谷氨酸和明胶交联形成囊壁，以活的微生物细胞作为囊心组成。该制剂不仅能提高微生物抗逆性，并且能够控制微生物在施用时的释放速度。

（1）微胶囊的囊壁材料水溶液的制备　按质量分数配制 1.5%～4.0% 的聚 γ-

谷氨酸水溶液，备用；按质量分数配制 1.5%～4.0% 的明胶水溶液，备用。

（2）菌悬液的制备　将微生物发酵，收集发酵液，12000r/min 离心收集沉淀，然后用 0.9% 的生理盐水稀释到所需浓度。该方法适用于芽孢菌的芽孢、芽孢菌的营养体细胞、非芽孢菌细胞或真菌孢子等。例如枯草芽孢杆菌、苏云金芽孢杆菌、巨大芽孢杆菌、淡紫拟青霉等。

（3）微胶囊固定液和 pH 调整液的配制　配制 40.0% 的甲醛溶液；配制 3mol/L 的 HCl 和 1mol/L 的 NaOH 水溶液。

（4）微胶囊的制备　量取质量分数为 1.5%～4.0% 的明胶水溶液 40 体积份，在 35～50℃下，300～500r/min 的磁力搅拌下缓慢加入 5～20 体积份的菌悬液，在 35～50℃下搅拌 10～20min，然后慢速加入质量分数为 1.5%～4.0% 的聚 γ-谷氨酸水溶液 40 体积份，在 35～50℃下搅拌 10～20min，用 3mol/L 的 HCl 和 1mol/L 的 NaOH 水溶液调 pH 到 3.8～4.2，在 35～50℃下搅拌 10～20min，按 0.6mL/g 明胶的量加入甲醛溶液，在 35～50℃下搅拌 10～20min，得到微生物微胶囊水剂，备用。

（5）干燥　将上一步得到的微生物微胶囊水剂，采用喷雾干燥、真空干燥或真空冷冻干燥得到固体微胶囊制剂。其中喷雾干燥条件：进口温度为（170±5）℃，出口温度为（70±5）℃，进料速度为（700±10）mL/min；真空干燥条件：70℃，-0.09～-0.1MPa；真空冷冻干燥条件：-110℃，-0.09～-0.1MPa。

具体应用时，将制备得到的微胶囊制剂按照控制菌体终浓度要求稀释原产品，并将所得稀释液调 pH 至中性，灌施到作物根部或喷施到作物叶面，使其起到促进作物生长或抗病作用。

二、微生物农药制剂的指标检测

1. 含孢量的测定

在以活孢子为主要成分的真菌制剂中，需要检测该指标。现以球孢白僵菌粉剂为例介绍该方法，具体操作参照《球孢白僵菌粉剂》（GB/T 25864—2010）：用千分之一的天平准确称取 1.000g 球孢白僵菌粉剂，装入组织捣碎机的盛液杯中，同时加入 0.1mL 的吐温-80 及 200mL 清水，以 5000r/min 的速度搅拌 2min，加清水定容至 500mL，再以 5000r/min 的速度搅拌 1min，使之成为均匀的孢子悬浮液。用 16×16 血球计数板测定孢子悬液浓度，计算球孢白僵菌粉剂中的含孢量。将清洁干燥的血球计数板盖上专用盖玻片，再用无菌的细口滴管将稀释的孢子悬液由盖玻片边缘滴一小滴（不宜过多），让菌液沿缝隙靠毛细渗透作用自行进入计数室，一般计数室均能充满菌液。注意不可有气泡产生。将血球计数板置于显微镜载物台上，静置 2min 后，先用低倍镜找到计数室所在位置，然后换成高倍镜进行计数。

在计数前若发现菌液太浓或太稀，需重新调节稀释度后再计数。一般样品稀释度要求每个中方格内有 20~40 个孢子为宜。计算双线范围内任一斜对角线上的四个中格共 64 个小格的孢子总数。记数时每个中格的四周如有压线的孢子，计上线不计下线，计左线不计右线。

按以下公式计算待测样品的孢子含量：

$$S = (S1 + S2 + S3 + S4) \times 4 \times 106 \times T/64$$

式中　S——含孢量，亿孢子/g；

　$S1 \sim S4$——任意 4 个中格中孢子的数量；

　　T——稀释倍数。

每个样品设 3 个重复。允许误差率为 10%。

2. 孢子萌发率的测定

在以活孢子为主要成分的真菌制剂中，需要检测该指标。以球孢白僵菌粉剂为例，参照《球孢白僵菌粉剂》（GB/T 25864—2010）方法：将 50mL 麦芽浸粉培养液（麦芽浸粉 2%，用蒸馏水配制）注入预先放入 20~30 个直径 5mm 玻璃珠的 250mL 三角瓶中，在 121℃条件下灭菌 20min 后，放入待测低孢粉 0.2g（或根据含孢量换算成适合镜检的质量，高孢粉亦然），置于 120r/min 的摇床上，在 25℃条件下培养 8~16h（视菌种特性而定），取样制片镜检。用血球计数板计数，芽管大于孢子半径的孢子计为萌发孢子。按以下公式计算孢子萌发率：

$$R = N/M \times 100\%$$

式中　R——孢子萌发率，%；

　N——萌发孢子总数；

　M——检查孢子总数。

每个样品设 3 个重复。允许误差率为 10%。

3. 总活菌数的测定（平板计数法）

在以细菌为主要成分的微生物农药制剂中，需要检测该指标，病毒和真菌制剂中需要检测的杂菌总数指标，也用该方法。菌落总数的测定方法参照《食品安全国家标准　食品微生物学检验　菌落总数测定》（GB 4789.2—2022）中规定的方法执行。具体测定方法如下：将多角体干粉充分振荡混匀后，准确称取 25g 试样（精确至 0.0001g），置于 225mL 容量瓶中，加水稀释至刻度，取此溶液作 10 倍系列稀释，选取 1~3 个稀释液，各取 1mL 分别加入无菌培养皿中。每皿加入 15~20mL 的平板计数琼脂培养基，混匀。30℃培养 72h，计数各平板的菌落总数。菌落计数以菌落形成单位（colony-forming units，CFU）表示，一般选取菌落数在 30~300CFU 之间、无蔓延菌落生长的平板计数菌落总数。低于 30CFU 的平板记录具体菌落数，大于 300CFU 的可记录为多不可计。每个稀释度的菌落数应采用两个平板的平均数。若只有一个稀释度平板上的菌落数在 30~300CFU 之间，计算两个平板菌落数的平均值，再将平均值乘以相应稀释倍数，作为每克（毫升）样品中菌落总数结果。若所有稀释度的平板上菌落数均大于300CFU，则对稀释度最高的平板进行计数，其他平板可记录为多不可计，结果按平均菌落数乘以最高稀释倍数计算。若所有稀释度的平板菌落数均小于30CFU，则应按稀释度最低的平均菌落数乘以稀释倍数计算。若所有稀释度的平板菌落数均不在30～300CFU之间，其中一部分小于30CFU或大于300CFU时，则以最接近30CFU或300CFU的平均菌落数乘以稀释倍数计算。

4. 杂菌率测定（CFU法）

采用2%麦芽浸膏、2%营养琼脂配制培养基，121℃高压灭菌20min后晾至45℃左右，倒入培养皿制成2～4mm的平板。称样、均散、稀释（用无菌水）。稀释倍数依具体情况而定，或同时做几个稀释梯度，使每个培养皿中的菌落保持在10～20个。用微量移液器接种100μL菌液到培养基平板上，用曲玻棒涂布均匀。做10次重复。在27℃条件下培养48h，根据菌落特征分辨球孢白僵菌或杂菌，分别计数，计算出杂菌占总菌落数的百分比。

5. 生物效价测定

以苏云金芽孢杆菌制剂为例，将马尾松毛虫作为目标昆虫。

称取新鲜马尾松针叶5g，浸蘸供试样品并晾干后，放入消毒过的500mL三角瓶中，用一层纱布将瓶口扎上。同样浸蘸蒸馏水（含有0.1%吐温-80）作对照。分别各放入30头供试虫种（三龄幼虫），由昆虫取食感染，在（28±1）℃室温条件下，经72h检查幼虫死亡情况。死亡的判断标准以用镊子轻轻触动无任何反应者判为死亡。统计死亡率按式（8-1），如对照有死亡按式（8-2）进行校正，对照死亡率不超过10%。

死亡率(%)＝处理组死虫数/(处理组死虫数＋活虫数)×100% (8-1)

校正死亡率(%)＝(对照组生存率－处理组生存率)/对照组生存率×100%

(8-2)

将浓度（剂量）换成对数值，死亡率换成概率值，用最小二乘法的演算公式计算LC_{50}。

（1）标准品（效价18000IU/mg，16000IU/mg）　准确称取标准品100mg（精确到0.1mg），放入250mL装有10粒玻璃珠的磨口三角瓶中。然后再加入准确量取的20mL蒸馏水（含0.1%吐温-80）。在涡旋振荡器上振荡10min，此液为浓度5mg/mL的标准母液，用10倍和2倍稀释法将标准母液稀释成浓度为500、250、125、62.5、31.25、15.625μg/mL的六个稀释度。

（2）待测样品　粉剂和可湿性粉剂的待测样品参照标准品的配制方法配制感染液。悬浮剂采用称重法取样并参照标准品的配制方法配制感染液。或通过预备试验，估计LC_{50}的范围来选择稀释度，但不同浓度的试验剂量不得少于5个。

检品效价按式（8-3）计算：

检品效价$(IU/mg)=$标准品$LC_{50}/$供试样品$LC_{50}\times$标准品效价(IU/mg)（8-3）

式中，IU 为国际单位。

6. 含水率的测定

按国家标准 GB/T 1600—2021 进行。

7. 细度测定

按国家标准 GB/T 16150—1995 进行。

8. 润湿性的测定

按国家标准 GB/T 5451—2001 进行。

9. 悬浮率的测定

按国家标准 GB/T 14825—2023 进行。

10. 毒素蛋白含量的测定

采用聚丙烯酰胺凝胶电泳法，按国家标准 GB/T 38482—2021 进行。

11. 贮存稳定性的测定

将产品在相关标准规定下贮存 180d，测定孢子萌发率。

主要参考文献

［1］Broderick N A，Raffa K F，Handelsman J. Midgut bacteria required for *Bacillus thuringiensis* insecticidal activity［J］. PNAS，2006，103(41)：15196-15199.

［2］Lahlali R，Ezrari S，Radouane N，et al. Biological control of plant pathogens：a global perspective［J］. Microorganisms，2022，10(3)：596.

［3］Tirado Montiel M L，Tyagi R D，Valero J R. Wastewater treatment sludge as a raw material for the production of *Bacillus thuringiensis* based biopesticides［J］. Water Res. ，2001，35(16)：3807-3816.

［4］Viterbo A，Harel M，Horwitz B A，et al. Trichoderma mitogen-activated protein kinase signaling is involved in induction of plant systemic resistance［J］. Applied and Environmental Microbiology，2005，71(10)：6241-6246.

［5］Wen L，He K，Wang Z. Susceptibility of *Ostrinia furnacalis* to *Bacillus thuringiensis* and *Bt* corn under long-term laborato［J］. Agricultural Sciences in China，2005，4(2)：125-133.

［6］Zhang X，Candas M，Griko N B，et al. A mechanism of cell death involving an adenylyl cyclase/PKA signaling pathway is induced by the Cry1Ab toxin of *Bacillus thuringiensis*［J］. PNAS，2006，103(26)：9897-9902.

［7］阿地力·沙塔尔，张永安，王玉珠. 低温条件下苏云金芽孢杆菌增效剂的研究［J］. 林业科学研究，2005，18(1)：70-73.

［8］蔡亚君，彭可凡，戴顺英，等. 1株广谱苏云金芽孢杆菌及其发酵条件的研究［J］. 华中农业大学学报，2003，22(5)：462-465.

［9］陈守文，冀志霞，邓友辉，等. 一种微胶囊制剂及制备方法与应用［P］. CN 102763684 A，2012-11-07.

［10］陈永兵，吴若萍，兰海姑. 芽孢杆菌可湿性粉剂防治番茄青枯病田间药效研究［J］. 上海农业科技，2005

(3)：97.

[11] 陈在佴, 吴继星, 张志刚. 对甜菜夜蛾高毒苏云金芽孢杆菌菌株 CZE99985 的研究[J]. 微生物学杂志, 2004, 24(5)：31-33, 43.

[12] 崔素芬, 吴云龙, 崔哲雨, 等. 一种基于苏云金芽孢杆菌的纳米氧化锌复合材料及其制备方法与应用 [P]. CN202111389523.6, 2023-12-06.

[13] 丁中, 王金生. 微生物农药菜丰宁 BC2 发酵条件的研究. 江苏农药, 2001(2)：16-18.

[14] 高鹤永, 弓爱君, 邱丽娜, 等. 苏云金芽孢杆菌工业发酵水平进展[J]. 发酵科技通讯, 2005, 34(2)：20-23.

[15] 高家合. 我国复烤烟叶苏云金杆菌的分离及杀虫特性测定[J]. 中国烟草科学, 2005, 26(1)：34-38.

[16] 高穗生, 夏维泰, 黄莉欣. 核多角体病毒添加展着剂对甜菜夜蛾幼虫致病效果之影响[J]. 中华昆虫, 1991, 11：330-334.

[17] 何亚文, 李广悦, 谭红, 等. 我国生防微生物代谢产物研发应用进展与展望[J]. 中国生物防治学报, 2022, 38(3)：537-548.

[18] 胡加付, 李农昌, 李增智, 等. 白僵菌无纺布菌条生产技术的研究[J]. 中国森林病虫, 2003, 22(3)：1-3.

[19] 胡青平, 展阳, 周学永. 我国微生物源农药研究概述[J]. 智慧农业导刊, 2022, 2(4)：5-8.

[20] 况再银, 童文, 孙佩, 等. 球孢白僵菌的侵染特性及应用研究进展[J]. 微生物学通报, 2023, 50(7)：3187-3197.

[21] 李澜, 陈锦灿, 杨兆元, 等. 纳米 $Mg(OH)_2$ 对苏云金芽胞杆菌蛋白杀虫活性及抗紫外能力影响的研究 [J]. 农业生物技术学报, 2015, 23(11)：1452-1457.

[22] 李一平, 杨玉环. 苏云金芽孢杆菌防治小菜蛾的田间试验[J]. 现代农药, 2004, 3(6)：26-27.

[23] 李影, 段锐. 一种新型活菌制剂保存方法[J]. 吉林畜牧兽医, 2004 (12)：54.

[24] 林同, 刘宽余, 王志英, 等. 舞毒蛾核型多角体病毒的基因及其在害虫防治中的应用[J]. 东北林业大学学报, 2002, 30(2)：24-29.

[25] 刘吉华, 郭海龙, 吴俊罡, 等. 枯草芽孢杆菌发酵培养基的优化[J]. 饲料研究, 2003(12)：28-30.

[26] 刘振华, 邢雪琨. 微生物农药助剂研究进展[J]. 基因组学与应用生物学, 2016, 35(8)：2109-2113.

[27] 彭可凡. 苏云金芽孢杆菌杀虫剂的剂型加工研究进展[J]. 微生物学杂志, 2000, 20(1)：35-37.

[28] 苏旭东, 张杰, 檀建新, 等. 苏云金芽孢杆菌及其 δ-内毒素基因的分类与鉴定[J]. 植物保护, 2006, 32 (2)：15-19.

[29] 王忠和, 杨鲁光. 果树上常用的杀菌农用抗生素[J]. 西北园艺, 2009(10)：33-34.

[30] 尉婧, 王碧香, 李诗瑶, 等. 贝莱斯芽孢杆菌(*Bacillus velezensis*)的研究进展[J]. 天津农学院学报, 2022, 29(4)：86-91.

[31] 吴洪福, 郭淑元, 李海涛, 等. 苏云金芽孢杆菌杀虫晶体蛋白结构和功能研究进展[J]. 东北农业大学学报, 2009, 40(2)：118-122.

[32] 向雪梅. 纳米材料-苏云金芽胞杆菌原粉复合物杀虫剂杀虫效果的初步研究[D]. 武汉：华中农业大学, 2014.

[33] 张天良. 苏云金芽孢杆菌微胶囊悬乳剂及其制备方法[P]. CN03139130.3, 2003-08-16.

第九章

其他制剂

第一节 气 雾 剂

气雾剂（aerosol dispemser，AE）是利用低沸点发射剂急剧气化时所产生的高速气流将药液分散雾化的一种罐装制剂。常用的有油质气雾剂和水质气雾剂两大类。前者是以油为溶剂的油状均相液体，后者是以水为分散介质的水乳剂或水悬液。由于药液是靠发射剂在常温下急速气化喷射成雾的，所以都需要灌装在特制的耐压罐里并配有阀门喷嘴使用。显然与其他剂型不同的是，它把药液与雾化的手段结合起来了，形成了一个特殊剂型。

一、气雾剂的特点

气雾剂由于受到其自身及生产的制约，即需要耐压容器、气雾阀。特殊的生产设备和流水线，容器的一次性使用等因素，造成相对高的成本。当前，国内外都没有广泛应用在农业上。但是，气雾剂也有其独特的优点。①使用简单、便捷，内容物密封在容器内，不易分解变质。使用时，只需开启阀门，按需要量喷雾，在有效期内，可以持续使用，而不像其他制剂，使用时现配，放置则易减效甚至失效；在短时间内，能将药剂喷出，这极有利于害虫出没时使用。加上定向性好，因而见效快。由于容器（气雾罐）体积小，在小空间如居室、车船、飞机上也应用自如。②用量省、药效高。药液从阀门喷出后，均匀分散在空气中并形成气溶胶，其雾粒粒径范围为 $1\sim100\mu m$，数量中值粒径为 $25\sim35\mu m$，接近 $30\mu m$ 的最佳雾粒粒径。雾粒细，沉降慢，在空间滞留时间长，增大了飞虫与雾粒接触的概率，明显提高药效。而常规喷雾，其雾粒 NMD 值为 $250\mu m$ 左右，在空气中迅速沉降，对飞虫的效果要差些。在驱除爬行害虫、防霉、驱避蚊虫时，雾粒细，单位药量喷布面积大，节省药量。另外，由于它们的渗透性、润湿性、穿透性较普通剂型强，提高了击倒速度（KT_{50} 值缩短）和致死率，也显示出高效、速效、省药的特点。③使用安全，药剂对环境的影响较小。用量少，雾粒细，不留下痕迹，喷雾处很少受到污染。药液靠特殊阀门控制，使用时不会污染使用者手指。因此，适于家庭、宾馆、医院等场所作为防虫剂、驱虫剂、杀菌消毒剂等使用。

二、气雾剂的组成

农药气雾剂有以下两种分类方式。

（1）按包装容器分　①铁质罐装气雾剂；②铝质罐装气雾剂。

（2）按分散系分为　①油基气雾剂（用脱臭煤油作为分散系）；②水基气雾剂（用乳化液作为分散系）；③醇基气雾剂（用醇溶液作为分散系）。

气雾剂主要组成如下：

（1）有效成分　选用低毒、无刺激性、持效期长、易挥发、击倒力强、在有机溶剂中溶解性好的。如天然除虫菊素、拟除虫菊酯等高效低毒的农药。

（2）发射剂　是气雾剂的雾化动力，又是有效成分的溶剂和稀释剂。其组成和用量直接影响气雾剂喷雾的粒径大小和质量。其用量一般为农药有效成分的 60% 左右。对发射剂的要求是低沸点，高蒸气压，易挥发，气化速度快，毒性低，不易燃，价格低廉等。常用的发射剂有丙烷、异丁烷、正丁烷、氮气、二氧化碳、环氧乙烷等。为弥补各发射剂性能不足，常根据需要选择几种发射剂混合使用。

（3）其他助剂　用作气雾剂的其他助剂有溶剂、助溶剂、增效剂、香料等。根据药剂有效成分的特性和使用的要求而添加。常用的有机溶剂有石油醚、乙醇、乙酸乙酯、环己酮、二甲基甲酰胺、精炼煤油等。

三、气雾剂的加工

1. 油基剂及醇基剂的加工

通常先用溶剂或助溶剂将原料分别配成母液，经分析检验，确定每批母液的含量。配料时，先通过计量槽把溶剂等加到釜内，然后边搅拌，边按投料顺序加入各种母液。加完后，继续搅拌半小时即可。

用于配料的各种原材料，要有严格的质量要求。如油基剂配制时，原材料的酸度和水分对气雾剂质量影响较大。水分含量高，酸值大，极有可能出现不可弥补的气雾罐穿孔问题，也会促进有效成分分解。不溶性杂质，如铁锈等，即使是非常细小，也要杜绝，以免混入剂液。一般是采用纱网过滤清除，如果是装入了气雾罐，将会堵塞喷嘴。

2. 水基剂的加工

水基剂药液的配制有两种方法：①先配成油剂母液，即含有有效成分、助溶剂（通常为脱臭煤油）；再用去离子水（或蒸馏水）、乳化剂和其他水溶性辅料制成乳化水液。在充填时分三步，即油剂母液＋乳化水液＋推进剂。②将有效成分、乳化剂、助溶剂、辅料配成乳剂。充填时，乳剂装入容器，嵌上阀门，压入推进剂即得成品。

第二节
烟　剂

烟剂（smoke generator，FU），又称烟雾剂或烟熏剂，由农药原药与燃料、助燃剂和助剂等成分均匀混合加工而成，引燃后有效成分以烟雾状分散悬浮于空气中。烟剂按其用途分为农用烟剂和卫生烟剂两种，应用于农业生产中防治病虫害的烟剂称农用烟剂。按其防治对象可分为杀虫烟剂、杀菌烟剂、杀鼠烟剂、家用卫生杀虫烟剂（蚊香）等。按其性状可分为烟雾罐（预装在罐中的混合烟剂）、烟雾烛（烛状可点燃烟剂）、烟雾筒（预装在发射筒中的烟剂）、烟雾棒（棒状可点燃烟剂）、烟雾片（片状可直接点燃烟剂）以及烟雾丸（丸状熏烟剂）等。按热源的提供方式可分为加热型、自燃型和化学加热型等。

一、烟剂的特点及发展

烟剂是一种古老而又年轻的农药剂型。古时人们就采用焚草发烟的方法来驱除害虫，如将艾蒿、除虫菊燃烧来杀灭蝇蚊，用烟草秆、鱼藤酮燃烧防治蚜虫等。烟剂的最大特点是药剂的分散度高，并以烟雾的形式充满保护空间，有着巨大的表面积和表面能，使得药剂的穿透、附着能力显著增强，覆盖的表面积明显增加并且分散均匀，能充分发挥药剂的触杀、胃毒、内吸、渗透以及抑制呼吸作用等综合生物效能，从而提高药效。特别适合生长茂密作物、森林和保护地及室内使用。对于防治隐蔽的病虫鼠害，上述作用更为突出。

烟剂在施用形式上，既不是喷雾，也不是喷粉，而是"放烟"。这种施药方式不需要任何施药器械，也不需要水，简便省力、工效高。因此，在交通不便、干旱缺水的地区使用，更具有特殊意义。烟剂的使用受环境影响较大，一般在密闭的环境条件下使用效果才好。同时，也不是所有农药都可以加工成烟剂使用，只有原药在发烟条件下不分解易挥发，才能做成烟剂。另外，烟剂在加工贮存、运输、使用过程中都有着火爆炸的危险。

目前，烟剂的应用主要集中在温室大棚、林业、防治卫生害虫方面，少量应用在防霉、消毒等方面。我国烟剂研究起于20世纪50年代，至20世纪90年代达到研究高峰。从当前国内厂家正式登记的百余个烟剂品种来看，总体而言，产品趋于老化，功能也相对单一，不能有效发挥烟剂的优势。随着现代农业和农药工业的快速推进，烟剂的发展面临新的机遇和挑战，呈现出新的发展态势。一是向绿色环保型方向发展。近年来，随着人们生活水平的提高和环保意识的增强，农产品质量安全问题受到高度关注。其中，农药残留问题首当其冲，这就要求烟剂产品必须向高效、低毒、低残留的方向发展，即绿色发展。二是向多功能速效型方向发展。目前国内的烟剂产品功能较为单一，不仅时常耽误了施药的最佳时间，而且造成不必要的资源浪费。因此，在烟剂品种的开发上应以兼具防治病害、虫害的产品为佳。同时，基于对生物靶标的作用机理及施药环境的影响，在品种的选择上应注重其防治的速效性。三是向改良载体安全型方向发展。烟剂要最大限度地发挥效能，其载体作用不容忽视。

二、烟剂的组成

烟剂的组成分为两部分，即主剂和供热剂。主剂由农药原药组成，供热剂则由燃料、助燃剂和助剂组成。

1. 主剂

指具有杀虫、杀菌等生物活性的一种或几种农药原药，是烟剂的有效成分。施用烟剂时，其主剂——原药首先通过受热气化或升华，然后在空气中遇冷而成烟。这种特殊的施药方式决定了并不是所有的农药均可作为烟剂主剂。因此，除根据防治对象选用高效、低毒的农药外，用作烟剂主剂的农药还应遵循以下原则：

①燃烧时能迅速气化或升华，成烟率高；②在常温下或燃烧过程中，不宜与烟剂中的其他组分相互作用；③在600℃以下的短时高温下，不易燃烧，热分解较少。

2. 供热剂

由燃料、助燃剂和助剂按照一定比例构成。它是烟剂的热源体，为主剂挥发提供热量，能进行无烟燃烧和发烟。改变供热剂的组成或配比，可以改善其燃烧和发烟性能，以满足主剂挥发成烟所需的热量和最佳温度。

（1）燃料　是供热剂的主要成分。用作烟剂的燃料应满足以下几点要求：①在150℃以下不与氧气作用（燃点太低，易引起自燃），但在200～500℃时与少量氧气即能发生燃烧反应，放出大量热；②在燃烧时不产生对保护对象有害的物质；③易粉碎、不吸潮、价格低等。常用的燃料有木粉、木屑、木炭、煤粉、淀粉、白糖、纤维素、尿素、硫脲、硫黄、硫氰酸铵、锌粉、铝粉、植物油残渣、废纸布和硝化纤维等。常以木粉或木炭与其他燃料混用，调节燃烧性能，达到需要的目的。

（2）助燃剂　又称氧化剂，是能帮助和支持燃料燃烧的物质，有较高的含氧量和一定的氧化能力，以供给燃料燃烧所需要的氧和热，保证燃烧反应持续稳定地进行。助燃剂在150℃以下比较稳定，在150～600℃时能分解释放出氧气，同时要求对一般撞击和摩擦的敏感度较低，不易爆炸，不易吸潮等。常用的助燃剂有$KClO_3$、$NaClO_3$、KNO_3、$NaNO_3$、NH_4NO_3、$KMnO_4$等氯酸盐、硝酸盐和高锰酸盐，以及多硝基有机化合物等。

（3）助剂　指能改善烟剂燃烧和发烟性能的一切添加剂。根据在烟剂中所发挥的作用，助剂可分为如下几类：

① 发烟剂　在高温下能挥发，冷却后迅速成烟的一类物质，能增大烟剂燃烧发烟过程中的烟量和烟云浓度。发烟剂受热挥发形成的烟云粒子是主剂在大气中的载体，以帮助农药的飘移与沉降，对保护对象无害。常用的发烟剂有NH_4Cl、NH_4HCO_3、萘、蒽、松香等。

② 导燃剂　能降低烟剂燃点，促进引燃并加速燃烧的物质。一般在燃点高不易引燃或燃烧速度缓慢的烟剂配方中加用。导燃剂燃点较低、还原性强，如硫脲、二氧化硫脲、硫氰酸铵等。

③ 阻燃剂　为一类不可燃物质，用于消除烟剂燃烧过程中产生的火焰或燃烧后残渣中的余烬。能消焰的阻燃剂称消焰剂，如Na_2CO_3、$NaHCO_3$、NH_4Cl、NH_4HCO_3等。能消除残渣中余烬的阻燃剂称阻火剂，是一类惰性物质，如陶土、滑石粉、石灰石、石膏等。在残渣易产生余烬的烟剂配方中加入适量的阻火剂，能降低烟剂残渣的温度，阻止残渣中可燃物质继续燃烧，为烟剂安全使用提供保障。

④ 降温剂　也称缓冲剂，作用与导燃剂相反，是能大量吸收或带走燃烧热量、降低燃烧温度、减缓燃烧速度的助剂。常用于燃点低、易引燃或燃烧速度过快、温度过高的烟剂配方中。常用的降温剂有NH_4Cl、NH_4HCO_3、ZnO、MgO、硅藻土、白炭黑、膨润土以及滑石粉等。

⑤ 稳定剂　在常温下可防止烟剂中有效成分和有关助剂在贮藏过程中分解及相互作用的物质。常用的稳定剂有NH_4Cl、高岭土、惰性无机物等。

⑥ 防潮剂　为一类非水溶性物质，能在烟剂界面或烟剂粉粒表面形成蜡膜或油膜，防止烟剂吸潮（燃料和助燃剂等易从空气中吸潮而不能引燃）。常用的防潮剂有柴油、润滑油、锭子油、高沸点芳烷烃、蜡类等。

⑦ 加重剂　是一种特殊的发烟剂，其形成的烟微粒密度大，使整个烟云加重，不易升空。含有加重剂的烟剂称重烟剂。重烟剂的烟云靠近地面飘移、沉降，受气候条件（特别是风）影响小，利于矮秆作物田间使用。常用的加重剂有对硝基酚、水杨酸、硫黄以及金属卤化物（如$FeCl_3$、$ZnCl_2$、$SnCl_2$）等。

⑧ 黏结剂　能将烟剂粉粒黏合并使烟剂成型和保持一定机械强度的黏胶性物质。多在线香、盘香、蚊香片中采用。常用的黏结剂有酚醛树脂、树脂酸钙、虫胶、石蜡、糊精、石膏等。

综上所述，主剂、燃料、助燃剂和发烟剂是烟剂的基本组成部分，其他组分可根据加工配制的实际情况予以选择（表 9-1）。

表 9-1　烟剂中各组分含量

组分	主剂（有效成分）	供热剂											
		燃料	助燃剂		助剂								
			氯酸盐或硝酸盐	硝酸铵	发烟剂	导燃剂	阻燃剂	降温剂	稳定剂	防潮剂	加重剂	黏结剂
含量/%	5～15	7～20	15～30	30～45	20～50	0～5	0～15	0～20	0～10	0～5	0～20	0～10

三、烟剂的加工

与其他农药剂型相比，烟剂的加工配制难度较大。一个理想的烟剂，既要燃烧迅速、彻底且成烟率高、药效好，又不能在燃烧过程中产生明火或燃烧后留有余烬，同时还要在贮运、使用过程中保证有效成分的稳定性和安全性等。一般而言，烟剂的加工配制都先按供热剂、主剂、引线三部分分别加工处理，然后进行混合、组装或成型处理。

1. 供热剂的加工

供热剂的加工配制方法主要分为干法、湿法和热熔法三种，其中以干法最为常用。

① 干法　将燃料、助燃剂和其他助剂分别粉碎至 80～100 目，按比例混合均匀后，用塑料袋包装即成粉状固体供热剂。干法是最简单的加工配制供热剂的方法，几乎适用于所有参与加工配制供热剂的助燃剂。

② 湿法　将助燃剂溶于 60～80℃的水中，制成饱和溶液，然后加入燃料和其他助剂，搅拌均匀后经干燥、粉碎即成供热剂。此法助燃剂渗透于燃料之中，易引燃，燃烧性能比干法配制的烟剂好，适用于在热水中溶解度较大且不易燃烧的助燃剂和燃点高的燃料。湿法加工过程较为繁琐，且在干燥粉碎时易着火，故不常用。

③ 热熔法　在铁锅中加助燃剂重量 2%～3% 的水（少量水可以降低助燃剂熔点）与粉碎后的助燃剂，混合加热至全部熔化后，停止加热并立即加入干燥的燃料，充分拌匀，趁热取出粉碎至 4mm 以下细度，再与其他助剂混拌均匀。热熔法具湿法配制的优点，生产的供热剂含水量低，点燃和燃烧的性能佳，但加工过程危险性大（比湿法更危险），只适用于熔点低的助燃剂（如 NH_4NO_3）和燃点高的燃

料（如木粉及木炭组成的供热剂）。

2. 引线的制作

一般而言，烟剂在使用时都是通过引线引燃的。引线由燃料和助燃剂组成，与烟剂紧密接触，燃点比烟剂低。引线燃料包括麻刀纸、棉纸、毛边纸、文昌纸、木炭、硫黄、木粉、树脂、锑粉以及铁粉等，引线助燃剂包括硝酸盐、氯酸盐和高锰酸钾等。其制作方法主要有以下两种：

① 浸药法　将文昌纸或麻刀纸（占引线 $45\%\sim35\%$）在 KNO_3 或 $NaNO_3$（占引线 $55\%\sim65\%$）饱和溶液中浸 $2\sim3$ 次，晾干后裁剪成条，搓成纸捻即可。

② 药粉引线　首先将助燃剂和燃料粉碎，按照一定比例混合均匀制成引燃剂，然后包卷在棉纸条内，再将其拧成双股纸绳即可。常用的引燃剂包括 70% 硝酸钾、16% 硫黄与 14% 木炭组成的黑药，70% 氯酸钾与 30% 木粉组成的白药以及 50% 高锰酸钾与 50% 还原铁粉组成的紫药等。

3. 烟剂的组装

烟剂的组装成型方法主要有混合法、隔离法和分层法三种，其中以混合法较为常见。

① 混合法　顾名思义，将主剂和供热剂的各组分放在一起混合配制的方法。首先，将分别加工好的主剂、供热剂直接混匀，然后根据需要，按一定量分装在塑料袋、硬纸筒等传热不良的容器内，埋好引线，开好出烟孔，接缝处和出烟孔用蜡纸封牢，使用时撕下出烟孔纸条，点燃引线即可。混合法适用于农药性质稳定、不与供热剂等发生反应的固体原药。如 30% 百菌清烟剂即由百菌清（35%）、NH_4NO_3（10%）、KNO_3（10%）、甘蔗渣（20%）等混合加工而成。

② 隔离法　又称分离法，是指将主剂与供热剂分别加工、隔离包装存放，使用时再组装在一起的方法。如，主剂装在塑料软管中，供热剂装在塑料袋或纸筒中，使用时将装有主剂的塑料软管插入供热剂内。隔离法适用于农药易挥发、分解或混合后易与其他组分发生反应的液体或溶于液体溶剂的固体农药。

③ 分层法　将主剂与供热剂分上下两层装于包装筒或盒中的方法。如包装时将配制好的供热剂放在包装筒下部，主剂放在包装筒上部，两者之间用塑料薄膜或铝箔隔开。分层法可防止农药有效成分在发烟过程中燃烧和分解，适用于易燃和易分解的低熔点蜡状或固体农药。

四、烟剂的加工实例

实例：5% 呋虫胺烟剂

配方：呋虫胺 5%、氯化铵 30%、硝酸钾 5%、硝酸铵 40g、柴油 1%、锯末 19%。

加工方法：采用混合法。将农药原药呋虫胺、发烟剂氯化铵、助燃剂硝酸钾、助燃剂硝酸铵、防潮剂柴油、燃料锯末按配方比例计量进行预混合，充分搅拌，机械粉碎完后再次充分搅拌，即可制成烟剂。

五、烟剂的质量控制指标

（1）农药含量　应大于或等于标明的含量。

（2）成烟率　有效成分成烟率大于80％。

（3）燃烧现象　要求一次性点燃引线，无明火、火星，浓烟持续不断，有冲力。燃烧时间：杀虫烟剂要求每千克燃烧7～15min，杀菌烟剂则要求每千克燃烧10～20min。

（4）安全试验　取烟剂样品100g，设置3～5个重复，置于（80±2）℃恒温箱内，每隔2h观察1次，连续观察72h，无样品自燃者即为合格产品。

（5）细度　10g烟剂样品要求90％以上通过80目筛。

（6）水分　要求水分控制在5％以下。

（7）强度　对于成型烟剂，要求能承受压力、切割、跌失的强度，用强度计（硬度计）测定，要求承受大于637MPa（6.5kg/cm^2）的强度，或从1m处自然下落不折断即为合格。

第三节

饵　剂

饵剂（bait，RB）又称毒饵，指将杀虫有效成分加入害虫喜食的饵料中，引诱害虫进食以杀灭的剂型，固体称为毒饵，液体称为毒液。饵剂通过引诱目标害物前来取食，或发生其他行为而致死，或干扰行为，或抑制生长发育等，从而达到预防或控制目标害物的目的。

饵剂一般可以直接使用，若需经过稀释作为诱饵的固体或固体制剂称为浓诱饵。以饵剂进行诱杀有害生物的方法称为毒饵法。毒饵法适用于诱杀具有迁移活动能力的有害动物，在生产生活中常用于防治害鼠、卫生害虫（如蟑螂、家蝇、蚂蚁、蚊）及地下害虫（如蝼蛄、蟋蟀、地老虎），也可以用来防治蝗虫、棉铃虫、金龟子、天牛、实蝇、蟓、蜗牛、蛞蝓、蝙蝠、害鸟等。由于这些有害生物在危害过程中的迁移活动能力较强，采用喷雾、喷粉等定点施药的方法进行防治时效果不理想，以毒饵进行诱杀是最好的防治方法。

一、饵剂的特点

饵剂是针对目标有害生物的取食习性而设计的，生产时，将原药与目标害物喜食的饵料混合加工而成。通过引诱目标害物取食以达到防治害物的目的，加上饵剂特有的施药方法，形成了农药饵剂自身的许多优良性能，其突出特点主要表现在以下几个方面：

① 使用方便，施药者容易掌握。与其他农药剂型相比，饵剂使用技术更加简单，主要采取抛撒、散布或分放的方法进行使用。

② 使用成本低，对环境污染小。饵剂作为一种特殊剂型与其他农药剂型有很大区别，其有效成分含量往往较低，组成成分中主要以饵料为主，可以手工批量配制。在配制过程中饵料除使用有害生物喜食的食物外，还可以采用新鲜植物材料，这样不仅可以节约粮食，而且对许多草食性有害生物的防治效果可以超过粮食作饵料配制的饵剂。

③ 对有害生物防治效率高。饵剂在配制过程中，所使用的饵料主要根据不同有害生物的喜食性进行选择，个别种类还针对有害生物习性添加了引诱剂。而且饵剂在加工过程中，根据使用方式不同，可加工成粒状饵剂、蜡状饵剂、鲜料毒饵、毒粉等多种类型进行使用，从而使得饵剂在对有害生物的防治过程中防效明显提高。

④ 性能优越，持效时间长。饵剂在加工过程中，其原药与饵料完全混合均匀，尤其在其普通加工基础上改进的胶饵，对原药有着良好的吸附特性，即使在表面层失去水分后也能形成一种特殊的保护膜防止内部水分散失，使饵料能保持水分长达数月，保证了饵料长期优良的适口性和杀灭效果。

二、饵剂的分类

饵剂种类繁多，为便于认识、研究和使用，通常可以根据饵剂的形态、形状、防治对象、作用方式、原料来源和加工配制方法等进行分类。

按照形态，可以将饵剂分为固体饵剂、液体饵剂和混合体饵剂。

按照形状，固体饵剂可分为屑状饵剂、粒状饵剂、片状饵剂、块状饵剂、条状饵剂、丸状饵剂和粉状饵剂等；混合体饵剂又可分为膏状饵剂和糊状饵剂。

按照防治对象，可以将饵剂分为灭虫饵剂（灭卫生害虫饵剂和灭地下害虫饵剂）、灭鼠饵剂、灭软体动物饵剂和灭其他有害动物饵剂。

按照作用方式，可以将其分为杀灭饵剂、生长调节饵剂和不育饵剂。

按饵剂原药的原料来源及成分，又可以分为无机饵剂和有机饵剂。而有机饵剂通常又可以根据其来源及性质分为化学合成饵剂、植物源饵剂、动物源饵剂和微生物源饵剂。

按饵剂的加工配制方法，可以将其分为商品饵剂和现配现用饵剂。

三、饵剂的组成

饵剂由有效成分、载体和添加剂组成。其中有效成分一般指农药原药；载体也被称为基饵，主要是以目标生物对食物的喜欢程度作为选择依据，从而达到让目标生物来取食的目的；添加剂主要包括引诱剂、黏合剂、防腐剂、防毒剂、警戒色等，根据剂型的不同还可以添加增效剂、脱模剂、缓释剂等。

1. 有效成分

饵剂中有效成分一般指农药原药，有时也可以是加工好的农药制剂或者其他能够使目标生物致死或干扰其行为或抑制其生长发育的物质。

2. 载体

也被称为基饵，在饵剂组分中一般都占据了最大的质量分数。一般来说，凡是目标生物喜欢取食的食物均可作为饵料。

3. 添加剂

添加剂是饵剂制剂加工或使用过程中添加的辅助物质，主要用于改善饵剂的理化性质，增加饵剂的引诱力，提高饵剂的警戒作用和安全感。添加剂主要包括引诱剂、黏合剂、增效剂、防腐剂、防虫剂、脱模剂、缓释剂、稀释剂、警戒剂和安全剂等。大多数添加剂本身基本不具有相同于有效成分的生物活性，但是能影响防治效果。也有的添加剂本身就具有生物活性，比如某些增效剂本身就具有杀灭效果，但又能作为其他药剂的增效剂。

（1）引诱剂 指赋予毒物对害物产生引诱力的物质。例如，在研制防治害鼠的饵剂时，可选用巧克力、各种香料、香精和油类等作引诱剂；矿物油能增强含有抗凝血剂类杀鼠剂饵剂的香气，麦芽糖浓度为 $2\% \sim 3\%$ 时，能改进鼠类对各种饵剂的喜食性；正烷基乙二醇可作为鼠类的引诱剂。

制备饵剂时，应根据不同的防治对象选择不同的引诱剂。引诱剂在配方中的用量要适度，用量低时对害物的引诱作用不理想，过高时有时会出现驱避作用。嗅觉引诱剂的使用必须注意所用饵剂的适口性良好，这样，用引诱剂将害物引来后，才能提高消耗量。但在某些条件下，嗅觉引诱剂可以转化为强烈的拒食信号。反复使用同种诱饵，尤其是短期内连用，会加强拒食性，使灭效迅速下降。

（2）黏合剂 指具有良好的黏结性能，能将两种相同或不同的固体材料连接在一起的物质，又称黏着剂。黏合剂的种类很多，分亲水性和疏水性两种。亲水性黏合剂常见的有植物性淀粉、糖、胶、羧甲基纤维素、硅酸钠、聚乙烯醇、明胶、阿拉伯胶等；疏水性黏合剂常见的有石蜡、硬脂酸、牛脂等。配制饵剂时可以根据实际情况选择。当选用含水的黏着剂配制饵剂后，应及时投放或必须晾干、烤干，否则容易发霉变质。

（3）增效剂 增效剂通常本身无生物活性，但能抑制生物体内的解毒酶，与胃毒剂混用时，能大幅度提高饵剂的毒力和防效。常用品种有芝麻灵、胡椒碱、增效酯、增效醚、增效环、增效特、增效散、增效醛、增效胺、丁氧硫氰醚、羧酸硫氰酯、杀那特、二硫氰甲基烷、三苯磷、八氯二丙醚、三丁磷、增效磷、芝麻素、蒎烯乙二醇醚、增效丁等。配制饵剂时，应根据不同毒物、不同防治对象，合理选用增效剂。

（4）防霉剂 在下水道、阴沟或其他潮湿场所投下饵剂后易发霉、变质，适口性下降，用于野外投放的饵剂在多雨季节也会遇到同样的问题。为防止饵剂由于微生物引起霉变，致害物适口性降低，需加入少量防霉剂。常用的防霉剂主要有硫酸钠、苯甲酸、山梨酸、硝基苯酚、三氯苯基醋酸盐、丙酸、尼泊金乙酯、丙酯、脱氢醋酸及某些食品防腐剂等。

（5）防虫剂 指饵剂为了防止生虫变质而加入的杀虫剂。饵料不但容易霉变，长期贮存和运输还会被贮藏害虫取食为害，造成饵剂变质，影响饵剂灭效。因此也常在饵剂中加入杀虫剂作防虫剂。防虫剂可根据饵料本身的贮藏害虫种类进行选择，一般选择无怪味的广谱杀虫剂。

（6）脱模剂 脱模剂的作用是保证饵剂制作过程中饵剂不与模具粘在一起，并使产品外表光滑，比如滑石粉。

（7）稀释剂 对于毒力大、浓度低的药物，直接配制饵剂不易均匀。应先在原药内加适量稀释剂研细拌匀，再配制饵剂。若药物颗粒较粗，需要研磨，而研磨时又易结块，亦应加稀释剂后再研磨成细粉末。至于原药的稀释倍数，应视药物的性质和黏着剂的种类而定，一般稀释后的用量不超过诱饵重量的 5%。对于亲脂性的药剂，若用植物油作黏着剂时，就不必稀释。常用稀释剂有滑石粉、淀粉等。

（8）警戒剂 为防止人、畜、家禽误食中毒，常在饵剂中加入有害生物不拒食而能引起人们特别注意的颜色物质，即警戒剂，以提高其警戒作用。警戒剂的选择标准以着色明显、能起警戒作用、不影响饵剂适口性和廉价易得为原则。警戒色可以把饵剂和其他无毒食物明显区分开，使用后剩余的饵剂可以统一收集进行处理。警戒剂选择时最好选择适口性好、易溶于水、醒目、使用方便、对饵剂没有不利影响的染料。

（9）安全剂 为避免饵剂偶然被非靶标动物吃下，加工时可在饵剂里掺入能使害物不呕吐但又能使非靶标动物呕吐的催吐剂作为安全剂。鼠类没有呕吐中枢，食入没有反应，而非靶动物误食后呕吐，不致于中毒。吐酒石是通常使用的催吐剂。例如，为了减少人畜中毒的可能性，在杀鼠剂中加入人畜嗅觉和味觉不喜爱、鼠类却察觉不出来的苦味剂 Bitrex。

此外，在进行饵剂研制时，还可在饵剂中添加水剂和调味剂等以增强饵剂的适口性。

四、饵剂的加工

饵剂加工方法比较复杂，而且很不规范，目前大多为人工制造。饵剂配制加工的方法有两类：一类为采用专用设备，以工厂加工生产方式形成定形商品饵剂，技术标准规范，可以长期贮藏和远距离运输。另一类为根据生产需要现配现用，大都不需要专用设备，技术标准也不规范。

（一）商品饵剂的加工工艺

商品饵剂加工主要分为两个部分，首先将原药加工成易于配制的相应剂型，再以水或其他溶剂将原药制剂或粉剂等与饵料、引诱剂、警戒剂等混合成形，制成定形的商品饵剂。规范的饵剂加工，通常必须具备一定的加工设备，常见的加工设备有混合设备、粉碎机械、造粒机、压片机、干燥器、包装机械等。常采用的工艺有浸泡吸附法、滚动包衣法和捏合成形法。

① 浸泡吸附法。用水或有机溶剂将原药溶解，加入警戒剂，将具有一定几何尺寸的饵料与原药溶液混合，浸泡一定时间，晾干（或干燥）即成，工艺流程如图9-1。

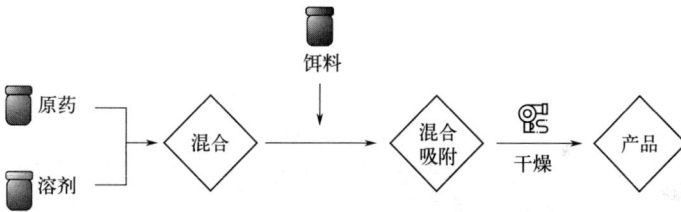

图 9-1　浸泡吸附法生产饵剂工艺流程图

② 滚动包衣法。将原药（通常是原粉或粉剂）加适量淀粉或面粉混合均匀，将具有一定几何尺寸（通常是颗粒）的饵料与黏合剂混合均匀，而后将原药与淀粉混拌均匀，经干燥后得成品，工艺流程如图9-2。

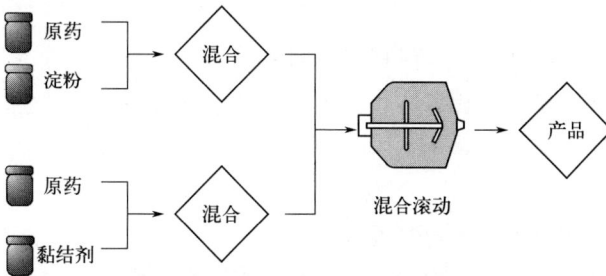

图 9-2　滚动包衣法生产饵剂工艺流程图

③ 捏合成形法。将原药先粉碎至一定细度，加入适量具有一定细度所筛选的载体（淀粉或面粉）混合均匀，然后再加入适量水和少量黏结剂，捏合成形，经干燥后得成品，工艺流程如图9-3。

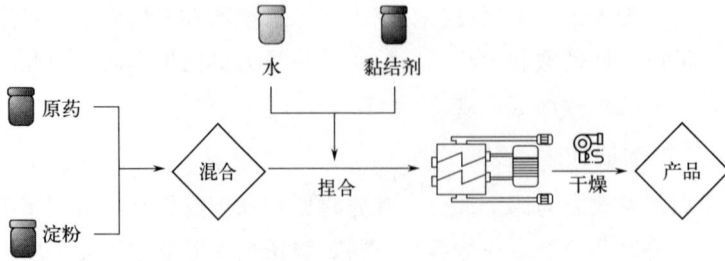

图 9-3　捏合成形法生产饵剂工艺流程图

（二）现配现用饵剂配制方法

现配现用饵剂加工时，先将有效成分加工成母药，使用时根据需要选择合适的饵料进行现场配制。对于不宜久存的饵料，一般采用现配现用的方法。由于现配饵剂的饵料新鲜度较高，适口性往往比商品饵剂好，害物更喜爱取食。现配现用饵剂的配制主要根据药剂的理化性质和诱饵的形状、大小来选择。常用配制方法有黏附法、浸泡法、湿润法和混合法4种。

① 黏附法配制。适用于药剂不溶于水、饵料为粮食或其他颗粒或块状物的饵剂配制。对于表面干燥的饵料，配制时需加黏结剂。

② 浸泡法配制。可溶于水的药剂用浸泡法配制较好。这种方法不用黏着剂，但一定要掌握好饵剂的浓度。

③ 湿润法配制。适用于水溶性的药剂。与浸泡法相比，湿润法更方便。

④ 混合法配制。该法不需添加黏结剂，饵剂加工后，原药均匀分布在诱饵中，不会脱落，适合于接受性较差的药剂，尤其适用于粉末状诱饵与各种药剂。

五、饵剂的加工实例

实例一：1％甲基吡噁磷杀蝇饵剂的制备

制剂配方（按重量百分比计）组成为：甲基吡噁磷1％、三乙胺盐酸盐羟丙基-β-环糊精包合物 6％、诱蝇烯 0.4％、白炭黑 20％、环氧大豆油 10％、白糖 62.6％。

加工时，按照重量百分比进行称取所需原料，先将三乙胺盐酸盐包合物干燥除去水分后，冷却至室温，再将白炭黑、环氧大豆油和白糖混合均匀，然后再加入诱蝇烯混合均匀，最后加入甲基吡噁磷混合均匀即可。

实例二：0.15％烯啶虫胺·除虫脲红火蚁毒饵的制备

制剂配方（按重量百分比计）组成为：玉米粉（过 300 目筛）70％、鱼骨粉 7％、酵母葡聚糖 3％、麦芽糖 19.85％、烯啶虫胺 0.05％、除虫脲 0.1％。

加工时，分别按质量比例称取原料，首先将烯啶虫胺和除虫脲用丙酮溶解，并与麦芽糖充分混匀，待丙酮完全挥发后，与玉米粉混合均匀，通过成型机制成圆柱形颗粒饵剂。饵剂直径为 1.5mm，长度为 2mm。

六、饵剂质量控制指标

饵剂作为一种特殊剂型与其他农药剂型有很大区别。首先，其有效成分含量较低，进行含量分析时需取较大量样品；其次，由于加工方法的随意性较大，很难有统一规范的物理机械指标供检测使用，特别是载体没有严格的规范，所以很难有统一的标准，如粒度、稳定性、水溶性、分散性等。但对饵剂进行质量控制时，需根据实际情况来掌握质量指标并制订较为方便和科学的检测手段。根据饵剂的加工方法和防治对象，制订饵剂的质量控制指标和检测方法时应掌握以下原则。

① 取样量应适当加大，根据有效成分含量，饵剂在检测时的取样量应在 10～100g 之间。

② 对于固体颗粒制剂，应保证一定的几何尺寸和外形，使制剂的几何分布有一定的合理性和规范性。例如，饵剂粒度应保证在某一范围内的样品量占总取样量的 85％～95％。

③ 对于粉状饵剂，应保证细度均匀、不结块，85％～95％饵剂样品能通过一定目数筛网。

④ 对于液体饵剂，应保证无明显悬浮物，无机械杂质，贮存一定时间内不发生分层现象。

⑤ 样品的酸碱度适当，以保证有效成分在使用期间的含量不发生变化。

⑥ 稳定性，样品中有效成分含量应保证在一定时间内对防治对象有效。

⑦ 饵剂颜色，应保证与一般粮食等有明显区分。

第四节 ▪▪▪▪
热 雾 剂

热雾剂（hot fogging concentrate，HN）是用热能使制剂分散成细雾，可直接或用高沸点的溶剂或油稀释后，在热雾器械上使用的油性液体制剂。热雾剂除原药之外，还有溶剂、助溶剂、展着剂、闪点调节剂和黏度调节剂以及稳定剂等组分。

传统的热雾剂按载体种类及来源的不同可分为油基热雾剂和多元醇基热雾剂。油基热雾剂在使用时可用矿物油或植物油稀释，多元醇基热雾剂使用时可添加适量的水。目前也有以水、矿物油、表面活性剂及沉降剂（如白炭黑）等调制而成的重热雾剂配方报道，其雾滴主要由热雾机产生的高温高速热气流冲散雾化而形成，可被认为属于气力雾化范畴。

一、热雾剂的特点

热雾剂多用于森林、果园、高秆作物、仓库、保护地、下水道等场合进行病虫害防治，近年来由于制剂学家的努力和农药助剂品种的迅速发展，热雾剂的性能日臻完善，适用的农药品种日趋增多，远远超越了早期的仅由有效成分和溶剂所组成的热雾剂。

热雾剂的特点：耐雨水冲刷能力强；药效高、持效期长；功效强，且可节省大量淡水资源；药液烟雾会穿透作物繁茂的枝叶；雾滴沉积行为受气流影响大。

二、热雾剂的组成

热雾剂通常由有效成分、溶剂、表面活性剂、稳定剂、增效剂、防药害剂、防飘移剂、闪点调节剂和黏度调节剂等组成。热雾剂作为直接施用的农药剂型，其有效含量视原药的生物活性和热烟雾机的发烟效率而定，如浓度过低，大量的溶剂、助溶剂和助剂存在，将会增加制剂的成本和包装运输费用；如浓度过高，对于高效农药，由于亩用药量很少，有可能因发烟量不够，从而影响雾滴在靶标上的覆盖率。通常取 10%～15% 为宜。

（1）有效成分　要根据防治对象来选择有效成分。作为热雾剂用的有效成分应符合下列条件：毒性较低；能与溶剂互溶或在溶剂中的溶解度较大；化学稳定性和物理稳定性好，在贮存期间，有效成分不与其他组分发生化学作用，不分解或分解率很低，不分层和不产生沉淀；挥发率较低；在正常使用浓度下，对植物不产生药害。

（2）溶剂　溶剂的选择要从溶剂对有效成分的溶解性能、溶剂的挥发性、闪点、黏度等方面考虑并通过试验来选择适用的溶剂。

热雾剂要求溶剂对农药原药的溶解性强。根据原药的性能，从芳香烃、脂肪烃、醇类、酮类、植物油和矿物油等各类溶剂中，用各种溶剂进行溶解度的试验来选取合适的溶剂。要选用挥发性不要太大的溶剂。

溶剂的沸点在 170℃ 以上通常低挥发性较低。配制闪点较高的热雾剂就需要选用闪点较高的溶剂。在选定溶剂前应对所选用的溶剂闪点进行测定。实际操作时，溶剂选定和配方确定后，再测定热雾剂的闪点，看能否符合使用要求。如不能满足要求，还需添加适量的闪点调节剂加以调整。热雾剂所用的溶剂如果黏度太大，难以形成微细雾滴，雾滴穿透植被能力减弱、覆盖面积减小，大雾滴在高温区滞留时间较长，容易着火。要制取黏度较低的热雾剂，必须选用低黏度的溶剂。

选择一个既符合热雾剂各项性能要求，又经济的"理想溶剂"是很困难的。当用一种主溶剂不能配制出合格的油剂时，就必须添加少量的助溶剂。助溶剂一般为强溶剂，其中的大多数极性较强，如吡咯烷酮、二甲基甲酰胺、低碳醇类、苯酚、混合甲酚、乙酸乙酯等。由于矿物油比有机溶剂价廉易得，其中很多成分具有生物活性，如主要成分为石蜡烃、环烷烃和芳香烃的复杂混合物构成的精炼矿物油。常用的催化裂化轻柴油二线芳烃简称二线油，属于重质混合芳烃，主要由萘的取代物所组成，二线油对于多种农药的溶解性较好，适用性较广，而且与低碳醇类溶剂混合，可以配制极性较强的农药热雾剂。

（3）表面活性剂　配制热雾剂时，需要在制剂中加入适量的表面活性剂，以降低液体的表面能力，使有效成分易于分散。此外，当植物枝、茎、叶表面或昆虫表皮有水分存在时，雾滴飘落在靶标上后，表面活性剂可以帮助油性雾滴在靶标上润湿、展开，以增大药液的黏着性和覆盖面而提高药效和延长持效期。常用的表面活性剂有阴离子型表面活性剂、非离子型表面活性剂以及它们的复配组分。要根据不同的原药和溶剂，通过试验来选用适宜的表面活性剂。

（4）稳定剂　一般热雾剂的热贮稳定性都比较好，如果热贮稳定性不符合标准，则需在制剂中添加稳定剂。常用的稳定剂有有机酸类、酚类、醇类、抗氧剂、环氧氯丙烷、妥尔油等。其具体选用方法是针对原药品种，通过配方试验，筛选出适用的稳定剂品种及用量。

（5）增效剂　为了增强有效成分的药效和延缓病菌、害虫的抗性发展，常在热雾剂的组成中加入适量的增效剂。常用的增效剂有胡椒基醚类（如增效醚PB）、增效醛和增效磷等。要根据主剂的品种，通过药效筛选试验来选用增效剂。

（6）防药害剂　植物表面是由抗水而亲油的油溶性物质组成的。因此，油剂往往容易对植物产生药害。为防止油剂对作物产生药害，首先考虑的是选用安全的溶剂。然而，低挥发性的芳香烃类和醇类的溶剂，对作物的毒性较高，用其配制油剂，有时达不到对作物安全的要求，必须添加药害防止剂（安全剂）。国外曾用过植物或动物蜡或它们的水解产物，如蜂蜡、糖蜡、羊毛脂酸和羊毛醇等作"降低药害剂"。实际生产中要根据热雾剂的组成来选用安全剂。

（7）防飘移剂　为了提高靶标上的沉积量，常在热雾剂中加入适量的防飘移剂，以增大热雾剂的密度。防飘移剂既可是固体，也可以是液体，但须能在溶剂中溶解或与热雾剂互溶。如用一线油或二线油做溶剂时，曾用对位二氯苯作防飘移剂。

三、热雾剂的加工

热雾剂的加工技术和农药乳油、超低量制剂加工方法大体相同。具体操作程序为：从计量槽中放入一定量的主溶剂到反应釜中，开启搅拌器，在搅拌下投入定量的原药和表面活性剂后，停止加料，分别由计量槽加入助溶剂、黏着剂和增效剂等其他助剂。物料加完后继续搅拌，得均匀单相产品。经检验，如含量偏高或偏低可补加适量的溶剂或原药，再搅拌均匀，得到合格产品后，将产品抽入成品贮槽中，供包装用。哒螨酮热雾剂加工工艺流程如图 9-4 所示。

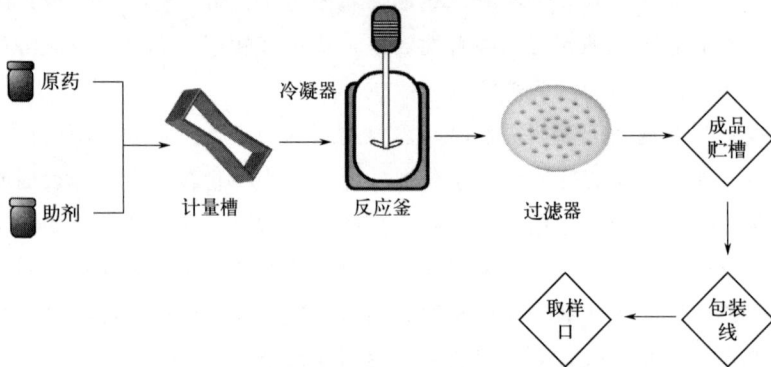

图 9-4　哒螨酮热雾剂加工工艺流程示意图

热雾剂通常采用塑料桶包装，每桶质量不得超过 20kg。用玻璃瓶包装时，每瓶净重 500g，紧密排列在钙塑瓦楞箱内。根据用户要求或订货协议，也可以采用其他形式的包装。

四、热雾剂的加工实例

实例一：三唑酮热雾剂的配制

三唑酮原药 10～20 份、石油芳烃溶剂（二线油或三线油）65～80 份、DMF 3～10 份，表面活性剂（0201B）3～10 份加入调制釜中，搅拌、过滤得成品。

实例二：20％马拉硫磷烟雾剂的制备

原料配方（重量百分比）：马拉硫磷 20％；表面活性剂，OP-4 5％；溶剂，邻二氯苯 35％、松节油三号 35％；助溶剂，丙二醇 5％。

制备方法：首先将活性成分与溶剂、助溶剂一起加入调制釜中，搅拌加热 50℃以下溶解，待完全溶解后，再将表面活性剂加入，继续搅拌、加热至成为透明均相溶液。冷却至室温，过滤除少量残渣，将成品进行分析检测，达到产品合格标准后即可包装贮运。

五、性能指标与包装

迄今为止，联合国粮农组织和世界卫生组织颁布的农药制剂标准中尚无农药热雾剂产品的技术标准。根据安全使用要求以及实践中所积累的经验，建议热雾剂产品参考以下技术标准。

（1）外观　均相液体，无可见沉淀物和悬浮物。

（2）有效成分含量　有效成分含量不得小于标签所标明的含量。

（3）水分　热雾剂的水分含量应小于或等于 0.2%。

（4）酸度　热雾剂的酸度（以 H_2SO_4 计）一般应小于或等于 0.2%。

（5）黏度　热雾剂的黏度是影响雾滴大小的因素之一。应通过药剂与施药机械的性能确定合适的黏度。

（6）闪点　热雾剂遇到高温高速气流，如果闪点过低，有可能发生着火和有效成分产生分解的危险，所以要求制剂的闪点尽可能高一些，但这会增加选择有机溶剂的困难，根据经验，暂定热雾剂的闪点应等于或大于 75℃。

（7）热贮稳定性　热贮稳定性是衡量热雾剂中有效成分是否稳定的一项重要指标。热雾剂在（54±2）℃下贮存 14d，有效成分的分解率一般小于或等于 5% 为合格。

（8）低温稳定性　热雾剂低温稳定性技术指标和农药乳油相同。

（9）热分解率　通过烟雾机发烟后，有效成分的分解率一般小于或等于 5% 为合格。

第五节
泡 腾 片

泡腾片（effervescent tablet，EB）是一种投入水中能迅速产生气泡并崩解扩散、均匀充分发挥药效的固体制剂，属于片剂中的特殊剂型。相对于传统加工剂型，泡腾片具有高效低毒、环境污染小、使用方便、省时、省力和贮存稳定等优点。1944 年，德国罗氏公司生产了维生素 C 泡腾片，这是泡腾片首次应用于医药行业。20 世纪 90 年代，瑞士学者将固体有机酸与碳酸盐及水不溶性农药混合制成泡腾片，该泡腾片遇水迅速崩解形成悬浮液，可供喷雾使用。而法国学者则研制出一种适用于加工成乳油或悬浮剂的农药膏式泡腾片。20 世纪 90 年代后期，我国开始进行农药泡腾片研发，先后开发出除草剂（杀草丹、西玛津等）、杀虫剂（叶蝉散、马拉硫磷、除虫脲、阿维菌素等）和杀菌剂（百菌清、甲基硫菌灵等）等泡腾片产品。

随着安全、生态、环保和可持续发展理念的发展，人们对农药的使用越来越严格，农药剂型研发也向安全、友好、高效、经济和方便的方向发展。泡腾片作为一种相对较新的农药剂型，顺应了这种发展趋势，受到市场青睐，其水基化、施用方便、高效安全的特点尤为突出。从经济学角度看，开发农药泡腾片具有良好的投入产出比，节省药物运输费用，长期成本收益可观。目前，国内已有多种除草泡腾片剂相继开发成功并投放市场。

一、泡腾片的特点

泡腾片所独有的酸碱产气体系，使其能够自行崩解扩散，从而具有以下优良性能：

① 充分发挥药效。与其他剂型相比，泡腾片遇水迅速产生大量气体，有效成分依靠气体推动力可以扩散更远，分布更加均匀，药效发挥更充分。

② 使用方便，省工省力。泡腾片一般以片为单位剂量，使用时无需专业器械，直接将药剂投入水田中，如 $1hm^2$ 水稻田施药时只需十几分钟，功效较常规农药明显提高。此外，除草剂泡腾片持效期可长达 $40\sim50d$，可使水稻在整个生长季节内不受杂草的危害，明显减少施药次数。

③ 环境污染小。泡腾片使用时无粉尘飞扬，包装上无粉粒黏附，避免了包装废弃物带来的环境污染问题。

④ 对周边作物安全。当除草剂配制成泡腾片使用时，可以直接抛施到稻田间，避免除草剂的蒸发飘移，防止对周围敏感作物产生药害。

⑤ 贮藏安全，质量稳定。泡腾片在贮存、运输过程中不易破损或变形，有效成分含量在较长时间内不易降低；此外，泡腾片的特殊包材也使药物不受光线、空气、水分等外界因素的影响，药物稳定性较高，那些化学性质不够稳定的原药均可考虑制成泡腾片。

⑥ 崩解性能优越，扩散均匀。泡腾片入水后立即发泡，依靠崩解剂内部产生的推力使泡腾片崩解扩散，将有效成分均匀地分散在水中，发挥药效。

二、泡腾片的组成

农药泡腾片主要由有效成分、崩解剂、助崩解剂、黏结剂、填料（稀释剂）、润滑剂、助流剂、表面活性剂和稳定剂等组成。

① 有效成分。除草剂、杀虫剂、杀菌剂和植物生长调节剂均可作为泡腾片的有效成分，尤其是具有内吸性和安全性的农药更为合适，水田直接投入使用的泡腾

片以除草剂居多。使用的原药可以是水溶性以及水不溶性固体或液体，若是液体则应首先吸附在硅藻土、凹凸棒土、白炭黑、蛭石等多孔性载体上。

②崩解剂。崩解剂主要由水溶性固体酸和固体碱组成，且在固体状态下（无水环境中）不发生反应。其中固体酸主要包括酒石酸、柠檬酸、水杨酸、磷酸、亚硫酸钠等；固体碱主要包括碳酸氢钠、碳酸钠、碳酸氢铵等。柠檬酸与碳酸氢钠组合应用最多，产气量、pH值和崩解时间等综合性能最好。

③助崩解剂。指一些具有助崩解作用的物质，它们可使泡腾片剂入水后溶胀崩碎成细小颗粒，从而使活性成分均匀悬浮于水中，发挥药效。理想的助崩解剂不仅能使泡腾片崩解为细小颗粒，而且还能将颗粒崩裂为细粒。助崩解剂的作用是克服黏结剂和造粒过程中所需的物理力，黏结剂的黏合力强，助崩解剂的崩解作用也必须更强。常用的助崩解剂有氯化钙、黏土、改性膨润土、可溶性淀粉、微晶纤维素和海藻酸钠等。

④黏结剂。所使用的农药原药没有黏性或黏性较差时，需要添加合适的黏结剂才能完成造粒压片。常用黏结剂包括：糊精、淀粉、乳糖、阿拉伯胶、羧甲基纤维素（CMC）、木质素磺酸盐等。在实际制备过程中，可以通过调节助崩解剂、黏结剂的种类和用量来控制泡腾片的崩解速度。

⑤填料（稀释剂）。加工泡腾片时，填料是指用来稀释农药活性成分所用的惰性物质，主要用于调节泡腾片中有效成分含量。常用填料既可以是水溶性的，也可以是非水溶性的，主要包括：硫酸钠、凹凸棒土、膨润土、高岭土、滑石粉、乳糖、硬脂酸盐等。其中，采用硬脂酸镁和滑石粉调节泡腾片的密度比较理想。

⑥表面活性剂。泡腾片在入水后形成悬浮液，添加表面活性剂可以阻止固液分散体系中粒子间的相互团聚，从而提高泡腾片入水后的分散效果和悬浮性能。常用表面活性剂包括：非离子型（烷基酚聚氧乙烯醚类、脂肪酸聚氧乙烯醚类、PO-EO嵌段聚合物类等）和阴离子型（木质素磺酸盐类、烷基萘磺酸盐类、萘磺酸甲醛缩合物盐类和羧酸盐类等）。

三、泡腾片的加工

（一）泡腾片的制备方法

农药泡腾片的制备方法主要包括混合粉碎、造粒（泡腾粒剂）或压片（泡腾片剂）。此外，根据组成物料性质的不同，有时需要添加无水乙醇进行润湿，以便进一步造粒或压片。先将物料混合均匀，经过超微粉碎获得粉剂，再经造粒机制成粒状，或经压片机制成片状后干燥，最后使用水溶性包装材料进行包装。其中泡腾片剂普通制备方法主要包括：干法制片、湿法制片、直接压片、非水制片。

①干法制片。制备时把药物与辅料混合物压成粒状或片状或块状，再粉碎成

干颗粒后压片的方法。制片时，滚压或重压制片适用于大尺寸而不能以湿法制片的物质。酸性与碱性成分可一起制粒或分别制粒，于压片前混合即可。

重压法需重复操作保证小剂量的有效成分含量均匀。制粒时还需要外加润滑剂以保证机器运转平稳。此法产品的色泽很难分布均匀。该法制粒所用轮转式干压机或滚筒平压机价格较贵，对辅料要求高，故规模化生产应用较少，多在实验室中应用。

② 湿法制片。加工时，将酸、碱分别制粒，干燥、混匀进行压片，避免酸、碱接触，制剂的稳定性强。传统的方法是将酸性与产气成分分别制粒、干燥与碾磨。压片之前将两种颗粒混合。此操作法需两次制粒过程及一道清洁操作。必须注意，包含活性成分的颗粒通常是弱酸性或弱碱性，并且掺和色素时可能产生两种不同色泽的颗粒。这一系统可以引进新的设计，如在溶出时改变色泽、用多层片产生多层泡腾反应以及将有配方禁忌的成分隔开。

③ 直接压片。制片时，将药物和辅料混匀后直接压片。此法中片剂成分的混合与压制不经过中间制粒步骤，需仔细选择原料规格以得到自由流动和可压缩的混合物。粒子大小及成分密度的不同会产生问题，这是发生分离以及采用大模圈及某种形式饲料斗引起的。极易吸潮的物质在使用前需要干燥，而常用的泡腾片成分如碳酸氢钠直接压片性很差，虽然现在能得到许多喷雾干燥物质的包衣的或微囊化的可压缩的形式，但这类物质一般溶解很慢或易产生浑浊的分散体系。

④ 非水制片。制片时，将配方中各组分用非水黏合剂（无水乙醇、异丙醇等）制片，此法是制备泡腾颗粒最方便的方法，不需要高度专门化的控制系统或操作设备。目前，许多药厂采用乙醇制粒。此法优点是能充分除去成分中的剩余水分，减少干燥时间。除非若干成分部分或完全溶解于制粒液体，否则非水制粒常需要加黏合剂。

（二）泡腾片的加工工艺

泡腾片加工是先将物料混合，经过粉碎、造粒，生产片剂时，再用压片机制成一定形状后干燥而成。生产场地的一般要求是相对湿度 20%～25%、温度 15～25℃为宜。泡腾片生产的工艺流程主要包括两条线路，如图 9-5 和图 9-6 所示。

工艺流程图 9-5 所示，将原药（如原药为液体，先用吸附剂吸附成固态粉末）、助剂和填料混合，经气流粉碎机粉碎至数微米，再经混合机混合，同时加入黏结剂浆液混匀后，再加入流动调节剂混匀，压片，包装。

工艺流程图 9-6 所示将原药、助剂、填料混合粉碎后加入黏结剂和流动调节剂，混合造粒，后干燥进行筛分，过细的颗粒重新造粒，过粗的颗粒回去重新粉碎，符合标准的颗粒压片后包装。

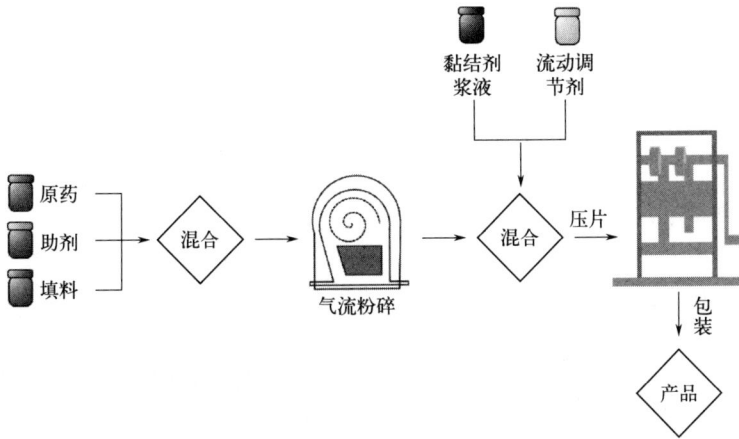

图 9-5　泡腾片生产工艺示意（一）

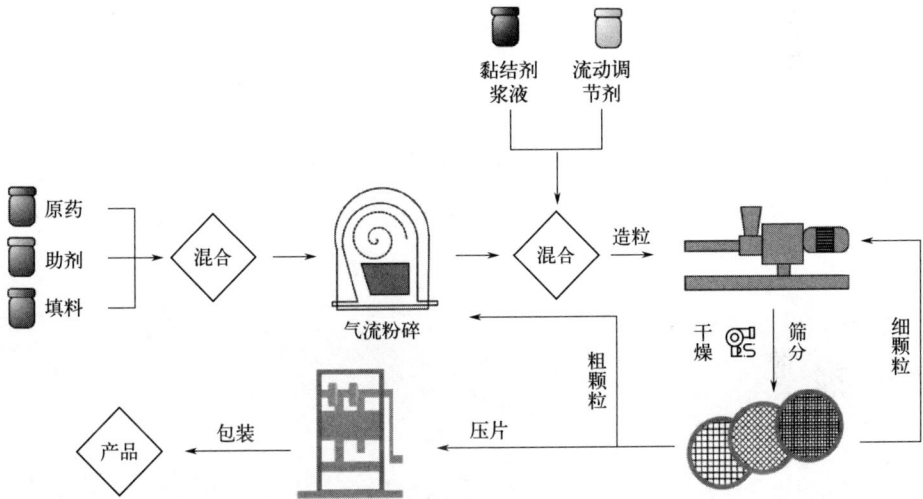

图 9-6　泡腾片生产工艺示意（二）

四、泡腾片的加工实例

实例一：10％甲氨基阿维菌素苯甲酸盐泡腾片剂的制备

制剂配方组成为：甲维盐原药 10％，柠檬酸 23％，碳酸钠 17％，羧酸盐分散剂 A 6％，聚乙烯吡咯烷酮 6％，PEG 6000 6％，高岭土 27％，填料 A 5％。

加工时，采用直接压片法进行加工，将甲维盐原药、助剂及填料按比例混合均匀，在气流粉碎机中粉碎至 75μm 以上，得到均匀粉剂。需制成片剂时，称取上述粉剂进行压片，即得到 10％甲氨基阿维菌素苯甲酸盐泡腾片剂。

实例二：20％异丙甲·苄泡腾片剂的制备

制剂配方组成为：16％异丙甲草胺，4％苄嘧磺隆，18％有机膨润土，9％白炭黑，20％酒石酸，20％碳酸氢钠，6％EFW，4％G202和3％润滑剂硬脂酸镁。

加工时，先使用吸附性填料吸附异丙甲草胺原药（原油）至有良好流动性，然后与苄嘧磺隆、分散剂、润湿剂和润滑剂按比例混合，在气流粉碎机中粉碎至 $75\mu m$（200目）以下。待其冷却后，称取混合物进行压片，即得到20％异丙甲·苄泡腾片剂。

五、泡腾片的质量检测方法

① 制剂外观。采用目测法进行，制剂外观应为光滑无粗糙颗粒，无脱落破碎，若为片剂时，制剂外观为大小均匀的药片。

② 崩解时间测定。将制作好的泡腾片投入装有水的水槽中，水层厚度为5～7cm，计时开始，泡腾片入水即开始自然崩解，直到药剂完全分散时计时结束，要求制剂崩解时间≤7min。

③ 悬浮率测定。见附录11，按照国家标准 GB/T14825—2023《农药悬浮率测定方法》进行。

④ 热贮稳定性。见附录13，按照国家标准 GB/T19136—2021《农药热储稳定性测定方法》进行。

第六节

熏 蒸 剂

熏蒸剂（fumigant）是在室温下可以气化的药剂。它与烟剂和雾剂不同，它不是依靠外界热源使药剂挥发气化以微小的固粒子悬浮在空中成烟，也不是依靠外界热源使药剂挥发气化以微小的液滴悬浮在空气中成雾，而是以分子状态分散在空气中成混合气体，发挥控制有害生物的作用。严格来说，熏蒸剂不是一种剂型，而是一种防治方法。

由于其扩散和渗透能力更强，在密闭条件下，消灭有害生物更彻底，常用于仓库、温室、帐幕、房屋、土壤及田间生长茂密的作物、苗木等防治害虫、病菌、线虫、鼠类等有害生物。在植物检疫部门，用于彻底消灭检疫的有害生物，更具有重要意义。另外由于熏蒸剂在加工过程中没有专门加助燃剂、燃料等易燃物质，使用过程中不点燃，没有燃烧过程，因此药剂损失少。在加工、贮藏、运输和使用中较烟剂安全。

对于熏蒸剂的基本要求是，对人、畜尽可能低毒，有警戒气味；对保护对象无腐蚀、变质、药害和残毒；药剂使用时挥发性、渗透性强，不易燃、不易爆；原料易得，加工容易，贮存、运输和使用方便等。

一、熏蒸剂的分类

根据熏蒸剂的防治对象、物理形态和制作原理可将熏蒸剂分为以下几种类型：

1. 根据防治对象分类

（1）杀虫熏蒸剂 如敌敌畏、樟脑、萘、硫酰氟（SO_2F_2）等。

（2）杀菌熏蒸剂 如漂白粉、多聚甲醛、乙醇等。

（3）杀鼠熏蒸剂 如磷化氢（PH_3）等。

2. 根据物理形态分类

（1）气体熏蒸剂 如 PH_3、SO_2、Cl_2、N_2、NH_3、H_2S、SO_2F_2、CO_2 等。

（2）液体熏蒸剂 如二氯乙烷、CCl_4、CS_2、环氧丙烷、丙烯腈、乙醇、敌敌畏等。

（3）固体熏蒸剂 如石灰氮 $[Ca(CN)_2]$、樟脑、多聚甲醛、偶氮苯等。

3. 根据制作原理分

（1）化学型熏蒸剂 如重亚硫酸盐在空气中潮解氧化，放出 SO_2；漂白粉等含氯消毒剂吸水放出氯气和新生态氧；聚甲醛降解放出甲醛；过氧化钙水解放出氧等。

（2）物理型熏蒸剂 如敌敌畏蜡块、敌敌畏塑料块等；萘、樟脑等防蛀药剂；固体乙醇；驱避性制剂等。

二、化学型熏蒸剂及加工

（一）焦亚硫酸盐化学型熏蒸剂

（1）原理 焦亚硫酸钾或钠盐在潮湿空气中能缓慢放出有生物活性的 SO_2 气体，可作为杀虫、杀菌熏蒸剂使用。SO_2 对青霉菌、绿霉菌、灰霉菌、毛霉菌、木霉菌、丝核菌、镰刀菌等有强抑制作用，将亚硫酸盐或焦亚硫酸盐加工成片剂，置于葡萄、柑橘、蒜薹等水果和蔬菜袋内，防腐保鲜除虫效果良好。

（2）制作方法 在亚焦酸硫酸钠中适当加入 SO_2 释放抑制剂、黏合剂（如淀粉浆）、填料及吸附剂（如硬脂酸钯、硅胶），捏合造粒，或用打片机打片，包装于聚乙烯薄膜中。使用时用针打孔，放入装水果、蔬菜的聚乙烯袋中，封好，即能起到保鲜和杀菌作用。

（二）漂白粉化学型熏蒸剂

（1）原理 漂白粉在空气中吸收水分和 CO_2 而分解，放出氯气和新生态氧，具有漂白、消毒和驱虫作用。

（2）制作方法　将漂白粉或氯胺 T、二氯异氰尿酸钠等含活性氯化合物，与硼酸、黏合剂、滑石粉等混合均匀，压片（7.5g/片）即成产品。除有消毒作用外，对蟑螂亦有良好的驱避作用。

（三）多聚甲醛化学型熏蒸剂

（1）原理　甲醛是一广谱杀菌剂，对多种杆菌、球孢子菌、细菌芽孢、芽生菌和病毒等均有杀灭和抑制作用。但单分子甲醛气体刺激性很强，使用不方便，如果制成聚甲醛，刺激性大大降低，并能在一定条件下缓慢解聚放出甲醛，具熏蒸杀菌作用。

（2）制作方法　将 37% 的工业甲醛在水浴上加热，蒸去甲醇，浓缩，加入 0.3% 的 NaOH，在 50～60℃ 下反应制得聚甲醛。聚甲醛与苯甲酸、水杨酸以 3：1：1 的比例混合，可制得消毒用熏蒸剂。用于蚕宝、蚕具消毒；仓库、书库防霉和病房、棉种的消毒等。

（四）过氧化钙化学型熏蒸剂

（1）原理　过氧化钙在干燥时十分稳定，但在水或潮湿的空气中会逐渐水解，生成氧气和氢氧化钙。利用这一原理，可将过氧化钙作为动植物的增氧剂、水质净化剂、空气净化剂和水果蔬菜保鲜剂等。已在对虾养殖、水稻栽培、冰箱除臭等方面得到应用。

（2）制作方法　由 25%～50% 过氧化钙、10%～15% 分解促进剂、3%～5% 杀菌剂、2%～5% 毒藻抑制剂、35%～60% 水质消毒净化剂混合而成。

过氧化钙冰箱除臭剂由 50%～70%CaO_2、5%～10% 消毒剂和 20%～25% 吸附剂混合加工而成。

三、物理型熏蒸剂及加工

（一）原药直接成型熏蒸剂

有些原药可以由固态直接升华成气态发挥杀虫或杀菌作用。如萘、樟脑、对二氯苯、六氯乙烷等，可以直接压制成球或块状使用。也可以使几种药剂混合加工成型使用。

（二）载体成型熏蒸剂

更多的物理型熏蒸剂是靠载体与挥发性强的药剂结合成型并控制药剂挥发，发挥熏蒸作用的，具体剂型有以下几种。

（1）塑料块剂　如敌敌畏塑料块熏蒸剂，就是敌敌畏原油与聚氯乙烯加工而成的。具体做法是，敌敌畏（9.09%）先与增塑剂三甲苯基磷酸酯（18.80%）混合，搅拌下加入聚氯乙烯入模具，蒸汽加热，挥发后，即成多孔敌敌畏塑料块熏蒸剂。悬挂于室内或仓库，可有效控制家蝇等害虫2～3个月。

（2）凝胶剂　如乙醇凝胶剂，是乙醇与成型剂、黏合剂、水及其他添加物混合加工而成的，能缓慢释放乙醇到环境中消毒灭菌并起保鲜作用。具体做法是，先将成型剂（$C_{12\sim30}$的脂肪酸等，5％～40％）、黏合剂（乙基纤维素等，0％～1％）、水（5％～40％）混合，在水浴上加热并强烈搅拌使之熔化分散，然后在搅拌过程中迅速加入乙醇，搅拌均匀后倒入模具，冷却成型。用聚乙烯薄膜包装密封，即成乙醇凝胶剂熏蒸剂产品。使用时用针钻孔，放入蔬菜、半干食品、半熟食品等的包装袋中。乙醇在密封的包装袋中缓慢释放，起杀菌、保鲜作用。

（3）驱虫油和驱虫霜剂　将挥发性强的驱避剂加工成油或霜剂涂在身上，使其缓慢释放熏蒸驱除害虫。例如将0.52％除虫菊、5％邻苯二甲酸二丁酯（驱蚊叮）、3％桉叶油、5％芝麻油、20％盐蒿籽油、66.5％白油混合均匀即成防蚊油。

又如将硬脂酸15g和80mL水放入烧杯中，在85℃水浴熔化，在另一烧杯中加入碳酸钾、硼砂、甘油和40mL水亦在85℃水浴上熔化，然后在搅拌下滴加到熔化的硬脂酸液中，待完全皂化后停止加热，当温度降至30℃时，加入邻苯二甲酸二甲酯（驱蚊油），继续搅拌至室温即成驱虫霜产品，使用方法同防蚊油，其优点是不污染衣物，感觉更舒适。

（三）高压容器包装型熏蒸剂

常温下易转变为气体的熏蒸剂，为贮运安全和使用方便，常装在高压容器内成为商品出售使用。如环氧乙烷、硫酰氟等通常都是压缩成液体装钢瓶使用的。

主要参考文献

[1] 蔡贵忠. 农药新剂型——泡腾片剂[J]. 福建化工，2000(02)：6-11.

[2] 韩菲菲. 农药剂型发展概况[J]. 南方农业，2021，15（02）：233-235.

[3] 华乃震. 农药泡腾剂的加工和应用[J]. 世界农药，2015，37（02）：37-42.

[4] 黄求应，杭行，刘元明，等. 一种能防治红火蚁的固体饵剂[P]. CN113598184B，2022-12-20.

[5] 黄宗方. 蛋白饵剂的防腐和增效的初步研究[D]. 福州：福建农林大学，2013.

[6] 李国兴，赵建明. 白蚁防治饵剂的研究进展[J]. 中华卫生杀虫药械，2012，18(01)：70-72.

[7] 李运娜. 柑橘大实蝇性信息素及其饵剂研究[D]. 武汉：华中农业大学，2018.

[8] 李梓豪，刘平平，梁英敏，等. 氟铃脲饵剂的制备及其对红火蚁的杀虫活性[J]. 西南农业学报，2015，28（01）：197-201.

[9] 刘广文. 现代农药剂型加工技术[M]. 北京：化学工业出版社，2013.

[10] 刘旺，袁树忠，张省委，等. 国内农药泡腾剂的应用研究概况[J]. 农药，2019，58（01）：16-20.

[11] 骆建华，唐丽萍，黎锦麟. 一种杀虫饵剂及其制备方法和应用[P]. CN116034996A，2023-05-02.

[12] 桑安国，田密，杨婷，等. 一种杀蝇饵剂及其制备方法[P]. CN114600875B，2023-12-15.

[13] 孙晨熹. 灭蝇毒饵及其辅剂的研究进展[J]. 医学动物防制，2002，18(07)：366-367.

［14］王立志，鲁伶兰，马颖，等. 25％苯丙异噻唑泡腾片的研制［J］. 天津化工，2020，34（05）：25-26.

［15］王少明，喻卫国，崔振强，等. 新饵剂林间诱杀黑翅土白蚁应用技术研究［J］. 中国森林病虫，2017，36（01）：1-4，9.

［16］王以燕，姜志宽，李富根，等. 浅谈饵剂类农药的管理［J］. 中华卫生杀虫药械，2013，19（06）：468-472.

［17］吴学民，冯建国，马超. 农药制剂加工实验［M］. 2版. 北京：化学工业出版社，2014.

［18］延卫垚，杨景涵，马英剑，等. 20％异丙甲·苄泡腾片剂的研制及其对稻田杂草的防治效果［J］. 农药学学报，2022，24（03）：536-543.

［19］杨景涵，延卫垚，陈志洋，等. 10％甲氨基阿维菌素苯甲酸盐泡腾片剂的研制［J］. 农药，2020，59（01）：19-23.

［20］姚志牛，蒋洪. 灭蟑饵剂研究进展［J］. 中华卫生杀虫药械，2011，17（03）：231-233.

［21］张正炜，陈秀. 美国饵剂类杀鼠剂的风险控制管理［J］. 农药科学与管理，2020，41（06）：8-12.

附　录

1 农药剂型名称及代码

中华人民共和国国家标准 GB/T 19378—2017

附表 1　农药剂型名称及代码

剂型名称	剂型英文名称	代码
原药	technical material	TC
母药	technical concentrate	TK
粉剂	dustable powder	DP
颗粒剂	granule	GR
球剂	pellet	PT
片剂	tablet	TB
条剂	plant rodlet	PR
可湿性粉剂	wettable powder	WP
油分散粉剂	oil dispersible powder	OP
乳粉剂	emulsifiable powder	EP
水分散粒剂	water dispersible granule	WG
乳粒剂	emulsifiable granule	EG
水分散片剂	water dispersible tablet	WT
可溶粉剂	water soluble powder	SP
可溶粒剂	water soluble granule	SG
可溶片剂	water soluble tablet	ST

剂型名称	剂型英文名称	代码
可溶液剂	soluble concentrate	SL
可溶胶剂	water soluble gel	GW
油剂	oil miscible liquid	OL
展膜油剂	spreading oil	SO
乳油	emulsifiable concentrate	EC
乳胶	emulsifiable gel	GL
可分散液剂	dispersible concentrate	DC
膏剂	paste	PA
水乳剂	emulsion，oil in water	EW
油乳剂	emulsion，water in oil	EO
微乳剂	micro-emulsion	ME
脂剂	grease	GS
悬浮剂	suspension concentrate	SC
微囊悬浮剂	capsule suspension	CS
油悬浮剂	oil miscible flowable concentrate	OF
可分散油悬浮剂	oil-based suspension concentrate（oil dispersion）	OD
悬乳剂	suspo-emulsion	SE
微囊悬浮-悬浮剂	mixed formulation of CS and SC	ZC
微囊悬浮-水乳剂	mixed formulation of CS and EW	ZW
微囊悬浮-悬乳剂	mixed formulation of CS and SE	ZE
种子处理干粉剂	powder for dry seed treatment	DS
种子处理可分散粉剂	water dispersible powder for slurry seed treatment	WS
种子处理可溶粉剂	water soluble powder for seed treatment	SS
种子处理液剂	solution for seed treatment	LS
种子处理乳剂	emulsion for seed treatment	ES
种子处理悬浮剂	suspension concentrate for seed treatment（flowable concentrate for seed treatment）	FS
气雾剂	aerosol dispemser	AE
电热蚊香片	vaporizing mat	MV
电热蚊香液	liquid vaporizer	LV
防蚊片	proof mat	PM*
气体制剂	gas	GA
发气剂	gas generating product	GE
挥散芯	dispensor	DR*

剂型名称	剂型英文名称	代码
烟剂	smoke generator	FU
蚊香	mosquito coil	MC
饵剂	bait（ready for use）	RB
浓饵剂	bait concentrate	CB
防蚊网	insect-proof net	PN*
防虫罩	insect-proof cover	PC*
长效防蚊帐	long-lasting insecticidal net	LN*
驱蚊乳	repellent milk	RK*
驱蚊液	repellent liquid	RQ*
驱蚊花露水	repellent floral water	RW*
驱蚊巾	repellent wipe	RP*
超低容量液剂	ultra low volume liquid	UL
热雾剂	hot fogging concentrate	HN

* 我国制定的农药剂型英文名称及代码。

2 ▰▰▰

农药 pH 值的测定方法

中华人民共和国国家标准 GB/T 1601—2023

1. pH 计的校正

根据 pH 计的使用说明，选用合适的标准缓冲溶液对 pH 计进行至少两点校正，使试样溶液的 pH 值处于两点之间。

2. pH 值的测定

2.1 稀释法（适用于所有农药产品）

称取 1.0g（精确至 0.001g）试样，置于盛有 50mL 水（蒸馏水或去离子水，新煮沸并冷至室温的蒸馏水，pH 值为 5.5～7.0）的 100mL 具塞量筒中，再用水补足至 100mL。剧烈摇晃，直至样品充分混合或分散后转移至 200mL 烧杯中，静置 1min。

将电极浸入试样溶液，当 1min 间隔内 pH 值的飘移变化小于 0.1 时，记录试样溶液的 pH 值。此试验在 10min 内完成，至少平行测定 3 次。平行测定结果的绝对差值应小于 0.1，取其算术平均值作为该试样的 pH 值。

2.2 直接测定法（适用于水基制剂）

量取 50mL 试样置于 100mL 烧杯中，按照上述电极浸入试样溶液的步骤进行测定。

注：pH 标准缓冲溶液的配制见中华人民共和国国家标准 GB/T 1601—2023。

3

农药干燥减量的测定方法

中华人民共和国国家标准 GB/T 30361—2013

标准适合于农药原药和固体制剂中干燥减量的测定。

1. 加热 1 小时的干燥减量测定

将称量瓶放入烘箱中加热 1h，取出放置于干燥器内冷却至室温，称量（精确至 0.0001g）。重复上述步骤，直至称量瓶恒重为止，称取试样 5g，样品需预先研磨去除结块，然后均匀分散在称量瓶内，称量（精确至 0.001g），将称量瓶放入烘箱中，不加盖，烘 1h（根据不同产品特性可适当延长干燥时间直至恒重），加盖取出放入干燥器中冷却至室温后称量（精确至 0.0001g）。

试样的干燥减量按下式（1）计算：

$$w_1 = \frac{m_1 - m_2}{m_1 - m_0} \times 100 \tag{1}$$

式中 w_1——试样的干燥器减量，%；

m_1——烘干前试样和称量瓶（或坩埚）的质量，g；

m_2——烘干后试样和称量瓶（或坩埚）的质量，g；

m_0——称量瓶（或坩埚）的质量，g。

2. 高于温室真空条件下的干燥减量测定

指定温度下在真空干燥箱中将坩埚加热 1h，取出放置于干燥器内冷却至室温，称量（精确至 0.0001g）。重复上述步骤，直至坩埚恒重为止。称取试样 5g，样品需预先研磨去除结块，然后均匀分散在坩埚中，称量（精确至 0.0001g）。真空干燥箱预先调整好指定温度，将坩埚置于真空干燥箱中，之后抽真空至指定的压力，保持此条件 2h（应调整适当的温度和压力使得试样恒重），放空气入真空干燥箱，取出坩埚放入干燥器中冷却至室温后称量（精确至 0.0001g）。

试样的干燥减量按式（1）计算。

4

农药水分测定方法

中华人民共和国国家标准 GB/T 1600—2021

标准适合于农药原药及其加工制剂中水分的测定。

1. 卡尔·费休法

1.1 卡尔·费休化学滴定法

1.1.1 卡尔·费休试剂的标定

（1）二水酒石酸钠为基准物　加 20mL 甲醇于滴定容器中，用卡尔·费休试剂滴定至终点，不记录需要的体积，此时迅速加入 0.15～0.20g（精确至 0.0002g）酒石酸钠，搅拌至完全溶解（约 3min），然后以 1mL/min 的速度滴加卡尔·费休试剂至终点。

卡尔·费休试剂的水当量 c_1（mg/mL）按式（2）计算：

$$c_1 = \frac{36 \times m \times 1000}{230 \times V} \qquad (2)$$

式中　230——酒石酸钠的分子量；

36——水的分子量的 2 倍；

m——酒石酸钠的质量，g；

V——消耗卡尔·费休试剂的体积，mL。

（2）水为基准物　加 20mL 甲醇于滴定容器中，用卡尔·费休试剂滴定至终点，迅速用 0.25mL 注射器向滴定瓶中加入 35～40mg（精确至 0.0002g）水，搅拌 1min 后，用卡尔·费休试剂滴定至终点。

卡尔·费休试剂的水当量 c_2（mg/mL）按式（3）计算：

$$c_2 = \frac{m \times 1000}{V} \qquad (3)$$

式中　m——水的质量，g；

V——消耗卡尔·费休试剂的体积，mL。

1.1.2 测定步骤　加 20mL 甲醇于滴定瓶中，用卡尔·费休试剂滴定至终点，迅速加入已称量的试样（精确至 0.01g，含水 5～15mg），搅拌 1min，然后以 1mL/min 的速度滴加卡尔·费休试剂至终点。

试样中水的质量分数 X_1（%），按式（4）计算：

$$X_1 = \frac{c \times V \times 100}{m \times 1000} \qquad (4)$$

式中　c——卡尔·费休试剂的水当量，mg/mL；

　　　V——消耗卡尔·费休试剂的体积，mL；

　　　m——试样的质量，g。

5 ■■■■
农药水不溶物测定方法

　　　　　　　　　　　　　　　　中华人民共和国国家标准 GB/T 28136—2011

本标准适用于水溶性农药原药和制剂中不溶物的测定。

1. 热水中不溶物质量分数的测定

　　将玻璃砂芯坩埚烘干（105℃约1h）至恒重（精确至0.0002g），放入玻璃干燥器中冷却待用。称取规定数量的试样（精确至0.01g）于烧杯中，加入水100mL，加热至沸腾，不断搅拌至所有可溶物溶解，趁热用玻璃砂芯坩埚过滤，用75mL热水分3次洗涤残渣，将坩埚于105℃下干燥至恒重（精确至0.0002g）。

　　水不溶物的质量分数 w_1（%），按式（5）计算：

$$w_1 = \frac{m_1 - m_0}{m_2} \times 100 \tag{5}$$

式中　m_0——玻璃砂芯坩埚的质量，g；

　　　m_1——水不溶物与玻璃砂芯坩埚的质量，g；

　　　m_2——试样的质量，g。

2. 冷水中不溶物质量分数的测定

　　将玻璃砂芯坩埚烘干（105℃约1h）至恒重（精确至0.0002g），放入玻璃干燥器中冷却待用。称取规定数量的试样或称取试样20g（精确至0.01g）于烧杯中，用200mL水转移到量筒中，盖上塞子，猛烈振摇至可溶物溶解，过滤。用75mL水分3次洗涤残渣，将玻璃砂芯坩埚于105℃下干燥至恒重（精确至0.0002g）。

　　水不溶物的质量分数按式（5）计算。

6 ■■■■
农药丙酮不溶物测定方法

　　　　　　　　　　　　　　　　中华人民共和国国家标准 GB/T 19138—2003

本标准适用于农药原药产品中丙酮不溶物的测定。

将玻璃砂心坩埚漏斗烘干（110℃约1h）至恒重（精确至0.0002g），放入干燥器中冷却待用。称取10g样品（精确至0.0002g），置于锥形烧瓶中，加入150mL丙酮并振摇，尽量使样品溶解。然后装上回流冷凝器，在热水浴中加热至沸腾，自沸腾开始回流5min后停止加热。装配砂心坩埚漏斗抽滤装置，在减压条件下尽快使热溶液快速通过漏斗。用60mL热丙酮分3次洗涤，抽干后取下玻璃砂心坩埚漏斗，将其放入110℃烘箱中干燥30min（使达到恒重），取出放入干燥器中，冷却后称重（精确至0.0002g）。

丙酮不溶物的质量分数 w（％），按式（6）计算：

$$w = \frac{m_1 - m_0}{m_2} \times 100 \tag{6}$$

式中　w——丙酮不溶物的质量分数，％；

　　　m_0——玻璃坩埚漏斗的质量，g；

　　　m_1——丙酮不溶物与玻璃坩埚漏斗的质量，g；

　　　m_2——试样的质量，g。

7 ▪ ▪ ▪
农药粉剂、可湿性粉剂细度测定方法

中华人民共和国国家标准 GB/T 16150—1995

1. 干筛法（适用于粉剂）

1.1　样品的制备

根据样品的特性，调节烘箱至适宜的温度，将足量的样品置于烘箱中干燥至恒重，然后使样品自然冷却至室温，并与大气温度达到平衡，备用。

如果样品易吸潮，应将其置于干燥器中冷却至室温，并尽量减少与大气环境接触。

1.2　测定

称取20g试样（精确至0.1g），置于与接收盘相吻合的适当孔径试验筛中，盖上盖子，按下述两种方法之一进行试验。

震筛机法。将试验筛装在震筛机上振荡，同时交替轻敲接收盘的左右侧。10min后，关闭震筛机，让粉尘沉降数秒后揭开筛盖，用刷子清扫所有堵塞筛眼的物料，同时分散筛中软团块，但不应压碎硬颗粒，盖上筛盖，开启震筛机，重复上述过程至2min内过筛物少于0.01g为止。将筛中残余物移至玻璃皿中称重。

手筛法。两手同时握紧筛盖及接收盘两侧，在具胶皮罩面的操作台上，将接受盘左右侧底部反复与操作台接触振筛，并不时按顺时针方向调整筛子方位（也可按逆时针方向）。再揭盖之前，让粉尘沉降数秒，用刷子清扫堵塞筛眼的物料，同时分散软团块，但不应压碎硬颗粒。重复振筛至 2min 内过筛物少于 0.01g 为止。将筛中残余物移至玻璃皿中称重。

2. 湿筛法

2.1 试样的润湿

称取 20g 试样（精确至 0.01g），置于 250mL 烧杯中，加入约 80mL 自来水，用玻璃棒搅动，使其完全润湿。如果试样抗润湿，可加入适量非极性润湿剂。

2.2 试样筛的润湿

将试样筛浸入水中，使金属丝布完全润湿。必要时可在水中加入适量的非极性润湿剂。

2.3 测定

用自来水将烧杯中湿润的试样稀释至约 150mL，搅拌均匀，然后全部倒入润湿的标准筛中，用自来水洗涤烧杯，洗涤水也倒入筛中，直至烧杯中粗颗粒完全移至筛中为止。用直径为 9～10mm 的橡皮管导出的平缓自来水流冲洗筛上试样，水流速度控制在 4～5L/min，橡皮管末端出水口保持与筛缘平齐为度。在筛洗过程中，保持水流对准晒上的试样，使其充分洗涤（如试样中有软团块可用玻璃棒压平，使其分散），一直洗到通过试验筛的水清亮透明为止。再将试验筛移至盛有自来水的盆中，上下移动洗涤筛缘始终保持在水面之上，重复至 2min 内无物料过筛为止。弃去过筛物，将筛中残余物，先冲至一角再转移至恒重的 100mL 烧杯中。静置，待烧杯中颗粒物沉降至底部后，倾去大部分水，加热，将残余物蒸发近干，于 100℃（或根据产品的物化性能，采用其他适当温度）烘箱中烘至恒重，取出烧杯置于干燥器中冷却至室温，称重。

3. 计算

粉剂、可湿性粉剂的细度（X，%）按式（7）计算：

$$X = \frac{m_1 - m_2}{m_2} \times 100 \tag{7}$$

式中　m_1——粉剂（或可湿性粉剂）试样的质量，g；
　　　m_2——玻璃皿（或烧杯）中残余物的质量，g。

4. 允许差

二次平行测定结果之差应在 0.8% 以内。

8 ■ ■ ■
颗粒状农药粉尘测定方法

中华人民共和国国家标准 GB/T 30360—2013

本标准适用于颗粒状农药产品中粉尘的测定。

称量 0.3~0.8g 脱脂棉（精确至 0.0001g），均匀放入过滤网前端。将过滤器连接空气流量计入口，流量计出口连接真空泵。将带有盖子的倾倒管安装在测量箱体上。开启真空泵，调节空气流量为 15L/min。用烧杯称取 30.0g（精确至 0.1g）样品，将其匀速倒入倾倒管入口处，同时计时，控制倾倒样品在 60s 完成，收集粉尘于脱脂棉上。收集完毕，用镊子取出脱脂棉称重（精确至 0.0001g）。

式样的粉尘量按式（8）计算：

$$m = (m_2 - m_1) \times 1000 \qquad (8)$$

式中　m——试样的粉尘量，mg；

　　　m_2——倾倒样品后脱脂棉的质量，g；

　　　m_1——倾倒样品前脱脂棉的质量，g。

结果判定见附表 2：

附表 2　结果判定

粉尘的测定值/mg	结果判定
≤30	基本无粉尘
>30	有粉尘

9 ■ ■ ■
农药可湿性粉剂润湿性测定方法

中华人民共和国国家标准 GB/T 5451—2001

取标准硬水（100±1)mL，注入 250mL 烧杯中，将此烧杯置于（25±1)℃的恒温水浴中，使其液面与水浴的水平面齐平。待硬水至（25±1)℃时，称取（5±0.1)g 的试样（试样应为有代表性的均匀粉末，而且不允许成团、结块），置于表面皿上，将全部试样从与烧杯口齐平的位置一次性均匀地倾倒在该烧杯的液面上，但不要过分地扰动液面。加试样时立即用秒表计时，直至试样全部润湿为止（留在液面上的细粉膜可忽略不计），记下润湿时间（精确至秒）。如此重复 5 次，取其平均值，作为该样品的润湿时间。

10 ■■■■
农药乳液稳定性测定方法

中华人民共和国国家标准 GB/T 1603—2001

本方法适用于农药乳油、水乳剂和微乳剂等制剂乳液稳定性的测定。

在 250mL 烧杯中，加入 100mL（30±2）℃标准硬水，用移液管吸取适量乳剂试样，在不断搅拌的情况下慢慢加入硬水中（按各产品规定的稀释浓度），使其配成 100mL 乳状液。加完乳剂后，继续用 2～3r/s 的速度搅拌 30s，立即将乳状液移至清洁、干燥的 100mL 量筒中，并将量筒置于恒温水浴内，在（30±2）℃范围内，静置 1h，取出，观察乳状液分离情况，如在量筒中无浮油（膏）、沉油和沉淀析出，则判定乳液稳定性合格。

11 ■■■■
农药悬浮率测定方法

中华人民共和国国家标准 GB/T 14825—2023

1. 有效成分法

用标准硬水将待测试样配制成适当浓度的悬浮液。在规定的条件下，于量筒中静置一定时间，将上部 9/10 的悬浮液移出，采用有效成分法测定底部 1/10 悬浮液中有效成分质量，计算其悬浮率。

1.1 固体制剂

向 250mL 烧杯中加入 50mL 标准硬水，称入适量试样，搅拌 2min 后，静置 4min（必要时，搅拌和静置时间可延长至 10min），以确保试样完全分散，用标准硬水将试样全部转移至 250mL 量筒中。

某些固体制剂需要制成均匀的糊状物才能易于分散而形成悬浮液。用玻璃棒将烧杯中的试样与少量标准硬水混合，制成均匀的糊状物。以标准硬水与试样 1∶1 的比例，混合至少 2min。用标准硬水稀释，使其充分分散，再继续搅拌 2min。

1.2 液体制剂

向 250mL 量筒中加入 100mL 标准硬水，称入适量试样于 100mL 烧杯中，用标准硬水将试样全部转移至 250mL 量筒中。

1.3 悬浮液的制备

用标准硬水稀释至 250mL 刻度，盖上塞子，以量筒中部为轴心，将量筒在 1min 内上下颠倒 30 次。打开塞子，将量筒垂直放置在平面上，静置 30min，避免振动和阳光直射。用吸管在 10～15s 内将内容物的 9/10 悬浮液移出，不要摇动或挑起量筒内的沉淀物，确保吸管的顶端总是在页面下几毫米处。

测定试样和留在量筒底部 25mL 悬浮液中的有效成分质量。

1.4 数据处理

量筒中有效成分的质量按式（9）计算，试样中有效成分的悬浮率按式（10）计算：

$$m_1 = \frac{m_0 \times w_0}{100} \tag{9}$$

$$w_1 = \frac{m_1 - m_2}{m_1} \times \frac{10}{9} \times 100 \tag{10}$$

式中　m_1——量筒中有效成分质量，g；

$\quad\quad m_0$——量筒中试样质量，g；

$\quad\quad w_0$——试样中有效成分质量分数，%；

$\quad\quad w_1$——试样中有效成分的悬浮率，%；

$\quad\quad m_2$——留在量筒底部 25mL 悬浮液中有效成分质量，g；

$\quad\quad 10/9$——换算系数。

两次平行测定结果之差应不大于 5%，取其算术平均值作为测定结果。

12 ▪▪▪▪
农药持久起泡性测定方法

中华人民共和国国家标准 GB/T 28137—2011

本标准适用于施药前需用水稀释的农药产品。

向量筒内加标准硬水（15～25℃）至 180mL 刻度线处。置量筒于天平上，称入 1.0g 样品，加硬水至距量筒塞底部（9±0.1）cm 刻度线处，盖上塞子，以量筒中部为中心，上下 180°颠倒 30 次（每次 2s）。垂直放在实验台上，静置；记录在 1min±10s 时的泡沫体积（精确至 2mL）。重复测定 3 次，取其算术平均值，作为该样品的持久起泡性测定结果。

注意事项：将一盖上塞子的量筒的上下端分别用一块布绝缘，再用双手握住；颠倒量筒时，应保证每次使量筒从直立状态翻转180°倒置，再回到原来状态的时间大约在2s，操作应平稳均匀地完成，避免任何剧烈操作所带来的量筒内部液体的"跳动"发生。用秒表记录颠倒过程的时间，应确保在60s左右。

泡沫体积的观察：记录泡沫体积时，外围的少量气泡不计。如果泡沫超出250mL刻度线，可使用刻度尺两区刻度线以上高度进行估算。

13 农药热储稳定性测定方法

中华人民共和国国家标准 GB/T 19136—2021

将试样置于合适容器中密封，在（54±2）℃的恒温箱（气雾剂需在防爆恒温箱）中储存14d，取出，放入干燥器中，冷却至室温。于24h内完成对有效成分质量分数等规定项目的测定。也可直接使用商品原包装进行热储试验。

14 农药低温稳定性测定方法

中华人民共和国国家标准 GB/T 19137—2003

1. 乳剂和均相液体制剂

移取100mL的样品置于离心管中，在制冷器中冷却至（0±2）℃，让离心管及内容物在（0±2）℃保持1h，并每间隔15min搅拌一次，每次15s，检查并记录有无固体物或油状物析出。将离心管放回制冷器，在（0±2）℃继续放置7d。7d后，将离心管取出，在室温（不超过20℃）下静置3h，离心分离15min（管子顶部相对离心力为500~600g，g为重力加速度）。记录管子底部离析物的体积（精确至0.05mL）。

2. 悬浮制剂

取80mL的试样置于100mL烧杯中，在制冷器中冷却至（0±2）℃，保持1h，每间隔15min搅拌一次，每次15s，观察外观有无变化。将烧杯放回制冷器，在（0±2）℃继续放置7d。7d后，将烧杯取出，恢复至室温，测试筛析、悬浮率或其他必要的物化指标。